普通高等教育"十三五"规划教材

石油地理信息系统导论

周子勇　李芳玉　编著

U0309767

中国石化出版社

图书在版编目（CIP）数据

石油地理信息系统导论/周子勇，李芳玉编著，—北京：
中国石化出版社，2018. 2
普通高等教育"十三五"规划教材
ISBN 978 − 7 − 5114 − 4520 − 9

Ⅰ.①石⋯　Ⅱ.①周⋯ ②李⋯　Ⅲ.①地理信息系统-应用-油气
勘探-高等学校-教材Ⅳ.①P618. 130. 8

中国版本图书馆 CIP 数据核字（2018）第 024758 号

中国石化出版社出版发行

地址：北京市朝阳区吉市口路 9 号
邮编：100020　电话：(010)59964500
发行部电话：(010)59964526
http://www. sinopec-press. com
E-mail：press@ sinopec. com
北京柏力行彩印有限公司印刷
全国各地新华书店经销

*

710×1000 毫米 16 开本 17. 25 印张 300 千字
2018 年 2 月第 1 版　2018 年 2 月第 1 次印刷
定价：48. 00 元

前　　言

石油行业是一个数据密集型行业，其数据有三个明显特征：一是数据涉及地质、地球物理、地球化学、分析测试等多个学科，因此数据来源多，类型也多种多样；二是大多数数据都是以图件的形式进行表达的，同时也是基于图件进行决策的；三是绝大多数数据与某一特定的空间对象关联，因此大多数数据都与空间位置有关。地理信息系统（GIS，Geographic Information System）是空间信息集成的理想平台，其优势是基于空间位置和图形的处理与分析。运用 GIS 的理论与方法，以空间对象为核心，不仅可以高效地集成、管理空间数据，解决油气勘探开发中多学科综合问题，还可以通过对数据的分析和空间数据挖掘，提高油气勘探开发决策效率和水平。

本书把 GIS 基本原理与油气勘探行业紧密结合。第一章除讲述了 GIS 的基本概念和功能外，重点叙述了石油行业 GIS 研究的内容、发展状况和趋势；第二章介绍了空间数据结构，重点介绍常用的矢量数据结构和栅格数据结构；第三章叙述了地球坐标系统和地图投影，重点介绍了高斯投影和 UTM 投影及二者的异同点；第四章讲述了空间数据的输入和处理，重点在于实际工作中经常遇到的数据来源和数字化方法问题；在第五章中，结合空间数据库和面向对象模型介绍了空间数据的组织和管理；第六章介绍了常用的空间分析方法；第七章叙述了 DEM 的基本概念及其在油气勘探中的应用；第八章结合 ArcGIS 制图，讨论了基于 GIS 进行地质制图的方法；第九章专门介绍了遥感和 GNSS 的基本原理及 3S 集成的概念；第十章通过 3 个实例说明 GIS 在制图、空间数据管理及空间分析方面的应用。

本教材第二章、第六章由李芳玉编写，其他章节由周子勇编写，靳卫华、孙丹丹、郭朗参与了书中部分图件的绘制。全书由周子勇负责统编。

由于作者水平有限，书中尚存在许多待商榷之处，敬请各位同行、专家批评指正。

目　　录

第一章　地理信息系统概论

地理信息系统一词由英文直译而来，即 Geographic Information System 或 Geoinformatic System，简称为 GIS。但是，GIS 中"S"的意义在不断发生变化。由"System"变为"Science"或"Service"等。这种变化既说明 GIS 的内含不断丰富，同时也说明其应用范围在不断扩大。

或许大家对于地理信息系统的概念有些陌生，然而我们多数人早已在不知不觉中享受到 GIS 提供的各种服务了。当你运用 Google、Yahoo、搜狐、百度等搜索引擎进行地图操作时，当你通过智能移动设备(手机、平板电脑、车载导航仪等)进行导航时，当你使用共享单车出行时，当你用手机查找周边有什么银行、商店、饭店等服务时，其背后支撑的系统都少不了 GIS 的支持。可以说，我们的生活已经很难离开 GIS 了。

同样，作为一名地质工作者，GIS 也在背后默默地支持着我们的工作。当你通过手持设备进行数字地质填图时，当你通过中国地质调查局网站查看全国地质图时，其后面支持的软件系统仍然离不开 GIS。

石油行业是一个数据密集型行业，而且大多数数据都是以图件的形式进行表达，同时也是基于图件进行决策的，因此数据和图件是油气勘探行业的核心。如图 1−1 所示为一幅简单的中国主要陆上含油气盆地分布图，该图分为两部分：图 1−1(a) 为空间对象（盆地、行政区界等)的分布，图 1−1(b) 为与这些盆地相关的属性数据。通过这幅图我们可以获得很多的信息，如不同类型盆地的空间分布规律、盆地与行政区的空间关系等，另外，根据图 1−1(b) 的属性特征，我们又可以对盆地进行分析和统计。把空间对象和与之相关的属性特征进行有机的结合，就是地理信息系统的主要思想。正是由于 GIS 把地理空间对象和相关的属性特征紧密地联系在一起，才使得 GIS 具有强大的制图、空间数据管理及空间分析功能。

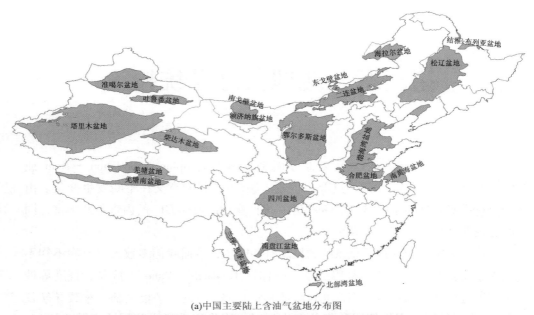

(a)中国主要陆上含油气盆地分布图

FID	Shape	Thickness	SHIFT	BASIN_SQKM	CHINA_NAME
0	Polygon	0	N	72196.9	兰坪-思茅盆地
1	Polygon	13123	N	156649.7	二连盆地
2	Polygon	0	N	140810	南黄海盆地
3	Polygon	0	N	98073.7	羌塘南盆地
4	Polygon	26247	N	83132.5	海拉尔盆地
5	Polygon	49213	N	557336.5	塔里木盆地
6	Polygon	11483	N	76528.4	结雅-布列亚
7	Polygon	0	N	69422	额济纳旗盆地
8	Polygon	36089	N	246373	松辽盆地
9	Polygon	131234	N	249094.1	渤海湾盆地
10	Polygon	0	N	65310.9	南戈壁盆地
11	Polygon	0	N	56846.7	东戈壁盆地
12	Polygon	0	N	122167.1	合肥盆地
13	Polygon	19685	N	53691.3	北部湾盆地
14	Polygon	0	N	88351.8	南盘江盆地
15	Polygon	42651	N	194738.5	四川盆地

(0 out of 22 Selected)

Oil_basin_china(large)

(b)盆地属性数据表

图1-1　中国主要陆上含油气盆地分布图及相关数据

第一节　GIS 的基本概念

关于 GIS 的定义，不同文献有不同的表达。从字面理解：GIS = G + I + S，即地理信息系统 = 地理 + 信息 + 系统。这样理解会有失偏颇，特别是易于与地理学混在一起，尽管 GIS 与地理学有很深的渊源。实际上，对于 GIS 的理解应该是 GIS = GI + S，即地理信息系统 = 地理空间信息 + 系统。英国地理信息协会（AGI，The Association for Geographic Information）定义 GIS 为"采集、存储、集成、操作、分析与显示地表与位置相关数据的计算机系统"。ESRI（The Environmental System Research Institute）则把 GIS 定义为"计算机硬件、软件、地理数据、人员的有机结合，以便有效地对各种形式的地理空间数据采集、存储、更新、操作、分析与显示。"其他的定义也大同小异。无论哪种定义，都是强调了对地理空间数据的操作、处理与分析。

因此，本书将 GIS 定义为：以地理空间数据为基础，在计算机软硬件的支持下，对地理空间数据进行采集、管理、处理、分析及可视化的科学与技术。可以从以下几个方面对 GIS 进行理解。

1. 地理空间数据是 GIS 的核心

所谓地理空间数据，是指自然世界中与空间位置相关的数据，是自然界的空间对象以及与空间对象相关的属性数据的集合。与一般的数据不同，地理空间数据具有以下几个明显特征。

（1）空间性。即地理空间数据与地理空间位置有关。据统计，在商业和技术工作中，有 80% 以上的数据与空间位置有关。而在油气勘探行业中，几乎所有的数据都与空间位置相关。由于空间数据的空间特征，一般的管理信息系统难以对空间对象的几何特征进行描述，也无法充分挖掘出空间数据所蕴含的信息，因此不适合空间数据的管理与处理。计算机辅助设计（CAD，Computer Aided Design）所处理的也是与空间位置相关的数据，但是 CAD 所处理的空间对象是规则形态的对象，是对自然对象的理想化的描述，坐标关系简单；而自然界的空间对象复杂多变，而且地表是曲面，对空间对象的描述需要通过参考椭球、投影等一系列复杂处理才能进行。由于地理空间数据的复杂性，需要有专门的理论、技术进行支撑。

（2）多维结构。即在同一地理位置上可有多种专题信息。比如，某一钻孔位置，除可以获取该钻孔位置的地理坐标外，还可以同时获取该位置的地形信息、钻孔地层信息、测井解释结果等。所有这些信息都可以通过钻孔位置联系起来。

（3）时相特征。即地理空间信息随时间动态变化的特征。同一空间位置，其地理信息有可能随时间变化而变化。

这里需要说明的是，除了地理信息外，在地学研究中，还常常用到地学信息的概念。这两个概念主要强调不同的信息来源。一般地说，地理信息是指来自地球表面与人类活动相关的空间信息，包括地球表面的岩石圈、水圈、大气圈等；而地学信息，除来自地表外，还包括地下、大气层甚至宇宙空间的信息（吴信才，2014）。

2. 地图、空间数据库、空间分析方法与工具三位一体

首先，GIS 源于地图，但又超越地图。GIS 最早是为了解决传统纸质地图不便于管理、保存、定量分析等问题而发展起来的，但其功能已远远超越纸质地图，从空间可视化的角度看，GIS 是一套智能地图，它不仅具有强大的地图制图功能，同时还具有基于图形的编辑、查询、处理和分析功能。其次 GIS 是空间数据库，是空间几何要素与属性要素的有机结合体。基于空间数据库实现了空间对象的高效管理与处理。最后 GIS 还是空间数据处理分析方法与工具的集成。空间分析是 GIS 的核心内容，也是 GIS 与一般的制图软件和管理信息系统的主要区别。CorelDRAW 等制图软件具有强大的制图功能，却对属性数据的管理很弱，同时缺少空间分析功能；管理信息系统对数据的管理能力很强，但对空间对象的管理很不方便，也缺乏空间数据的可视化。而 GIS 把地图、空间数据库及空间分析工具有机地集成在一个平台上。

3. GIS 的根本目的是辅助决策

从根本上说，GIS 的最终目的在于其决策功能。图 1 - 2 为基于数据的决策过程示意图，即由数据变为信息，由信息产生知识，最终运用知识进行决策。

图 1 - 2　基于数据的决策过程

数据是对客观事物的符号表示，在 GIS 中是指所有能输入到计算机中并被计算机处理的符号的总称。在油气勘探中，数据表达的是各种野外实测的原始数据，如地震数据、测井数据、野外观察的地质数据、地形等高线数据等，这些数据多是以数字或图形图像的形式存储在计算机中的。

信息是经过加工后的数据，是数据在大脑中的反映。数据中所包含的意义就

是信息。数据具有多种多样的形式，或由一种数据形式转换为其他数据形式，但其中包含的信息内容不会改变。如数字高程模型（DEM）数据，既可以通过数字的形式进行表达，也可以通过等高线的形式进行表达，不同的表达形式，可以突出某一方面的信息，但信息的内容并没有改变，也不会增减。因此数据是信息的载体，而信息是数据在人大脑中的客观反映。只有理解了数据的含义，对数据做出解释，才能提取数据中所包含的信息。

知识则是系统化、组织化的信息，是主体获得的对客观事物存在及变化内在规律的认识。我们的决策则是基于对客观事物的认识，而 GIS 则是从原始数据中获取有关的信息，并利用这些信息进行决策。

4. GIS 是多学科的综合应用

GIS 是多学科的综合运用。这种综合性包含两方面的内容：首先，地理信息系统理论和技术本身是测量学、地图学、计算机图形学、计算机科学、数据库技术、遥感技术、应用数学等学科综合发展的产物。GIS 与地图学密切相关，地图学是 GIS 的基础，而 GIS 则是地图学发展的产物；计算机制图理论与方法是 GIS 图形处理与可视化的基础；数据库理论与技术为空间数据的存储与管理提供了平台；测量学、遥感技术为 GIS 提供了丰富的数据来源；应用数学则为 GIS 空间分析提供了数学基础。因此，GIS 综合了这些学科的某些特征，形成了一门新学科。其次，GIS 与一些传统学科综合，又促进了这些学科的发展，如 GIS 与地理学、环境科学、地质学、社会科学、流行病学相结合，产生了一些新研究领域、研究方法，甚至产生了一些新学科分支。

5. GIS 既是一门技术，也是一门科学

首先 GIS 是一个以空间数据为核心的空间数据库管理系统，围绕空间数据进行各种操作，因此 GIS 首先是一门技术。同时 GIS 本身也涉及许多理论问题，如对异常复杂的地球表面如何有效的表达，空间数据有效表达的判别准则是什么，如何使计算机的空间思维更接近人类的思维方式，什么样的空间数据模型与结构可以更有效存储、管理与表达空间数据，人类空间直觉的实质是什么，如何运用 GIS 来增强人类的空间直觉，对于特定的决策应该采用什么样的空间分析方法，如何进行空间推理和空间大数据挖掘等。这些问题是随着 GIS 的产生而产生的一些新的理论问题。正因为如此，GIS 的表达方式，也由 Geographic Information System 变成了 Geographic Information Science，即 GI System→GI Science。

可见，GIS 围绕空间信息这个核心，综合了多种学科，并不断发展成为一门新的交叉学科。GIS 这种多学科的综合性，为我们学习掌握 GIS 带来了一定的难

度，但另一方面，GIS 的多学科综合又为 GIS 提供了广阔的应用空间。

第二节　GIS 软件类型与功能

一、GIS 软件类型

按照不同的分类方法，GIS 可以分为不同的类型。

1. 根据 GIS 的内容、设计目的和最终产品形式分类

根据 GIS 的内容、设计目的和最终产品形式，可以把 GIS 分为工具型 GIS 和应用型 GIS。

工具型 GIS 也称为通用型 GIS，指具有 GIS 绝大多数通用功能的 GIS 工具包，如 ESRI 的 ArcGIS Desktop。此类产品拥有 GIS 的数据采集、管理、分析、处理、输出等通用功能，用户可在其上进行 GIS 的基本操作，但一般不会涉及专业领域的业务功能。这种类型的 GIS 一般由专业的 GIS 生产厂商或开源组织推出，如 ArcGIS Desktop、MapGIS、Supermap、QGIS 等。

应用型 GIS 也称为专题型 GIS。此类系统可能不包括 GIS 的全部功能，但会有专门为某一专业领域设计的业务功能，能提供更为深入的应用，这种类型的系统一般由开发人员根据实际要求进行定制开发实现。应用型 GIS 的开发可定制性强、成本低、功能专业，因而被广泛采用。如石油地理信息系统，便属于应用型 GIS。

2. 根据 GIS 中数据与平台的分布分类

按照这一方式可以把 GIS 分为单机型 GIS 和 WebGIS。

1）单机型 GIS

所谓单机型 GIS 是指 GIS 软件及所有相关的空间数据都存储在某一台计算机上，供单个计算机用户操作与使用。早期的 GIS 多属于这种类型。这种类型的 GIS 软件成本高，操作不灵活。

2）WebGIS

WebGIS 即网络 GIS，是 GIS 与 Internet 结合的产物，是指在 Internet 或 Intranet 网络环境下的一种兼容、存储、处理、分析和显示与应用地理信息的计算机信息系统。通过 Internet，系统以多种形式分布式发布和处理地理信息，如图形、图像、地图的集合等。相对于传统的 GIS，WebGIS 具有更广泛的访问范围、平

台独立性、可有效降低系统成本及操作更简单等优点。

由于网络技术的快速发展，网络用户急剧增加，通过网络来获取地理信息已经成为一个重要手段，无论是 GIS 软件商还是其他 IT 主流软件商都加入到了 WebGIS 的开发应用中，代表性的如 Google、微软等，正是由于这些主流软件商加盟 WebGIS，使得 GIS 已经进入 IT 主流。

由于 WebGIS 的应用面越来越广，目前国内外 GIS 软件商纷纷推出自己的 WebGIS 产品，如 ESRI 公司的 Internet Map Server(IMS)、MapInfo 公司的 MapInfo ProServer 和 MapXtreme、Intergraph 公司的 GeoMedia WebMap、Autodesk 公司的 MapGuide 以及 Bently 公司的 ModelServer/Discovery，国内武汉中地的 MapGIS - IMS、超图的 SuperMap IS. NET、武大吉奥的 GeoSurf、中遥地网的 Geobeans 等。

3. 根据 GIS 软件源代码的开源情况分类

随着开源软件的兴起与广泛应用，GIS 软件也分为了开源（open – source）和闭源（closed – source）两大类。

所谓开源软件是指软件的源码可以被公众免费使用，而且软件的使用、修改和分发也不受许可证的限制。基于这一特点，任何用户都能够直接参与到软件开发中，并根据需要加入自己的功能。与开源软件对应的，则是商业化的闭源软件。

第一个开源 GIS 软件 GRASS 于 1982 年发布。2006 年年初，国际地理空间开源基金会（OSGeo，Open Source Geospatial Foundation）成立，开源 GIS 步入快速发展轨道。根据最新统计，目前开源软件达 356 个，地学相关开源数据库达 25 个。开源 GIS 软件开发语言众多，主要有 C、C++、Python、Java、. NET、JavaScript、PHP、VB、Delphi 等，用户可以根据自己的偏好选择开发语言。开源 GIS 也可以分为桌面版和 WebGIS 两大类。桌面版开源 GIS 软件主要有 GRASS、UDIG、OS-SIM、QGIS、MapWindows、SharpMap 等；GIS 开源 WebGIS 产品主要有 MapGuide、MapServer、GeoServer 等（胡庆斌等，2009）。商业 GIS 平台软件跨平台的能力差，开源软件一般都具有跨平台能力，对数据支持能力强。随着用户对开源 GIS 的熟悉和认知以及开源 GIS 软件可靠性的不断增加，其应用会越来越多。

二、GIS 的功能

1. 数据采集与编辑

主要用于获取数据，保证地理信息系统数据库中的数据在内容与空间上的完整性、数值逻辑一致性与正确性等。随着计算机硬件及软件成本的降低，GIS 数据库的建设占整个系统建设投资的 70% 或更多。因此，空间数据的快速、准确输入是 GIS 的重要研究内容，也是 GIS 的一项基本功能。目前可用于 GIS 数据采集的方法与技术很多，传统方法如手扶跟踪数字化仪。随着扫描及识别技术的快速发展，通过扫描数据的批量输入和自动化编辑与处理已经成为主要的空间数据获取方式。

2. 数据处理

数据处理主要包括数据格式转换、数据的几何校正、数据的压缩与平滑、栅格数据与矢量数据的相互转换、不同坐标系统或投影的转换、数据的网格化、拓扑运算等。由于目前 GIS 软件众多，不同软件采用的格式不一样，因此在实际工作中，总会碰到数据格式的转换。数据格式的转换既是一种耗时、易错、需要大量计算量的工作，同时也容易造成信息量的损失，因此实际工作应尽可能避免；由于 GIS 源数据来源渠道不同，而不同来源的数据坐标系统或投影方式可能不一样，因此坐标系统和投影的转换也是 GIS 实际工作中经常遇到的问题。

3. 数据管理

即数据的存储与组织。这是建立地理信息系统数据库的关键步骤，涉及到空间数据和属性数据的组织。栅格模型、矢量模型或栅格－矢量混合模型是常用的空间数据组织方法。空间数据结构的选择在一定程度上决定了系统所能执行的数据分析功能；在空间数据组织与管理中，最为关键的是如何将空间数据与属性数据融合为一体。早期的 GIS 系统多采用关系型模型来组织空间数据，把空间数据与属性数据分开存储，通过一个关键字来连接。目前的 GIS 逐渐采用面向对象－关系模型，如 Geodatabase 数据模型。

4. 空间分析

GIS 的空间分析功能是 GIS 的功能核心，也是 GIS 区别于其他管理信息系统的一个重要标志。GIS 的空间分析功能包括空间检索、空间拓扑叠加分析、缓冲区分析、网络分析、DEM 分析、空间模型分析、水文分析等。运用 GIS 的空间分析功能，可以把 GIS 与不同的学科联系起来，使得 GIS 的应用不断深化。

5. 空间数据的可视化与输出

强大的空间数据可视化功能是 GIS 的一大特色。成熟的 GIS 平台都能够提供一个良好的、交互式的制图环境，使得 GIS 用户能够设计和制作出高质量的地图。与 CorelDRAW 等制图软件相比，基于 GIS 平台制作石油地质图件，可以更加高效、快捷。此外，三维可视化也是 GIS 很吸引人的一大功能。

三、GIS 在油气行业中的应用

由于 GIS 综合了无缝电子地图导航、地图制图、多元数据管理、空间分析、非均质、多尺度、多时态空间数据管理、海量数据存储与管理、设施管理、三维模拟与虚拟现实等方面的应用，因此 GIS 可以应用在石油行业的全产业链。

1. 石油勘探开发与生产

石油勘探开发是油气行业最重要的一个环节，涉及大量的空间数据分析、处理与可视化，同时要处理的数据类型也多种多样，如卫星影像数据、地面地质调查数据、地震勘探解释结果、钻井、测井、录井结果、地球化学分析结果等，GIS 能够综合分析上述信息，以发现资源或扩展现有资源。具体应用包括：基于 GIS 的勘探成果管理与勘探规划设计、基于 GIS 的开发生产管理及规划设计、油藏模拟与三维显示、矿权管理、剩余油分布展示、储量管理与计算、生产分析与决策等。

2. 地面设施管理

石油行业涉及地面设施类型多、数量巨大、分布地域广，地面设施的高效管理对于油田有重要的商业价值。对于一个油田必须跟踪从勘探、钻井，到管线网络，再到炼油厂的每一个过程，因此设施的管理非常困难，工作量非常庞大。基于 GIS 可以对地面设计进行有效管理，具体应用包括：设施定位、设施建设辅助规划、资源跟踪管理、基于 GNSS 的移动资产安全管理、优化资源配置、设施现状分析等。

3. 管道完整性管理

石油天然气管道运输对我国国民经济起着非常重要的作用。油气输送管道穿越地域广阔，服役环境复杂，一旦发生失效破坏，往往造成巨大经济损失，造成生态环境破坏和人员伤亡。据统计，我国现有长距离油气输送管线达 4.86×10^4 m、城市燃气管道为 10×10^4 km 左右，其中有 60% 已进入事故多发期，潜在危险很大。管道完整性管理则是为了保证管道始终处于安全可靠的工作状态。所谓管道完整性管理是指通过监测、检测、检验等各种方式，获取与专业管理相结合的管道完整性的信息，对可能使管道失效的主要威胁因素进行检测、检验，并据此对管道的适应性进行评估，最终达到持续改进、减少和预防管道事故发生，经济合理地保证管道安全运行的目的（董绍华，2009）。GIS 具有强大的网络分析功能，可以运用于管道规划设计（刘俊峰、龙世华，2006）、管道泄漏管理（牛双会、高立群，2016）、事故处理和抢维修、应急方案制定（刘富君等，2011；梁磊、李永树，2012）等方面。

4. GIS 与市场营销规划

石油销售是石油链的最后一个环节。基于 GIS 可以完成诸如市场分析、预测与规划、油品/化工产品运输管理、加油站选址与管理、市场资源优化配置等工作，从而可有效提高市场营销效率。同时，GIS 还可以用于炼油/化工厂区可视化管理等（姜顽强、张静淑，2014）。

第三节　石油 GIS 研究内容

如上所述，GIS 在石油行业上、中、下游都有广泛应用，但要想深入的应用，还有许多问题有待研究。除 GIS 本身理论与技术中的研究内容外，石油 GIS 还有其特殊的研究内容，主要包括以下几个方面。

1. 空间数据的一体化管理及可视化

油气行业是一个数据密集型行业，涉及大量不同分辨率、不同时相的图形和影像数据。GIS 作为一个多源空间数据管理平台，如何在各种介质和终端上展示多级分辨率或多尺度的空间数据就成为石油 GIS 研究重要内容。空间数据的一体化管理，有利于数据的集成和提高数据的利用效益，同时通过数据的集成可达到多学科综合的目的。

2. GIS 与石油专业软件的一体化集成

GIS 在空间数据存储、管理、处理及可视化方面有独特的优势，但是其空间分析能力反映的只是空间数据处理的一个共性方面，对于不同门类的学科领域，还需要不同的应用模型来解决不同的问题。目前解决这一问题的思路主要有两个：一个是在 GIS 上建立不同的应用模型，另一个思路则是把 GIS 与专业软件进行一体化集成，而后者无论在软件开发和应用方面都比第一种方法有优势。正因为这样，目前许多行业都在寻求 GIS 与专业软件的一体化解决方案，但大多还处于初步发展阶段，主要是 GIS 与专业软件的数据共享。如 Schlumberger Petrel、IHS Kingdom、Landmark 的 SeisWorks 和 OpenWorks 等，都可以与 ArcGIS 的 Shapefile 格式互换，又如 C – Teth 与 ArcGIS 的无缝集成等。尽管这些只是做到了简单的数据共享，离真正的一体化集成还有很大差距，但这种一体化集成无疑是 GIS 发展的一个重要方向。

3. 基于 GIS 的油气藏多学科综合研究

将油气勘探开发的主要专业分析模块直接嵌入到 GIS 基础软件平台中开展综合分析研究，是 GIS 辅助油气勘探开发应用的最终目标。目前，油气勘探开发的专业分析模块和 GIS 的空间分析模块大多位于相互独立的软件平台中，在实际应用中，往往需要先在专业软件平台中进行数据的分析和处理，然后将处理结果通过一定的接口输入到 GIS 软件平台中进行管理、显示或进一步分析，显然这样既费时又费力。由于 GIS 的基本功能适合油气勘探系统的需求，而且 GIS 的发展为油气勘探集成系统的研究提供了技术保证，另外组件式 GIS 的发展将使得基于 GIS 的平台开发具有低成本和高效率的特点，使得将油气勘探研究的某些专业分析模块制作成专门的组件嵌入到 GIS 基础平台去解决诸如储层评价、盆地模拟、油藏描述、古构造重建等深层次的油气勘探研究问题变为现实。这样 GIS 基础平台中将融入油气勘探领域专家的知识，GIS 将从现在以油田基础数据和成果图件的存储和管理为主的"管理型"系统向以空间分析、辅助决策为主的"智能型"系统转变。融入了油气勘探领域专家知识的 GIS 将是一个集常规空间分析与油气勘探领域专题研究于一身，并兼有数据存储管理功能的专业软件平台，油气勘探开发研究的诸多问题都可以在这个统一的平台上进行，实现基础数据和研究成果的共享，从而实现勘探开发一体化，开展油气勘探开发多学科综合研究，为油气勘探提供辅助决策支持。

4. GIS 与虚拟现实结合

虚拟 GIS 就是 GIS 与虚拟现实(VR)技术的结合。虚拟现实是一种最有效地模拟人在自然环境中视、听、动等行为的高级人机交互技术，是当代信息技术高速发展和集成的产物。

VR 系统构建具有完美的人机交互能力和启发构思的多维空间信息环境，GIS 擅长空间地理要素的空间分布、空间关系、空间过程的处理，两者之间存在领域重叠和相互关系，将这两个领域在理论、技术、研究内容上进一步集成已成为 VR 和 GIS 领域专家、学者的共识，具有广泛的应用前景。一方面，对 GIS 来说，集成 VR 技术可扩展 GIS 现有的图形显示功能，丰富 GIS 理论和内涵，拓宽 GIS 应用领域，使 GIS 从单纯描述地理信息的简单工具，发展为面向整个地球空间的高新信息技术前沿方向；另一方面，对 VR 系统而言，GIS 是解决用户在虚拟场景中"迷失"问题的有利工具。另外从数据层面上看，要想构建真实世界的大规模场景，将虚拟场景建模中的对象纳入到统一的地理参照系统、统一的空间数据库中进行管理，必须依靠 GIS 系统的辅助才能完成。GIS 在三维、实时动态、多分辨率和空间场景海量数据的简化、压缩、结构存储以及查询、提取和信息恢复等方面都具有很大优势和潜力。GIS用户在计算机上就能处理真三维的客观世界的虚拟环境，并能更有效地管理，分析空间实体数据。GIS与虚拟现实结合用于油气勘探开发领域，可以使研究者"进入"油藏内部，使油藏真正"可见"。

5. GIS与决策支持系统的集成

决策支持系统(DSS)是以管理学、运筹学、控制论、行为科学和人工智能为基础，以计算机为手段，综合利用现有的各种数据库、信息和模型来辅助决策。GIS的最终目的也是为了辅助决策，因此二者有共同的基础。但是绝大多数GIS还仅限于图形的分析处理，缺乏对复杂空间问题的决策支持。另一方面，目前绝大多数的DSS无法向决策者提供一个友好的可视化决策环境。将GIS与DSS集成，最终形成空间决策支持系统(SDSS)，借助强大的空间数据处理分析功能，并在DSS中嵌入空间分析模块，可以辅助决策者求解复杂的空间问题。

6. 基于GIS的数字油田建设理论与方法研究

数字油田涉及油田行业上中下游的所有方面，可以分为基础地理信息系统、油气勘探开发信息系统、油藏描述信息系统、油气地面建设信息系统、钻井信息系统、石油化工信息系统、物资管理信息系统、储运销售信息系统、房产物业管理系统、辅助决策支持系统、油区人居环境规划管理信息系统等(何生厚、毛锋，2001)。对于数字油田的定义，目前还没有一个统一的说法，但无论哪种定义都基本包括以下几个方面：以海量空间数据为基础、以GIS为平台、以计算机技术、通信技术、可视化技术和网络技术为手段、以更好的服务油田企业生产、管理和决策为目的。尽管数字油田已经成为全球石油行业关注的热门话题，但其构建和完善还有许多理论和技术问题需要进一步解决。

第四节　石油行业 GIS 发展概况

一、GIS 发展概况

GIS的概念萌芽于20世纪60年代，由加拿大测量学家汤姆林森(Roger Tomlinson，1967)首先提出，并开发出世界上第一个GIS系统——加拿大土地管理信息系统(CGIS)。

60年代中后期，许多与GIS相关的组织和机构纷纷建立并开展工作，其中就有对 GIS 发展起到重要推动作用的美国环境系统研究所(ESRI)和 Intergraph 公司。

70 年代为 GIS 的发展巩固期。计算机硬件及软件技术,特别是大容量存储设备的使用以及数据库技术的快速发展,使 GIS 的发展得到进一步的加强和巩固。

80 年代是 GIS 的快速发展期和突破期。由于计算机价格的大幅度下降,功能较强的微型计算机系统的普及和图形输入、输出和存储设备的快速发展,大大推动了 GIS 软件的发展,GIS 逐渐走向成熟。这一时期出现了大量的微机版 GIS 软件系统,如 MapInfo、Intergraph MGE、Arc/Info 等。Landsat 影像的商业化以及 GPS 成为可运行的系统,为地理信息的获取提供了更快捷的方式,进一步促进了 GIS 理论和技术的发展。GIS 技术取得的突破有:空间数据输入效率大大提高;GIS 软件处理的数据量和复杂程度大大提高;在数据输出方面,与硬件技术相配合,GIS 软件可支持多种形式的地图输出。另外,空间分析理论不断发展。这一时期,GIS 技术逐渐进入多种学科领域,国际合作日益加强,GIS 由发达国家推向发展中国家(如中国),GIS 应用逐渐深入。

90 年代是 GIS 社会化阶段。这一时期,地理信息产业已经逐渐成为 IT 业中的一个重要分支,数字化信息产品在全世界普及,网络 GIS 开始发展。GIS 产业已经在全球得到快速发展。许多大学纷纷增设 GIS 本科专业。特别是 1998 年,美国副总统戈尔提出"数字地球"的概念,使得社会对地理信息的认识达到一个新的高度。

21 世纪初的 10 年是 GIS 全面发展的 10 年。这一时期 GIS 已经成为一个巨大的产业,使得它和数据库、信息处理、通信等技术一样,成为信息技术(IT)的重要组成部分。在北美和西欧一些国家,GIS 已经被纳入 IT 之中。GIS 已经由最初的一门技术(GI System)变成一门科学(GI Science),发展到这一时期,已经成为一种服务(GI Service)。特别是 Google 地球的发布,使地理信息的概念深入社会的每一部分,LBS(Located Based Service)已经成为网络服务商、智能移动设备服务商新的利润增长点。表 1-1 为 GIS 发展史上的一些重要历史事件。

表 1-1 GIS 发展史上的一些重要历史事件

1962 年	Roger Tomlinson 提出 GIS 概念,并开发出全球第一个地理信息系统——CGIS
1969 年	环境系统研究所(ESRI)成立,Intergraph 公司成立
1972 年	Landsat 卫星首次发射成功
1977 年	USGS 研制了数字线化图(DLG)空间数据模式
1981 年	ESRI Arc/Info GIS 发布

1984 年	Landsat 商业化
1985 年	GPS 成为可运行系统
1989 年	英国地理信息系统联合会（AGI）成立
1994 年	OGC 成立
1998 年	美国副总统戈尔提出"数字地球"的概念
2005 年	Google 地球发布
2007 年	Google 街景发布

二、我国 GIS 发展概况

我国地理信息系统方面的工作自 20 世纪 70 年代初开始，表 1-2 为我国 GIS 发展史上的一些重要事件。1980 年中国科学院遥感应用研究所成立全国第一个地理信息系统研究室。尽管我国 GIS 研究起步比国外晚 10 年左右，但是发展却非常迅速。1988 年，我国第一个 GIS 本科专业开始招生。目前我国有近 170 所高校（包括 5 所石油院校）设立了 GIS 本科专业。从 1995 年第一个 GIS 软件——MapGIS 发布以来，涌现了一大批优秀的国产 GIS 软件（如 CityStar、SuperMap、GeoStar 等），已经形成了从大型基础平台软件到各类应用软件的全系列地理信息系统软件产品体系。根据赛迪顾问《2015 年中国 GIS 软件市场研究报告》的统计，2015 年，我国 GIS 基础平台软件市场主要被 ESRI、超图软件、中地数码和武大吉奥四大厂商占据，约占市场整体份额的 74% 左右。其中，占国内市场份额首位的为超图软件，占 31.6%，美国 ESRI 公司则以 29.0% 的市场份额列 2015 年第二位。中地数码和武大吉奥分别以 7.9% 和 5.9% 的市场份额列第三、第四位。21 世纪以来，我国地理信息产值逐年快速增加（图 1-3）。

表 1-2　我国 GIS 发展史上的一些重要事件

1980 年	中科院遥感应用研究所成立我国第一个 GIS 研究室
1988 年	国内第一个 GIS 本科专业在武汉招生
1994 年	GIS 协会成立
1994 年	建成了全国 1:100 万地形数据库（含地名）、数字高程模型数据库、1:400 万地形数据库
1995 年	微机版 MapGIS 发布
2000 年	我国启动新一代大地坐标系 CGCS2000（China Geodetic Coordinate System 2000）
2003 年	建成 1:5 万数字高程模型（DEM）数据库、地名数据库、土地覆盖数据库、TM 卫星影像数据库
2006 年	国家测绘局启动"数字城市地理空间框架建设示范工程"项目
2011 年	国家测绘局更名为国家测绘地理信息局

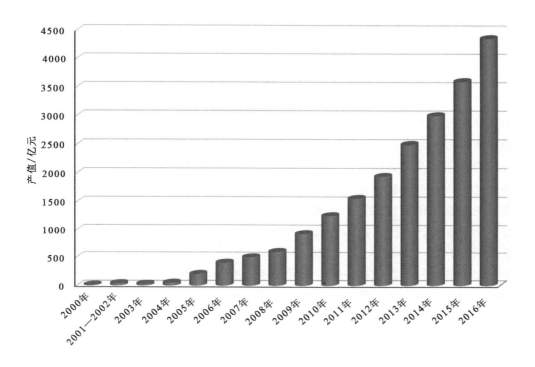

图 1-3　2000—2016 年我国地理信息产业产值增幅情况(据 http://www.ccidnet.com/)

4D(DLG—数字线划图，DEM—数字高程模型，DOM—数字正射影像图，DRG—数字栅格地图)产品是 GIS 应用的基础。我国已经完成或更新了 1:400 万、1:100 万和 1:25 万比例尺 4D 产品基础地理信息数据库的建库工作。已建成覆盖全国陆地范围的 1:5 万的 DLG、DEM 和 DRG 数据库。1:5 万比例尺数据库是我国最基本的地理信息数据库，也是应用领域最广、使用频率最高的空间信息平台，是数字中国地理空间框架的重要组成部分。另外七大江河流域(珠江流域、长江流域、淮河流域、黄河流域、海河流域、辽河流域、松花江流域)洪水重点防范区的 1:1 万 DEM 数据库已基本建成。

随着基础地理数据产品的不断丰富，GIS 的应用已经深入到了国民经济建设的各个部门，应用涉及资源调查、环境评估、灾害预测、国土管理、城市规划、邮电通讯、交通运输、军事公安、水利电力、公共设施管理、农林牧业、统计、商业金融等几乎所有领域。

三、石油行业 GIS 发展概况

1. 国外石油行业 GIS 发展简况

石油行业是一个空间数据和图件密集型行业，然而与 GIS 在国土资源管理、地理科学、环境科学等领域的广泛应用相比，GIS 在石油行业的应用起步较晚，主要原因有以下几点：首先早期的 GIS 研究始于地理学，早期的商业化 GIS 软件也主要致力于地表二维空间数据的处理与表达，如土地管理、森林调查等，而油气勘探所涉及的数据众多、类型复杂，特别是涉及地下地质实体的三维分析与表达，因此 GIS 软件难以发挥其优势；其次，石油行业作为数据密集型行业，对数据的依赖度很高，因此国内外大型石油企业都非常重视数据库的建设，而且在 GIS 推出之前，就已经出现了很多专业性很强的软件用于油气勘探数据管理，如 Petrobank、OpenExplorer、GeoQuest、Petrovision 等。这些产品完全针对油气勘探开发数据，符合行业标准，有些软件还具有与 GIS 类似的查询功能，可以满足石油数据管理的要求。在石油行业专门的地质工作平台中，已经有一些专业软件或模块用于处理地质空间数据，如测井资料解释系统、地震资料处理与解释系统、地层分析系统等，这些软件也具有一些与 GIS 软件类似的可视化功能，因而石油专业人员并不急于通过 GIS 软件进行空间数据管理、分析与可视化。

20 世纪 90 年代以前，有关 GIS 在油气勘探中的应用方面的参考文献很少，据 GeoRef 统计，不超过 10 篇，第一份谈到 GIS 在油气勘探中的应用的文献见于 1982 年美国 NASA 的会议录（Pascucci、Smith，1982）。90 年代后，有关 GIS 油气勘探应用的文献逐渐增多，一些相关的学会如美国石油地质学会（AAPG）开始安排 GIS 应用专题或召开 GIS 应用专题年会。同时，一些 GIS 公司也成立油气行业的用户小组，讨论 GIS 在石油行业的可能应用。如空间信息与技术协会（GITA，Geospatial Information and Technology Association）从 90 年代初期开始召开每年一次的"GIS for the Oil and Gas Industry Conference and Exhibition"年会。ESRI 公司从 1991 年起成立了 ESRI 石油用户组（PUG，Petroleum User Group），每年召开一次用户大会，就 GIS 在油气勘探开发中的应用进行研讨。2000 年，AAPG 就计算机在地质学中的应用专刊中编辑出版了《Geographic Information Systems in Petroleum Exploration and Development》一书（Timothy、Jeffrey，2000），专门介绍 GIS 在油气勘探领域应用的最新成果，极大地推动了 GIS 在油气勘探领域的应用和推广。2003 年，Dean 编写并出版了《石油工业地理信息系统导论》，这是第一本专门讨论石油行业 GIS 的专著。GIS 软件功能不断强大，特别在空间数据管理和综合分析中表现出明显优势，许多石油公司逐渐认识到二维及三维 GIS 系统的优势，并逐步投入使用。

20 世纪 90 年代以来，GIS 在油气行业的应用逐渐增多。90 年代初，一些跨国石油公司，如 Shell 公司、Chevron 公司已经开始尝试采用 GIS 管理油气勘探数据。运行实践表明，运用 GIS 平台管理分析油气勘探开发数据，可以有效地提高空间数据管理能力、协同作业能力和生产决策效率，从而提高数据价值，并支持勘探和生产的全球化运作，减少由于地图错误导致的钻井失误，减少因为施工导致的管道和通信设施的破坏，避免错误的理解土地边界定义等。由于运用 GIS 可以带来实际的效益，因此许多大型跨国石油公司开始与 GIS 公司合作，以构建公司统一的 GIS 平台。同时，许多油气勘探开发有关的软件公司也把 GIS 理论与技术引入到软件开发中，如 Digital PetroData、Geosoft、Landmark Graphics、Land-Works、P2 Energy Solutions、Pacific GeoTech Systems、Petris、PetroWEB、Schlumberger Information Solutions 等都纷纷与 ESRI 公司合作。

1998 年，"数字地球"的概念提出后，"数字油田"的概念也提出来了。实际上，之前类似的概念早已经提出，如 Smart fields、i - fields、e - fields 等，但是这些概念并没有像数字油田概念一样，一经提出便得到油气行业的认可。其中一个重要的原因就在于近年来 GIS 在油气行业的广泛应用使得数字油田的概念变得更实际和可操作。由于 GIS 在空间数据管理所具有的优势，国内外大型的石油企业都纷纷以 GIS 平台构建新一代数据库系统。如 IHS Energy 公司于 2001 年开始实施"通用结构工程"，该工程是基于 J2EE、Web Services 和 ArcGIS 的一个 Web-GIS 网络结构，客户端采用 ArcIMS HTML，通过浏览器浏览或获取所需要数据（图 1 - 4）；壳牌公司也基于 WebGIS，对地理数据和文件进行全球集成，终端用户可以通过类似于 Google 地球的方式进行检索，从而在全球规模上改进数据共享和数据操作/检索的效率。

2. 我国石油行业 GIS 发展简况

相对于其他行业来说，我国石油行业计算机应用，特别是数据库建设起步早，专业化程度较其他行业高。如大庆油田从 1985 年开始建设勘探数据库，胜利油田从 1995 年开始正式建设勘探数据库。数据库的建设为 GIS 的应用打下了良好的基础。但是由于石油行业的特点，GIS 的应用并不比其他行业早。20 世纪 90 年代中后期，部分油田开始尝试引入 GIS 软件管理油气勘探数据。同时，一些公司也开发了一些以油气专业图形编辑与分析为主的软件，如 GeoMap、双狐软件等。经过 20 多年的发展，GIS 已经在各油田得到广泛应用，表现出以下几个特点。

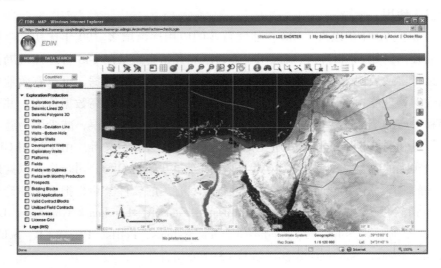

图 1-4　IHS 的 EDIN 网络浏览解决方案(据 https://www.ihs.com/)

1)石油行业对 GIS 的认同感不断加强

随着信息技术的快速发展以及油气行业对信息管理要求越来越高，各大石油企业在信息化建设方面的投入也越来越多。由于 GIS 在空间数据管理所具有的优势，各大油田都纷纷以 GIS 平台构建新一代数据库系统。我国的三大石油公司都计划构建石油地理信息系统。

2)基于 GIS 的油气勘探集成系统初现端倪，数字油田建设纳入规划

油气勘探系统软件众多、功能强大，这是 GIS 软件所无法比拟的，但 GIS 软件在管理空间数据方面有强大优势且操作简单，如果能够把这两个系统集成起来，就能够优势互补。从集成的方法来说，可以有三种途径，即软件集成、数据集成和应用集成。软件集成要求油气勘探应用软件均构筑在软件集成平台上，具有统一友好的用户界面，并提供良好的可移植性及可扩展性。而组件式软件可编程、可复用的特点很好地满足了应用系统可移植、可伸缩、可扩展的需求，通过组件技术可以实现油气勘探系统的软件集成。但是软件集成需要综合油气勘探理论和 GIS 理论方法，集成难度大；目前较可行的是数据的集成，由于地理信息系统并非针对石油工业而开发，油气勘探行业的大量数据无法与 GIS 共享。通过数据集成，就可以使 GIS 与来源众多、类型纷繁、数量巨大且用途广泛的油气资源勘探数据共享。目前这方面的工作还处于起步阶段，主要是数据的初步共享，基

本的方法是数据格式的共享。基于应用的集成，则是以 GIS 为平台，以二次开发为手段，运用油气勘探开发理论和方法研究油气规律，目前这方面的研究非常活跃。

目前，我国规模较大的油田都相继进行了数字油田规划，其中比较典型的有大庆油田，胜利油田和塔里木油田。塔里木油田被列为国家数字油田建设的示范单位和国家"十五"科技攻关重点项目，项目于 2005 年完成。

3）基于 GIS 的应用越来越广

GIS 在油气勘探开发中的应用最初主要集中于油气田勘探开发的数据管理以及成果图件的可视化表达等方面。由于 GIS 强大的空间数据管理和空间分析能力，GIS 在油气领域的应用越来越广，而且越来越多的应用正面向基于 GIS 平台的辅助决策（刘学锋等，2008），如基于 GIS 的流体运移分析（刘世翔等，2014）、基于 GIS 的油气资源评价与储层综合评价（施冬、张春生，2012）、基于 GIS 的古构造研究与盆地建模（刘学锋等，2003）等。

尽管 GIS 在油气领域应用越来越广，但也存在不少问题，总结起来，主要有以下几方面。

（1）数据管理分散，GIS 软件产品不统一，缺乏统一的一体化解决方案，数据共享程度低。目前，油田内部的各种数据库的建立和维护基本都分散在不同的业务部门，基本只考虑本专业的业务需要，没有建立统一的数据管理和数据共享机制。GIS 产品众多，而不同的油田可能采用不同的 GIS 系统，由于油田内数据库建库标准不统一、数据格式（采集格式、成果格式）互不相同、GIS 系统不统一，造成油田数据难以共享。目前在各油田使用的 GIS 软件有 ArcGIS、MapInfo、MGE/GeoMedia、MapGIS、双狐等。

（2）基础数据建库、入库率不是很高，数据质量有待提高。油田各部门建立了不同的数据库，但目前数据库主要以属性数据为主，缺乏空间图形数据库。成果数据入库率较低。另外，由于油田数据采集源头多、中间环节多，同时又缺乏统一有效的质量控制体系，使得数据差错率较高。

（3）数据应用层次还不是很高，数据服务能力有待提高。由于目前的数据主要以属性数据为主，而且缺少一个综合应用平台，难以对数据进行深层次信息挖掘。

这些问题既阻碍了 GIS 在石油行业的广泛应用，另一方面，也说明 GIS 在石油行业远没有发挥出其应有的威力，还有更广阔的应用空间。

思考题

1. 什么是 GIS？如何从地图、空间数据库及空间分析三个角度理解 GIS？
2. 简述 GIS 的类型。
3. GIS 有哪些功能？
4. 在你的日常生活中，哪些方面用到了 GIS？请举例说明。

参考文献

［1］DEAN G E. Introduction to GIS for the petroleum industry［M］. Tulsa, Oklahoma：PennWell Corporation, 2003：287.

［2］PASCUCCI R F, SMITH A. GIS Integration for Quantitatively Determining the Capabilities of Five Remote Sensors for Resource Exploration［J］. In Marshall Univ. Proc. of the Natl. Conf. on Energy Resource Management, 1982（1）：135 – 148.

［3］ROGER F T. An Introduction to the Geo – information System of the Canada Land Inventory［M］. Ottawa：Department of Forestry and Rural Development, 1967：23.

［4］TIMOTHY C C, JEFFREY M Y. Geographic Information Systems in Petroleum Exploration and Development［C］. Tulsa, Oklahoma：AAPG Datapages, 2000.

［5］董绍华. 管道完整性管理体系与实践［M］. 北京：石油工业出版社, 2009：199.

［6］何生厚, 毛锋. 数字油田的理论、设计与实践［M］. 北京：科学出版社, 2001：240.

［7］胡庆武, 陈亚男, 周洋, 等. 开源 GIS 进展及其典型应用研究［J］. 地理信息世界, 2009（1）：46 – 55.

［8］姜顽强, 张静淑. GIS 在炼化企业厂区外管道安全管理中的应用研究［J］. 中国管理信息化, 2014（11）：57 – 59.

［9］梁磊, 李永树. 基于 GIS 的动态指标管理在管道风险评价中的应用［J］. 油气储运, 2012（1）：13 – 16.

［10］刘富君, 孔帅, 凌张伟, 等. 基于 GIS 的天然气长输管道应急救援指挥辅助决策系统研发［J］. 安全与环境学报, 2011（3）：204 – 208.

［11］刘俊峰, 龙世华. GIS 技术在油气管道线路工程设计中的应用［J］. 油气储运, 2006（4）：41 – 42.

［12］刘世翔, 薛林福, 张功成, 等. 基于 GIS 的油气运移路径模拟研究［J］. 科学技术与工程, 2014（15）：29 – 34.

［13］刘学锋, 孟令奎, 赵春宇, 等. 基于 GIS 的盆地古构造重建方法研究［J］. 武汉大学学报（信息科学版）, 2003（2）：197 – 201.

[14]刘学锋,何贞铭,何幼斌.GIS 辅助油气勘探决策:原理方法及应用[M].北京:石油工业出版社,2008:155.

[15]牛双会,高立群.基于 GIS 的管道防腐蚀数据综合管理系统研发[J].全面腐蚀控制,2016(11):23 - 25.

[16]施冬,张春生.基于 GIS 的油气储层评价方法[M].北京:石油工业出版社,2012:180.

[17]吴信才.地理信息系统原理与方法(第三版)[M].北京:电子工业出版社,2014:358.

第二章　空间数据结构

客观世界丰富多彩、无穷无尽，要研究、认识、利用和改造它们，必须将关注的特征加以简化和抽象。模型就是现实世界简单抽象的表达。对客观世界地理实体如何以有效的形式表达，关系到计算机识别、存储、处理的可能性和有效性。在计算机中，现实世界是以各种数字和字符形式来表达和记录的，基于计算机的地理信息系统不能直接识别和处理各种以图形形式表达的特征实体，要使计算机能识别和处理它们，必须对这些特征实体进行数据表达。空间数据结构就是在计算机中如何有效组织和建立空间数据之间的关系。空间数据结构是 GIS 的核心技术，空间数据结构设计的好坏直接关系到整个系统效率的高低。

第一节　空间数据结构的基本概念

一、空间数据类型

地理实体具有三个基本特征：空间特征、属性特征、时间特征。为了表达地理实体这三方面的特征，地理数据可分为两种类型：空间数据(定位数据)和属性数据(非定位数据)(图 2-1)。

1. 空间特征与空间数据

空间特征指空间物体或现象的位置、形状和大小等几何特征及空间相互关系，又称为几何特征或定位特征，其中空间相互关系主要指空间距离关系、方位关系及相邻、包含、相交等拓扑关系。如油井的位置，油井与盆地之间的关系，河流的位置与形状，河流与省之间的关系等。空间数据用以描述地理实体的空间特征，也称几何数据、定位数据，具体指一定坐标系统下的坐标数据。如油井的位置用 x、y 坐标来表示，河流的位置用一串按一定顺序排列的 x、y 坐标来表示。

2. 属性特征与属性数据

属性特征指地理实体或现象的特征，即名称、等级、数量、类别等。如土壤的类型、pH 值、土层厚度等；河流的名称、等级、长度等；钻井的名称、井别、开钻日期、完钻日期、完钻井深等。属性数据用来描述地理实体的属性特征，它属于非空间数据，但它是空间数据的重要数据成分，它同空间数据相结合，才能表达空间实体的全貌。

时间特征用以描述事物或现象随时间的变化，时间变化的周期有超短期的、短期的、中期的、长期的等。事物的空间特征和属性特征都有可能随时间而发生变化。如河流发生迁移，油井采油量每年会发生变化。严格地讲，空间数据总是在某一特定时间或时段内采集得到或计算产生的。由于有些空间数据随时间变化相对较慢，因而有时被忽略。有时，时间特征用属性数据来表示。

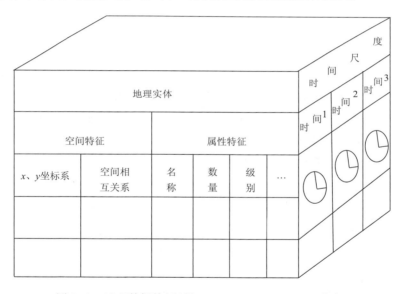

图 2-1　地理数据特征（据 Jack Dangermond，1986 改编）

二、空间认知过程与空间数据结构

1. 现实世界的认知过程

空间认知是一个信息加工过程。客观世界丰富多彩、无穷无尽，要正确认识和掌握现实世界这些复杂、海量的信息，需要进行去粗取精、去伪存真的加工，对复杂对象的认识是一个从感性认识到理性认识的抽象过程，是通过对各种地理现象的观察、抽象、综合取舍，得到实体目标(有时也称为空间对象)，然后对实体目标进行定义、模型化和编码结构化，以数据形式存入计算机内的过程。空间数据表示的基本任务就是将以图形模拟的空间物体表示成计算机能够接收的数字形式，这同时也是一个将客观世界的地理现象转化为抽象表达的数字世界相关信息的过程。这个过程涉及三个层面：现实世界、概念世界和数字世界(图2-2)。现实世界是存在于人们头脑之外的客观世界，事物及其相互联系就处在这个世界之中。概念世界是现实世界在人们头脑中的反映。客观事物在概念世界中称为实体，反映事物联系的是实体模型。数字世界是概念世界中信息的数据化。现实世界中的事物及其联系在这里用数据模型描述。

图2-2　现实世界认知过程

地理空间实体可以抽象为点、线、面、体四种类型。点实体表示0维空间实体，可以具体指单独一个点位，如独立的地物、钻孔，也可以表示小比例尺图中逻辑意义上不能再分的集中连片和分散状态，当从较大的空间规模上来观测这些地理现象时，就能把它们抽象成点状分布的空间实体，如村庄、城市、油田等，但在大比例尺地图上同样的城市就可以描述十分详细的城市道路、建筑物分布等线状和面状实体。线实体表示一维空间实体，道路、河流、构造线、地质边界等均可以抽象为线状实体。面实体表示二维空间实体，表示平面区域大范围连续分布的特征，例如土地利用中不同的地块、不同类型的土壤，大比例地图中的城市、农村、盆地等都可以认为是面状实体。有些面状目标有确切的边界，如建筑物、水库等，有些面状目标在实地上没有明显的边界，如土壤。体实体表示三维空间实体，体是3D空间中有界面的基本几何元素。在现实世界中，只有体才是真正的空间三维对象，现在对三维体空间的研究还处于发展阶段，以地质、大气、海洋污染等环境应用居多，如地质体、水体。

2. 空间数据结构

空间数据结构就是指空间数据的编排方式和组织关系。空间数据编码是空间数据结构的实现，目的是将图形数据、影像数据、统计数据等资料，按一定的数据结构转换为适用于计算机存储和处理的过程。不同的对象，其数据结构相差很大，同一对象，也可以用许多方式来组织数据，按不同的数据结构去处理，会得到截然不同的内容。计算机存储和处理数据的效率，在很大程度上取决于数据组织方式的优劣。数据结构在 GIS 中对于数据采集、存储、查询、检索和应用分析等操作方式有着重要的影响。一种高效率的数据结构应具备几方面的要求：①能够正确表示要素之间的层次关系，便于不同数据联接和覆盖；②正确反映地理实体的空间排列方式和各实体间相互关系；③便于存取和检索；④节省存贮空间，减少数据冗余；⑤存取速度快，在运算速度较慢的微机上要达到快速响应；⑥足够的灵活性，数据组织应具有插入新的数据、删除或修改部分数据的基本功能。

当对特征实体进行数据表达时，关键又看如何表达空间的一个点，因为点是构成地理空间特征实体的基本元素。如果采用一个没有大小的点（坐标）来表达基本点元素，称为矢量表示法；如果采用一个有固定大小的点（面元）来表达基本点元素，称为栅格表示法。这两种表示法分别对应的空间数据结构是矢量数据结构和栅格数据结构，它们代表着从信息世界观点对现实世界空间目标的两种不同的数据表达方法，其在功能、使用方法及应用对象上都有一定差异，这在一定程度上反映出 GIS 表示现实世界的不同概念，也是人类悟性的产物。

第二节　栅格数据结构

一、栅格数据结构的基本概念

栅格结构是最简单最直观的空间数据结构，又称为网格结构（raster 或 grid cell）或像元结构（pixel），是指将地球表面划分为大小均匀紧密相邻的网格阵列，每个网格作为一个像元或像素，由行列号定义，并包含一个代码，表示该像素的属性类型或量值，或仅仅包含指向其属性记录的指针。因此，栅格结构是以规则的像元阵列来表示空间地物或现象分布的数据组织，组织中的每个数据表示地物或现象的非几何属性特征。如图 2-3（b）所示，在栅格结构中，点用一个栅格单元表示；线状地物则用沿线走向的一组相邻栅格单元表示，每个栅格单元最多只有两个相邻单元在线上；面或区域用记有区域属性的相邻栅格单元的集合表示，每个栅格单元可有多于两个的相邻单元同属一个区域。任何以面状分布的对象（土地利用、土壤类型、地势起伏、环境污染等），都可以用栅格数据逼近。遥感影像就属于典型的栅格结构，每个像元的数字表示影像的灰度等级。

栅格结构的显著特点是：属性明显，定位隐含，即数据直接记录属性的指针或属性本身，而所在位置则根据行列号转换为相应的坐标给出，也就是说定位是根据数据在数据集中的位置得到的。由于栅格结构是按一定的规则排列的，所表示的实体的位置很容易隐含在网格文件的存贮结构中，在后面讲述栅格结构编码时可以看到，每个存贮单元的行列位置可以方便地根据其在文件中的记录位置得到，且行列坐标可以很容易地转为其他坐标系下的坐标。在网格文件中每个代码本身明确地代表了实体的属性或属性的编码，如果为属性的编码，则该编码可作为指向实体属性表的指针。图2-3中表示了一个代码为6的点实体，一条代码为9的线实体，一个代码为7的面实体。由于栅格行列阵列容易为计算机存储、操作和显示，因此这种结构容易实现，算法简单，且易于扩充、修改，也很直观，特别是易于同遥感影像结合处理，给地理空间数据处理带来了极大的方便。

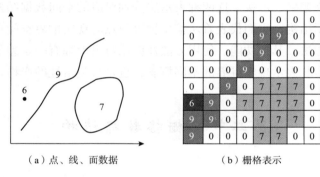

（a）点、线、面数据　　　　　　　　（b）栅格表示

图2-3　点、线、面数据的栅格结构表示

需要注意的是，栅格模型最小单元是直接与空间位置相对应的，与它所表达的真实世界空间实体没有直接的对应关系。栅格数据模型中的空间实体单元不是通常概念上理解的物体，它们只是彼此分离的栅格。例如，道路作为明晰的栅格是不存在的，栅格的值才表达了路是一个实体。道路是被具有道路属性值的一组栅格表达的，这条路不可能通过某一栅格实体被识别出来。

栅格结构表示的地表是不连续的，是量化和近似离散的数据。在栅格结构中，地表被分成相互邻接、规则排列的矩形方块(特殊的情况下也可以是三角形或菱形、六边形等，如图2-4所示，每个地块与一个栅格单元相对应。在许多栅格数据处理时，常假设栅格所表示的量化表面是连续的，以便使用某些连续函数。由于栅格结构对地表的量化，在计算面积、长度、距离、形状等空间指标时，若栅格尺寸较大，则会造成较大的误差。同时，由于在一个栅格的地表范围内，可能存在多于一种的地物，而表示在相应的栅格结构中常常只能是一个代码。这类似于遥感影像的混合像元问题，如Landsat MSS卫星影像单个像元对应地表 $79m \times 79m$ 的矩形区域，影像上记录的光谱数据是每个像元所对应的地表区域内所有地物类型的光谱辐射的总和效果。因而，这种误差不仅有形态上的畸变，还可能包括属性方面的偏差。

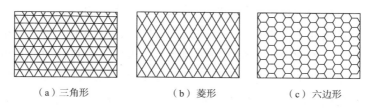

（a）三角形　　　　　（b）菱形　　　　　（c）六边形

图2-4　栅格数据结构的几种其他形式

二、栅格数据结构的获取

栅格结构数据主要可由如下四个途径得到。

（1）分类影像输入：将经过分类解译的遥感影像数据直接或重采样后输入系统，作为栅格数据结构的专题地图。

（2）矢量数据转换为栅格数据：通过一定的算法可以将矢量数据转换为栅格数据。

（3）扫描数字化：逐点扫描专题地图，将扫描数据重采样和再编码，得到栅格数据文件。

（4）人工判读法：在专题图上均匀划分网格，逐个网格地决定其代码，最后形成栅格数字地图文件；实际工作中，一个网格可能对应地图上的多种专题属性，而每一个单元只允许取一个值，对于这种多重属性的网格，有不同的取值方法。

①中心归属法：每个栅格单元的值以网格中心点对应的面域属性值来确定，如图2-5（a）所示。

②长度占优法：每个栅格单元的值以网格中线（水平或垂直）的大部分长度所对应的面域的属性值来确定，如图2-5（b）所示。

③面积占优法：每个栅格单元的值以在该网格单元中占据最大面积的属性值来确定，如图2-5（c）所示。

④重要性法：根据栅格内不同地物的重要性程度，选取特别重要的空间实体决定对应的栅格单元值，如稀有金属矿产区，其所在区域尽管面积很小或不位于中心，也应采取保留的原则，如图2-5（d）所示。

为了提高栅格数据表达物体的精度可以通过缩小单个栅格单元的面积来达到，即增加栅格单元的总数，行列数也相应地增加。这样，每个栅格单元可代表更为精细的地面矩形单元，混合单元减少，混合类别和混合的面积都大大减小，可以大大提高量算的精度，从而接近真实的形态，表现更细小的地物类型。然而增加栅格个数、提高数据精度的同时也带来了一个严重的问题，那就是数据量的大幅度增加，数据冗余严重。为了解决这个难题，已发展了一系列栅格数据压缩编码方法，如游程长度编码、块式编码和四叉树编码等。其目的就是以尽可能少的数据量记录尽可能多的信息，其类型又有信息无损编码和信息有损编码之分。信息无损编码是指编码过程中没有任何信息损失，通过解码操作可以完全恢复原来的信息；信息有损编码是指为了提高编码效率，最大限度地压缩数据，在压缩过程中损失一部分不太重要的信息，解码时这部分信息难以恢复。在地理信息系统中，多采用信息无损编码，而对原始遥感影像进行压缩编码时，有时也采取有损型的压缩编码方法。

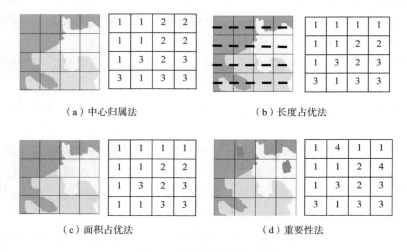

（a）中心归属法　　　　　　　　　（b）长度占优法

（c）面积占优法　　　　　　　　　（d）重要性法

图2-5　栅格数据取值方法

三、栅格数据结构编码

1. 直接栅格编码

直接栅格编码是最简单、最直观而又非常重要的一种栅格结构编码方法，通常称这种编码为图像文件或栅格文件。直接编码就是将栅格数据看作一个数据矩阵，逐行(或逐列)逐个记录代码，可以每行都从左到右逐像元记录，也可奇数行从左到右，而偶数行由右向左记录，为了特定目的还可采用其他特殊的顺序。如图2-6所示栅格数据结构，逐行从左至右记录各像元值，结果为3，3，3，4，

4，4，4，4，3，3，3，3，3，4，4，4，1，3，3，3，4，4，4，2······。该数据结构对数据没有进行任何压缩。

3	3	4	4	4	4	4	4
3	3	3	3	3	4	4	4
1	3	3	3	4	4	4	2
1	1	3	3	3	2	2	2
1	1	1	1	3	2	2	2
1	1	1	1	3	2	2	2
1	1	1	1	1	2	2	2
1	1	1	1	1	2	2	2

图 2-6　原始栅格数据

2. 链式编码

链式编码又称为弗里曼链码（Freeman，1961）或边界链码。链式编码主要是记录线状地物和面状地物的边界。它把线状地物和面状地物的边界表示为：由某一起始点开始并按某些基本方向确定的单位矢量链。基本方向可定义为：东＝0，东南＝1，南＝2，西南＝3，西＝4，西北＝5，北＝6，东北＝7 八个基本方向（图 2-7）。

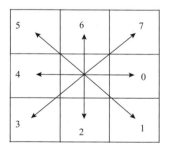

图 2-7　链式编码的方向代码

链式编码的前两个数字表示起点的行、列数，从第三个数字开始的每个数字表示单位矢量的方向，八个方向以 0~7 的整数代表。

对于图 2-8 所示的线状地物，确定其起始点为像元(1，5)，则其链式编码为：1，5，3，2，2，3，3，2，3。

对于图 2-8 所示的面状地物，假设其原起始点定为像元(5，8)，则该多边形边界按顺时针方向的链式编码为：5，8，3，2，4，4，6，6，7，6，0，2，1。

链式编码对线状和多边形的表示具有很强的数据压缩能力，且具有一定的运算功能，如面积和周长计算等，探测边界急弯和凹进部分等都比较容易，类似矢量数据结构，比较适于存储图形数据。缺点是对叠置运算如组合、相交等则很难实施，对局部修改将改变整体结构，效率较低，而且由于链码以每个区域为单位存储边界，相邻区域的边界则被重复存储而产生冗余。

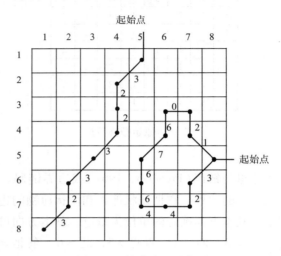

图 2-8　链式编码示意图

3. 游程编码

游程编码是栅格数据压缩的重要编码方法，它的基本思路是：对于一幅栅格图像，常常有行（或列）方向上相邻的若干具有相同属性的代码，因而可采取某种方法压缩那些重复的记录内容。有相同属性值的邻近像元合并在一起称为一个游程。其编码方案可以有多种，方案一：在各行（或列）属性发生变化时依次记录该属性值以及相同属性重复的个数；方案二：在各行（或列）属性发生变化时逐个记录属性值和该属性末像元的列号，从而实现数据的压缩。例如对图 2-9 所示的栅格数据，分别按方案一和方案二沿行方向进行游程编码，结果如图 2-9 所示。

图 2-9 中游程长度编码只用 34 个整数就可以表示，而如果用前述的直接编码却需要 50 个整数表示，可见游程长度编码压缩数据是十分有效又简便的。事实上，压缩比的大小是与图的复杂程度成反比的，在变化多的部分，游程数就多，变化少的部分游程数就少，图件越简单，压缩效率就越高。

游程长度编码在栅格加密时，数据量没有明显增加，压缩效率较高，且易于检索。叠加合并等操作运算简单，适用于机器存贮容量小、数据需大量压缩而又要避免复杂的编码解码运算增加处理和操作时间的情况。

	1	2	3	4	5	6	7	8	9	10	方案一 （属性值，重复个数）	方案二 （属性值，末像元的列号）
1	A	A	A	A	B	B	B	A	A	A	$(A，4)，(B，3)，(A，3)$	$(A，4)，(B，7)，(A，10)$
2	A	A	A	B	B	B	A	A	A	C	$(A，3)，(B，3)，(A，3)，$ $(C，1)$	$(A，2)，(B，5)，(A，8)，$ $(C，10)$
3	A	A	B	B	B	A	A	C	C		$(A，2)，(B，3)，(A，3)，$ $(C，2)$	$(A，1)，(B，4)，(A，6)，$ $(C，10)$
4	A	B	B	B	A	A	C	C	C	C	$(A，1)，(B，3)，(A，2)，$ $(C，4)$	$(A，3)，(B，6)，(A，8)，$ $(C，10)$
5	A	A	A	A	A	A	C	C	C	C	$(A，6)，(C，4)$	$(A，6)，(C，10)$

图 2-9 游程编码

4. 块式编码

块码是游程长度编码扩展到二维的情况，它是把多边形划分成由具有相同属性值的邻近像元组成的正方形，并对每一正方形进行编码。块式编码数据结构中包括 3 个数字：块的原点坐标（可以是块的中心或块的左下角像元的行列号）、块的大小（块的边长）和记录单元的代码。根据块式编码的原则，对图 2-10（a）所示图像可以用 10 个单位正方形，即 8 个边长为 1 单位的正方形和 2 个边长为 2 单位的正方形完整表示 [图 2-10（b）]，具体编码为：(1, 1, 1, 0)，(1, 2, 1, 1)，(1, 3, 2, 1)，(2, 1, 1, 0)，(2, 2, 1, 1)，(3, 1, 2, 0)，(3, 3, 1, 0)，(3, 4, 1, 1)，(4, 3, 1, 0)，(4, 4, 1, 1)。

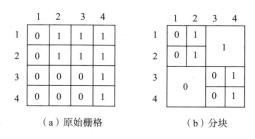

（a）原始栅格　　　　（b）分块

图 2-10 块式编码

一个多边形所包含的正方形越大，多边形的边界越简单，块状编码的效率就越好。块状编码对大而简单的多边形更为有效，而对那些碎部较多的复杂多边形效果并不好。块式编码在合并、插入、检查延伸性、计算面积等操作时有明显的优越性。然而对某些运算不适应，必须在转换成简单数据形式后才能顺利进行。

5. 四叉树编码

四叉树编码是较有效的栅格数据压缩编码方法之一，在 GIS 中有着广泛的应用。四叉树将一副 $2^n \times 2^n$ 网格边长相等的图像区域递归分解为一系列边长不等的方形区域，且每一个方形区域具有单一的属性，最小区域为一个像元。四叉树结构分解的基本方法是将一幅栅格地图或图像等分为四部分，逐块检查其格网属性值(或灰度)，如果某个子区的所有格网值都相同，则这个子区就不再继续分割，否则还要把这个子区再分割成四个子区。这样依次递归地分割，直到每个子块都只含有相同的属性值(或灰度)或分割到单个像元为止。如图 2-11(a)为 8×8 原始栅格图像，0 表示背景像元，1 表示特征像元。图 2-11(b)表示对图 2-11(a)的按四叉树分解方法得到的分块结果。

所谓四叉树结构，即把整个 $2^n \times 2^n$ 像元组成的阵列当作树的根结点，树的高度为 n 级(最多为 n 级)。每个结点有分别代表西南(SW)、东南(SE)、西北(NW)、东北(NE)四个象限的四个分支。四个分支中要么是树叶，要么是树叉。树叶代表不能继续划分的结点，该结点代表子象限具有单一的代码，该结点称为叶结点；树叉不只包含一种代码，必须继续划分，直到变成树叶为止，该结点称为中间结点。图 2-12 为图 2-11 的四叉树结构，该结构类似于一棵倒立的树，最上面的结点为根结点，矩形表示叶结点，矩形中的数字表示所代表区域的属性值，椭圆表示中间结点，每个中间结点有四个分叉，因此，该结构命名为四叉树，该树的高度为 4。常用的四叉树编码有常规四叉树编码和线性四叉树编码。

0	0	0	0	0	0	0	0
0	1	0	0	0	0	0	0
0	0	1	1	0	0	0	0
0	0	1	1	1	0	0	0
0	0	0	0	1	1	0	0
0	0	0	0	0	0	0	0
0	0	0	0	0	0	0	0
0	0	0	0	0	0	0	0

(a)原始栅格图像

0	0	0	0	0	0	0	0
0	1	0	0	0	0	0	0
0	0	1	1	0	0	0	0
0	0	1	1	1	0	0	0
0	0	0	0	1	1	0	0
0	0	0	0	0	0	0	0
0	0	0	0	0	0	0	0
0	0	0	0	0	0	0	0

(b)四叉树分割结果

图 2-11 四叉树分解

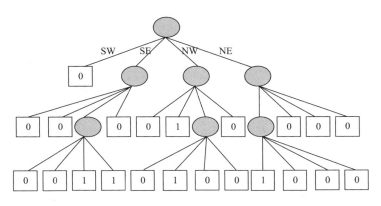

图 2-12　四叉树结构

1）常规四叉树

常规四叉树通过在子结点与父结点之间设立指针的方式建立起整个结构。按这种方式，四叉树的每个结点通常存储 6 个量，即四个子结点指针、一个父结点指针和该结点的属性代码。这种方法除了要记录叶结点外，还要记录中间结点，一般要占用较大存储空间。

2）线性四叉树

线性四叉树为美国马里兰大学地理信息系统中采用的编码方法（Samet，1984），它不像常规四叉树那样存储树中各个结点及其相互间的关系，它的基本思想是：不需记录中间结点和使用指针，仅记录叶结点，并用地址码（如 Morton 码等）表示叶结点的位置。因此，其编码包括叶结点的地址码和本结点的属性或灰度值，并且地址码隐含了叶结点的位置和深度信息。最常见的地址码是四进制或十进制 Morton 码。简单起见，在这里仅介绍四进制地址码。

原始栅格图像从中心点开始沿水平方向和垂直方向分割，得到四个子结点，每一个结点用一位四进制数来表示其相对位置，如 0 表示西南方向的结点，1 表示东南方向的结点，2 表示西北方向的结点，3 表示东北方向的结点，按递归方式对结点继续分割，每分割一次得到四个更小的子结点，更小的子结点根据其在父结点中的相对位置在其父节点的地址码后增加一位数字表示其地址码。图 2-13 所示为图 2-11（a）的原始图像采用四进制的编码结果。

从图 2-13 可以看出，四叉树实质是把原来大小相等的栅格集合转变成为大小不等的正方形集合，并对不同尺寸和位置的正方形集合赋予一个位置码。位于较浅层次的结点尺寸较大、深度小，即分解次数少；而深层次的结点较小、深度大，即分解次数多。这反映了图上某些位置的单一地物分布较广，变化较小，而另一些位置上的地物比较复杂，变化较大。这是由于四叉树编码能够自动地依照图形变化调整结点的尺寸，因此它具有较高的压缩效率。

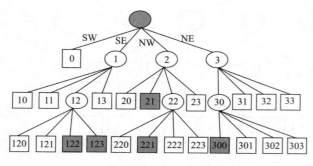

（a）四进制地址码对应于四叉树树形结构

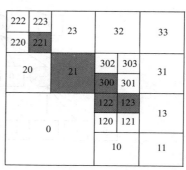

（b）四进制编码对应于原图像的编码结果

图 2-13　四进制地址码

　　总之，四叉树编码有许多优点：容易而有效地计算多边形的数量特征，如面积、周长等；压缩效率高，栅格到四叉树及四叉树到简单栅格结构的转换比较容易实现，即压缩、解压缩比较方便；阵列各部分可变分辨率，边界复杂部分四叉树较高，即分级多，分辨率也高，而不需要表示许多细节的部分则分级少，分辨率低，因而既可精确表示图形结构，又可减少存储空间，适合表达呈块状分布的空间数据；易于进行大部分图形的操作和运算；易于表示多边形嵌套结构。

　　四叉树编码的缺点是：构建四叉树结构需要大量的时间；复杂数据可能比平常的栅格存储需要更多的存储量；转换的不定性，同一形状和大小的多边形可能得出多种不同的四叉树结构，不利于形状分析和模式识别。上述这些压缩数据的方法应视图形的复杂情况合理选用，另外，用户的分析目的和分析方法也决定着压缩方法的选取。

第三节　矢量数据结构

一、矢量数据结构的基本概念

　　矢量是具有一定大小和方向的量，数学上和物理上也叫向量。线段长度表示大小，线段端点的顺序表示方向。有向线段用一系列有序特征点表示，有向线段集合就构成了图形。矢量数据结构就是代表地图图形的各离散点平面坐标 $(x、y)$

的有序集合。与栅格数据结构不同，矢量数据结构通过记录坐标值的方式尽可能精确表示点、线、面等地理实体。点由一对 x、y 坐标表示，线由一串有序的 x、y 坐标对表示，面由一串或几串有序的且首尾坐标相同的 x、y 坐标对及面标识表示。

1. 点实体

点实体包括由单独一对 x、y 坐标定位的一切地理或制图实体。在矢量数据结构中，除点实体的 x、y 坐标外还应存储其他一些与点实体有关的数据来描述点实体的类型、制图符号和显示要求等。点是空间上不可再分的地理实体，可以是具体的，如钻孔点、高程点、建筑物和公共设施；也可以是抽象的，如文本位置点、线段网络的结点等，如果点是一个与其它信息无关的符号，则记录时应包括符号类型、大小、方向等有关信息；如果点是文本实体，记录的数据应包括字符大小、字体、排列方式、比例、方向以及与其他非图形属性的联系方式等信息。对其他类型的点实体也应做相应的处理。图 2-14 说明了点实体的矢量数据结构的一种组织方式。

标识码	类型	属性码	x、y坐标

图 2-14　点实体的矢量数据结构

2. 线实体

线实体可以定义为直线元素组成的各种线性要素，直线元素由两对以上的 x、y 坐标定义。最简单的线实体只存储它的起止点坐标、属性、显示符等有关数据。例如，线实体输出时可能用实线或虚线描绘，这类信息属符号信息，它说明了线实体的输出方式。虽然线实体并不是以虚线存储，仍可用虚线输出。线实体主要用来表示线状地物（公路、水系、山脊线）、符号线和多边形边界，有时也称为"弧""链""串"等，如图 2-15 所示，其矢量编码包括以下内容：唯一标识是系统排列序号；线标识码可以标识线的类型；属性码表示与线实体相关的属性编码，如名称、长度、等级等；坐标对数表示组成线的点的个数；x、y 是组成线的点的坐标；显示信息是显示时的文本或符号等。

标识码	线标识码	属性码	坐标对数n	x、y坐标	显示信息

图 2-15　线实体矢量编码的基本内容

3. 面实体

多边形（有时称为区域）数据是描述地理空间信息的最重要的一类数据。在区域实体中，具有名称属性和分类属性的，多用多边形表示，如行政区、土地类型、植被分布、岩石类型等；具有标量属性的有时也用等值线描述，如地形、降雨量等。

多边形矢量编码，不但要表示位置和属性，更重要的是能表达区域的拓扑特征，如形状、邻域和层次结构等，以便使这些基本的空间单元可以作为专题图的资料进行显示和操作，由于要表达的信息十分丰富，基于多边形的运算多而复杂，因此多边形矢量编码比点和线实体的矢量编码要复杂得多，也更为重要。

在讨论多边形数据结构编码的时候，首先对多边形网提出如下的要求。

(1)组成地图的每个多边形应有唯一的形状、周长和面积。它们不象栅格结构那样具有简单而标准的基本单元。例如，对土壤或地质图上的多边形来说不可能有相同的形状和大小。

(2)地理分析要求的数据结构应能够记录每个多边形的邻域关系，其方法与水系网中记录连接关系一样。

(3)专题地图上的多边形并不都是同一等级的多边形，而可能是多边形内嵌套小的多边形(次一级)。例如，湖泊的水涯线在土地利用图上可算是个岛状多边形，而湖中的岛屿为"岛中之岛"。这种所谓"岛"或"洞"的结构是多边形关系中较难处理的问题。

总之，矢量数据结构可以表示现实世界中各种复杂的实体，当问题描述成线和边界时，特别有效。矢量数据冗余度低，结构紧凑，并具有空间实体的拓扑信息，便于深层次分析。矢量数据的输出质量好、精度高。矢量数据结构具有定位明显、属性隐含的特点，其定位是根据坐标直接存储的，而属性则一般存储于文件头或数据结构中某些特定的位置上。这种特点使得图形运算的算法总体上比栅格数据结构复杂得多，有些甚至难以实现。在计算长度、面积、形状和图形编辑、几何变换操作中，矢量结构有很高的效率和精度，而在叠加运算、邻域搜索等操作时，则比较困难。

二、矢量数据的获取

矢量数据的获取方式通常有以下几种。

(1)由作业测量获得。可利用测量仪器自动记录测量成果(常称为电子手簿)，然后转到地理数据库中。

(2)由栅格数据转换获得。利用栅格数据矢量化技术，把栅格数据转换为矢量数据。

（3）跟踪数字化。用跟踪数字化的方法，把地图变成离散的矢量数据。

三、矢量数据结构编码

矢量型数据结构按其是否明确表示各地理实体的空间相互关系可分为简单数据结构和拓扑数据结构两大类。下面分别对这两种数据结构进行详细的介绍。

1. 简单数据结构

简单数据结构也被称为 Spaghetti 数据结构或实体型数据结构，矢量模型的基本类型起源于 Spaghetti 模型（图 2-16）。在 Spaghetti 模型中，点用空间坐标对表示，线由一串坐标对表示，面是由线形成的闭合多边形。CAD 等绘图系统大多采用 Spaghetti 模型，它是一种计算机制图模型。简单数据结构通常由点表、线表和面表组成（图 2-17）。

原始地图

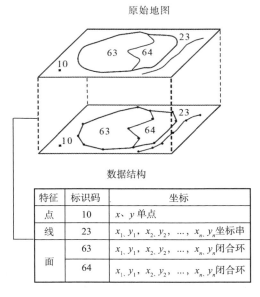

数据结构

特征	标识码	坐标
点	10	x、y 单点
线	23	$x_1, y_1, x_2, y_2, \ldots, x_n, y_n$ 坐标串
面	63	$x_1, y_1, x_2, y_2, \ldots, x_n, y_n$ 闭合环
	64	$x_1, y_1, x_2, y_2, \ldots, x_n, y_n$ 闭合环

图 2-16　简单数据结构

点表：如图 2-17（a）所示，X、Y 是位置坐标，A_1，A_2，$\cdots$，A_N 是专题属性。点表非常直观，每一个点由表中的一行来表示，列表示其空间位置和属性特征。

线表：由线段记录相连而成，每一条线段由顺次相连的点或中间点（vertices）来定义。线表记录信息分为两类，一类记录是线的 ID 号、中间点数目和其他属性特征，它们组成每条线段记录的头文件，如图 2-17（b）中第一行记录

"1、5、2、7","1"是线的 ID 号,"5"是线的中间点总数目,"2、7"是线的属性特征值,另一类记录是每个中间点坐标如图 2-17(b)中的第二行至第六行。

ID号	X	Y	A_1	A_2	...	A_n
1	x_1	y_1	a_{11}	a_{12}	...	a_{1n}
2	x_2	y_2	a_{21}	a_{22}	...	a_{2n}
3	x_3	y_3	a_{31}	a_{33}	...	a_{3n}
...	...	...	...	...	...	...
m	x_m	y_m	a_{m1}	a_{m2}	...	a_{mm}

（a）点表

1	5	2	7	（第一线段头文件）
x_1	y_1			
x_2	y_2			
x_3	y_3			（第一线段的中间点坐标）
x_4	y_4			
x_5	y_5			
2	2	4	7	（第二线段头文件）
x_1	y_1			（第二线段的中间点坐标）
x_2	y_2			
			...	

（b）线表

1	5	42	1	（第一线段头文件）
x_1	y_1			
x_2	y_2			
x_3	y_3			（第一线段的中间点坐标）
x_4	y_4			
x_5	y_5			
2	2	39	7	（第二线段头文件）
x_1	y_1			（第二线段的中间点坐标）
x_2	y_2			
			...	

（c）面表

图 2-17 简单数据结构的点表、线表和面表

面表:与线表非常相似,但它的最后一个结点坐标值与第一个结点坐标值相同,如图 2-17(c)中,第一号多边形的 $(x_1, y_1) = (x_5, y_5)$。

这种数据结构的优点:结构简单,显示方便。它的缺点是:数据结构中没有记录地理要素之间的关系,所以,地理要素之间的关系通过空间计算才能确定;相邻多边形之间的共同边界被记录两次,所以存在数据冗余;数据的重复存储会造成更新和维护困难。

2. 拓扑数据结构

1）拓扑属性和非拓扑属性

"拓扑(topology)"一词来源于希腊文,它的原意是"形状的研究"。拓扑学是几何学的一个重要分支,它研究在拓扑变换下能够保持不变的几何属性——拓扑属性。拓扑变换在各种类型的空间研究中有着广泛的应用。

为了更好地理解拓扑变换和拓扑属性，我们列举下面的例子加以形象说明：假设一块高质量的橡皮，它的表面为欧氏平面，而且表面上有由结点、弧段、多边形组成的任意图形。如果我们只对橡皮进行拉伸、压缩，而不进行扭转和折叠，那么，在橡皮形状变化的过程中，图形的一些属性将继续存在，而一些属性则将发生变化。例如，如果多边形内有一点 A，那么，在橡皮形变过程中点 A 和多边形间的空间位置关系不会改变，A 始终位于多边形内。但多边形的面积会发生变化。这时，我们称点在多边形内具有拓扑属性，而面积则不具有拓扑属性，拉伸和压缩这样的变换称为拓扑变换。表 2-1 列出了欧氏平面上空间对象具有的部分拓扑和非拓扑属性。

表 2-1　欧氏平面上空间对象所具有的拓扑和非拓扑属性

非拓扑属性（几何）	拓扑属性（没发生变化的属性）
两点间距离 一点指向另一点的方向 弧段长度、区域周长、面积等	一个点在一条弧段的端点 一条弧是一简单弧段（自身不相交） 一个点在一个区域的边界上 一个点在一个区域的内部/外部 一个点在一个环的内/外部 一个面是一个简单面 一个面的连通性

2）拓扑关系

在地图上仅用距离和方向参数描述图上目标之间的关系是不圆满的。因为图上两点间的距离或方向（在实地上是一定的）会随地图投影不同而发生变化。因此仅用距离和方向参数还不可能确切地表示它们之间的空间关系。并且，在地图图形的连续变换中，它的某些性质发生了变化，如长度、角度和相对距离，但另一些性质则保持不变，如邻接性、包含性、相交性和空间目标的几何类型（点、线、面特征类型）等保持不变。这类在连续变形中保持不变的属性称为拓扑属性，也称为拓扑关系。

空间拓扑关系是讨论空间实体间拓扑属性，即在旋转、平移、缩放等拓扑变换下保持不变的空间关系，它是 GIS 中不可缺少的一种基本关系。拓扑关系是不考虑度量和方向的空间实体之间的空间关系，地理空间中的点、线、面实体之间存在着各种各样的拓扑关系，因此表示拓扑关系的数据是空间数据的重要组成部分。另外，空间拓扑关系是空间查询与分析的基础。一方面它为地理信息系统数据库的有效建立、空间查询、空间分析、辅助决策等提供了最基础的关系，另一方面使空间拓扑关系理论应用于地理信息系统查询语言，形成一个标准的空间查询语言成为可能，从而通过应用程序进行空间特征的存储、提取、查询、更新等。

在 GIS 中拓扑关系是指网结构元素结点、弧段、面域之间的空间关系，主要表现为下列三种关系。

（1）拓扑邻接。

拓扑邻接指存在于空间图形的同类元素之间的拓扑关系。如图 2-18 所示，结点邻接关系有 N_1/N_4，N_1/N_2 等；多边形邻接关系有 P_1/P_3，P_2/P_3 等。

（2）拓扑关联。

拓扑关联指存在于空间图形的不同类元素之间的拓扑关系。如图 2-18 所示，结点与弧段关联关系有 N_1/C_1、C_3、C_6，N_2/C_1、C_2、C_5 等。多边形与线段的关联关系有 P_1/C_1、C_5、C_6，P_2/C_2、C_4、C_5、C_7 等。

（3）拓扑包含。

拓扑包含指存在于空间图形的同类但不同级的元素之间的拓扑关系。如图 2-18 所示，P_2 包含 P_4。

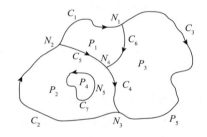

图 2-18　空间拓扑关系图

空间数据拓扑关系对地理信息系统的数据处理和空间分析具有重要意义。根据拓扑关系，不需要利用坐标或距离，可以确定一种地理实体相对于另一种地理实体的位置关系，拓扑数据也有利于空间要素的查询。例如，查询某铁路线有哪些车站，汇入某条主流的支流有哪些，以某个交通结点为中心，呈辐射状的道路各通向何地。

3）拓扑关系表示

建立拓扑关系是一种对空间结构关系进行明确定义的数学方法。具有某些拓扑关系的矢量数据结构就是拓扑数据结构，拓扑数据结构是 GIS 的分析和应用功能所必需的。目前，空间数据的拓扑数据结构的表示方式没有固定的格式，也还没有形成标准，但其基本原理是相同的。

对于二维空间数据而言，矢量数据可抽象为点（结点）、线（弧段或边）、面（多边形）三种要素，也称拓扑要素。对三维而言，还要加上体。其最基本的拓扑关系主要有拓扑邻接、拓扑关联、拓扑包含等几种。拓扑数据结构中关键就是对这些拓扑要素间的拓扑关系进行表示，几何数据的表示可参照矢量数据的简单数据。虽然，目前 GIS 中基本拓扑关系的表示方法不尽相同，但是只要能完整表达出拓扑要素间的基本拓扑关系就可以。

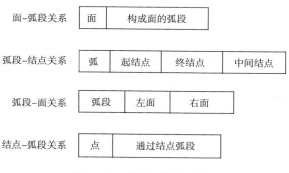

图2-19　基本拓扑关系数据

根据图2-19 所示的基本拓扑关系，图2-18 的拓扑实体关系数据结构如表2-2～表2-5 所示。其中，表2-4 中"－"表示边的方向为逆时针方向，"0"为区分含洞的弧段。由于这四个表只记录了拓扑关系，所以一般还需要单独建立一个表记录所有结点的空间坐标。

目前，人们对拓扑关系的表达进行了大量研究，提出了更复杂的关联和邻接关系，但各种 GIS 软件对矢量空间数据拓扑关系的表达还没有超过使用上述所列的各种关系。实际上，许多 GIS 系统在处理使用上述表格的方式上有所不同，对于上述出现变长记录的表格（如构成面的弧段），有的系统使用指针方法，有的则直接存储变长记录（如 ArcGIS）。

表2-2　弧段－结点关系

弧段	起结点	终结点
C_1	N_2	N_1
C_2	N_3	N_2
C_3	N_1	N_3
C_4	N_4	N_3
C_5	N_2	N_4
C_6	N_1	N_4
C_7	N_5	N_5

表 2-3 弧段－面关系

弧段	左面	右面
C_1	P_5	P_1
C_2	P_5	P_2
C_3	P_5	P_3
C_4	P_3	P_2
C_5	P_1	P_2
C_6	P_3	P_1
C_7	P_4	P_2

表 2-4 面－弧段关系

面	构成面的弧段
P_1	C_1，C_6，$-C_5$，0
P_2	C_4，C_5，C_2，0，C_7
P_3	C_4，C_6，$-C_3$，0
P_4	C_7，0

表 2-5 结点－弧段关系

结点	结点关联弧段
N_1	C_6，C_3，C_1
N_2	C_1，C_5，C_2
N_3	C_2，C_4，C_3
N_4	C_4，C_5，C_6

相对于简单数据结构，由于拓扑数据结构中记录了点、线、面之间的拓扑关系，所以这种数据模型具有空间关系查询速度快的优点。另外，由于每个点的坐标只记录一次，没有数据冗余，并且当空间坐标发生变化时，只需修改点空间坐标表中相应点的坐标，其他关系表不需要修改，所以，数据易于更新。

拓扑数据结构的缺点是：图形显示慢；拓扑表的创建需要一定的时间和空间。然而拓扑数据结构在总体上的优势使它成为绝大多数 GIS 的首选。今天，高效率的软件和快速的计算机使拓扑关系的建立非常容易，因此与简单数据结构相比，拓扑数据结构所具有的这些缺点就变得不那么重要了。

第四节 矢量和栅格数据结构的比较和选择

一、矢量和栅格数据结构的比较

矢量数据结构可具体分为点、线、面，可以构成现实世界中各种复杂的实体，它是面向空间物体的，是一种边界描述法。当问题可描述成线或边界时，特别有效。矢量数据的结构紧凑，冗余度低，并具有空间实体的拓扑信息，容易定义和操作单个空间实体，便于网络分析。矢量数据的输出质量好、精度高。

矢量数据结构的复杂性，导致了操作和算法的复杂化，作为一种基于线和边界的编码方法，不能有效地支持影像代数运算，如不能有效地进行点集的集合运算（如叠加），运算效率低而复杂。由于矢量数据结构的存贮比较复杂，导致空间实体的查询十分费时，需要逐点、逐线、逐面地查询。矢量数据和栅格表示的影像数据不能直接运算（如联合查询和空间分析），交互时必须进行矢量和栅格转换。矢量数据与 DEM（数字高程模型）的交互是通过等高线来实现的，不能与 DEM 直接进行联合空间分析。

栅格数据结构通过空间点的密集而规则的排列来表示整体的空间现象，它是面向空间位置的，是一种内部充填法。其数据结构简单，定位存取性能好，可以与影像和 DEM 数据进行联合空间分析，数据共享容易实现，对栅格数据的操作比较容易。

栅格数据的数据量与格网间距的平方成反比，较高的几何精度的代价是数据量的极大增加。因为只使用行和列来作为空间实体的位置标识，难以获取空间实体的拓扑信息，难以进行网络分析等操作。栅格数据结构不是面向实体的，各种实体往往是叠加在一起反映出来的，因而难以识别和分离。对点实体的识别需要采用匹配技术，对线实体的识别需采用边缘检测技术，对面实体的识别则需采用影像分类技术，这些技术不仅费时，而且不能保证完全正确。

通过以上的分析可以看出，矢量数据结构和栅格数据结构的优缺点是互补的（表2-6），为了有效地实现 GIS 中的各项功能（如与遥感数据的结合、有效的空间分析等），需要同时使用两种数据结构，并在 GIS 中实现两种数据结构的高效转换。

表 2-6　矢量数据结构和栅格数据结构优缺点比较

	矢量数据结构	栅格数据结构
存储量	小	大
空间位置精度	高	低
描述拓扑关系	易	难
网络分析	易	难
数据结构	复杂	简单
数据获取	慢	快
叠置分析、数学模拟	难	易
输出	易，绘图精确美观	速度快，绘图粗糙不美观
点、线、面识别和分离	易	难

二、矢量和栅格数据结构的选择

根据上述比较，在 GIS 的建立过程中，应根据应用目的要求、实际应用特点、可能获得的数据精度以及地理信息系统软件和硬件的配制情况，在矢量和栅格数据结构中选择合适的数据结构。矢量数据结构是人们最熟悉的图形表达形式，对于线划地图来说，用矢量数据来记录往往比用栅格数据节省存储空间。相互连接的线网络或多边形网络则只有矢量数据结构模式才能做到，因此矢量结构更有利于网络分析(交通网，供、排水网，煤气管道，电缆等)和制图应用。矢量数据表示的数据精度高，并易于附加上对制图物体的属性所作的分门别类的描述。矢量数据便于产生各个独立的制图物体，并便于存贮各图形元素间的关系信息。

栅格数据结构是一种影像数据结构，适用于遥感图像的处理。它与制图物体的空间分布特征有着简单、直观而严格的对应关系，对于制图物体空间位置的可探性强，并为应用机器视觉提供了可能性，对于探测物体之间的位置关系，栅格数据最为便捷。多边形数据的计算方法中常常采用栅格选择方案，而且在许多情况下，栅格方案还更有效。例如，多边形周长、面积、总和、平均值、从一点出发的半径的计算等，在栅格数据结构中都减化为简单的计数操作。又因为栅格坐标是规则的，删除和提取数据都可按位置确定窗口来实现，比矢量数据结构方便得多。

栅格结构和矢量结构都有一定的局限性。一般来说，大范围小比例的自然资源、环境、农业、林业、地质等区域问题的研究，城市总体规划阶段的战略性布局研究等，使用栅格模型比较合适。城市分区或详细规划、土地管理、公用事业管理等方面的应用，矢量模型比较合适。当然，也可以把两种模型混合起来使用，在同一屏幕上同时显示两种方式的地图。

目前 GIS 的开发者和使用者都积极研究这两类数据结构的相互转换技术，而且已开发出栅格数据结构和矢量数据结构相互转换的软件。矢量到栅格的转换是简单的，有很多著名的程序可以完成这种转换。而且有许多显示屏幕中可以自动完成转换工作。栅格到矢量的转换也很容易理解，但具体算法要复杂得多。实现两种数据结构的相互转换，可大大提高地理信息系统软件的通用性。

思考题

1. 举例说明地理实体的特征。

2. 栅格数据压缩利用了栅格数据的什么特性？举例说明游程编码和线性四叉树的编码过程，要求给出原始未压缩栅格数据及游程编码和线性四叉树编码结果，并画出四叉树的树状结构图。

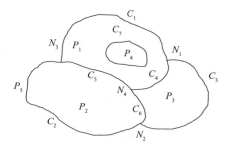

3. 试建立如图所示的地图中的拓扑关系表，并阐述建立拓扑关系的意义。

4. 试比较矢量数据结构和栅格数据结构的特点，并说明在实际工作中应如何选择。

参考文献

［1］DANGERMOND J. Geographic database system［J］. Geo – Processing. 1986，1(3)：17 – 29.

［2］FREEMAN H. Techniques for the digital computer analysis of chain – encoded arbitrary plane curves［C］. Proceedings of the National Electronics Conference，1961：421 –432.

［3］SAMET H，ROSENFELD A，SHAFFER C A，et al. A geographic information system using quadtrees ［J］. Pattern Recognition，1984，17(6)：647 –656.

［4］吴信才. 地理信息系统原理与方法(第三版)［M］. 北京：电子工业出版社，2014：24.

［5］胡鹏，黄杏元，华一新. 地理信息系统教程［M］. 武汉：武汉大学出版社，2002：21.

［6］黄杏元，马劲松，汤勤. 地理信息系统概论(第三版)［M］. 北京：高等教育出版社，2008：29.

第三章　坐标系统与投影

我们知道，地理空间数据是与空间位置相关的数据集合休。如何描述地球表面任何一点的空间坐标呢？这里我们需要解决两个问题：一个问题是地球表面是一个不规则的椭球面，如何采用数学方法进行描述？另一个问题是，我们常用的大比例尺工作地图，多是采用平面直角坐标，而地球表面是一个球面，球面坐标如何转换为平面直角坐标？第一个问题是地球坐标系问题，第二个问题则是地图投影问题。

由于历史的原因，目前我国地图所采用的坐标系统主要是两种，即北京 54 坐标系（Beijing1954）和西安 80 坐标系（Xian1980）。随着 GPS 测量技术的普及，GPS 用于野外定位已经是一种常用的手段，而 GPS 采用的是 WGS84 坐标系。另外，2000 年我国又颁布了新的国家大地坐标系，即 CGCS2000，2008 年正式启用，按计划，2016 年应完成现行国家大地坐标系向 CGCS2000 的过渡。这样在实际工作中，同一地区不同时期的资料，可能会碰到上述四种坐标系统的数据，因而需要进行坐标系统的变换。在油气勘探中，所用到的地图比例尺多是大于 1：100 万，因此多采用高斯投影。然而由于油气行业国际化，国外区块日益增多，而国外对于这一比例尺的数据多采用 UTM 投影，遥感影像也多采用 UTM 投影，因此除高斯投影外，我们还需要了解 UTM 投影以及两种投影的转换方法。

在这一章里，我们将根据油气勘探中常遇到的坐标问题及投影问题，简述地球坐标系统的基本问题及我国常用的投影坐标等。

第一节　地球的形状与模拟

一、大地水准面与地球椭球

地球自然表面高低起伏、很不规则，有高山、深谷、平原、丘陵、江湖和海洋。最高的山峰与海洋最深处高差近 20000m，约为地球半径的 3/1000，这样复杂的曲面，显然无法用简单的数学公式进行表示，也不可以作为测量和地图制图的基准面。为此需要选择一个与地球体形极为接近、可用简单数学公式表示、且能确定其与地球相关位置的表面作为基准面，以便于测量和地图制图。

我们知道，地球上任何一个质点，都同时受到地球自转产生的离心力和地心引力两个力的作用，其合力称为重力，重力的方向即为铅垂线方向。当液体处于静止状态时，其表面处处与重力方向正交，这个液体静止的表面就称为水准面。水准面是一个客观存在的、处处与铅垂线正交的面。通过不同高度的点都对应有一个水准面，所以水准面有无穷多个。为了使测量成果有一个共同的基准面，可以选择十分接近地球表面又能代表地球形状和大小的水准面作为共同的、统一的基准面。

地球表面 72% 被海水所覆盖。所以可以设想海洋处于静止平衡状态时，将延伸到大陆下面且保持处处与铅垂线正交的、包围整个地球的、封闭的水准面，称为大地水准面。大地水准面所包围的形体称为大地球体(图 3-1)。

然而，由于地球内部物质分布不均匀，地面高低起伏不平，使各处的重力方向发生局部变异，处处与重力方向垂直的大地水准面显然不可能是一个十分规则的表面。大地球体虽然比较复杂且有一定的起伏，但是对于整个地球而言，其影响并不大，而且其形状很接近一个椭球体，因此可以用一个椭球体来近似表示大地水准面所包围的大地球体。椭球体表面是一个纯数学面，可以用简单的数学公式来表达。椭球体的短轴半径表示从极地到地心的距离，长轴和中轴半径分别是赤道面上的两个主轴。由于赤道可以近似看成是一个圆，从而由三轴椭球体变成了双轴椭球体，或者称为旋转椭球体，如图 3-2 所示，图中 a 为长半径，b 为短半径。

地球椭球体的形状和大小，是由它的长半径(赤道半径)a 和短半径(极轴半径)b，椭圆的扁率 f，第一偏心率 e_1，第二偏心率 e_2 决定。其中只要知道 a 或 b 和其余的任一个元素，便可以确定地球椭球体的大小。

椭圆的扁率：
$$f = \frac{a-b}{a} \tag{3-1}$$

椭圆的第一偏心率：
$$e_1 = \frac{\sqrt{a^2-b^2}}{a} \tag{3-2}$$

椭圆的第二偏心率：
$$e_2 = \frac{\sqrt{a^2-b^2}}{b} \tag{3-3}$$

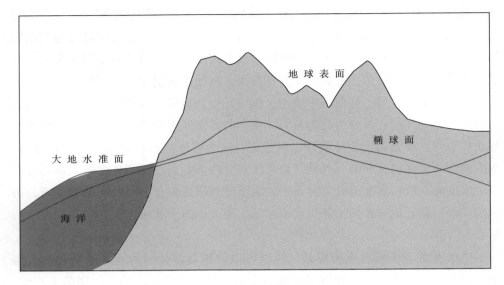

图 3 – 1　大地水准面与椭球面

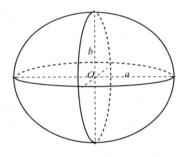

图 3-2　旋转椭球体

二、总地球椭球与参考椭球

所谓总地球椭球，是指在全球范围内与大地球体最为密合的椭球，简称总椭球。总椭球应满足下面几个条件。

（1）椭球质量等于地球质量，二者的旋转角速度相等。

（2）椭球体积与大地球体体积相等，其表面与大地水准面之间的离差平方和最小。

（3）椭球中心与地心重合，椭球短轴与地球自转轴重合，大地起始子午面与天文起始子午面平行。

显然，要满足上述条件，就必须在整个地球表面上布设联成一体的天文大地网和进行全球性的重力测量。而过去由于受技术条件的限制，做到这一点并不容易。因此各个国家和地区只根据局部的天文、大地和重力测量资料，研究局部大地水准面的情况，确定一个与总椭球接近的椭球。这样的椭球可以较好地接近局部地区的大地水准面，但不能反映大地体的情况，所以叫做参考椭球。

经过长期的观测、分析和计算，近一个半世纪以来，世界上著名的天文大地测量学家推算出了数十种地球椭球体。特别是近 20 多年，人造卫星大地测量学和计算机技术的发展，使地球体的推算更趋准确。表 3-1 所列为不同时期推算的椭球体参考值。

表 3-1　部分参考椭球元素

椭球体名称	年份/年	长半轴/m	扁率 f
贝塞尔（Bessel）	1841	6337397.155	1:299.15
克拉克（Clarke）	1866	6378206.4	1:295.1528128
赫尔墨特	1906	6378140	1:298.3
海福特（Hayford）	1909	6378388	1:297
克拉索夫斯基	1940	6378245	1:298.3
1967 年大地坐标系	1971	6378160	1:298.247167427
IUGG 十六届大会推荐值	1975	6378140	1:298.257
IUGG 十七届大会推荐值	1979	6378137	1:298.257
IUGG 十八届大会推荐值	1983	6378136	1:298.257
WGS84	1984	6378137	1:298.257223563
CGCS2000	2000	6378137	1:298.257222101

采用的参考椭球不同，地球表面同一点所计算出来的地理坐标是不一样的，最大位置误差可以达到近 2km，如图 3-3 所示为中国石油大学（北京）校园遥感影像。图 3-3（a）中带星号的点在 WGS84 坐标系下的坐标为：40°12′55.8″N，116°14′28.38″E，对应的直角坐标为（435434m，4451952m）。在不同坐标系下其坐标值如表 3-2 所示。很明显，其误差还是很大的，最大值达 1857m。图 3-3（b）则是 Google 地球中的校园影像。由图可知，其道路（图中的黄线）与影像发生明显错位。

（a）　　　　　　　　　　　　　　　　（b）

图 3-3　坐标系统不同导致的位置误差

（a）中国石油大学（北京）校园内的某一点，不同坐标系下的坐标值见表 3-2；

（b）Google 地球中，由于坐标系统不一致，道路与遥感影像发生错位

表 3-2　同一点不同坐标系及投影下的坐标值

坐标系及投影	x/m	y/m
WGS84，UTM	435434	4451952
Beijing1954，GK	435407	4453809
Xian1980，GK	435407	4453809
WGS72，UTM	435415	4451950
Pulkovo1995，GK	435407	4453809
ID74，UTM	435434	4451968
DGN95，UTM	435434	4451952

　　我国测绘工作中，1953 年前采用海福特地球椭球体，1953 年以后改用克拉索夫斯基椭球体。为了与全球统一，从 1980 年起采用国际大地测量学与地球物理学联合会（IUGG）十六届大会上所推荐的 1975 年国际椭球体，并以此建立了我国新的、独立的大地坐标系。2000 年，我国又参考 IUGG 和 IERS（国际地球旋转与参考系服务局）的推荐值构建了最新的椭球体，参考值如表 3-1 所示。因此，在实际工作中，当不同数据来源的坐标系统不一样时，应该统一到同一坐标系下。

第二节　地球坐标系

一、地球坐标的分类

为了描述地表任何一点的空间位置，必须要建立一套相应的坐标系。坐标系是定义坐标如何实现的一套理论方法。包括定义原点、基本平面和坐标轴的指向，同时还包括基本的数学和物理模型。地球坐标系种类很多，开始接触不容易完全掌握，只要抓住坐标系原点、基本平面和坐标轴的指向三个要素，便可以清楚地知道每一种坐标的含义。按照不同的分类方法，地球坐标系可以分为以下几类。

（1）根据坐标轴指向和基本平面的不同，可以分为天球坐标系和地球坐标系。天球坐标系和地球坐标系的原点一般取地球的质心。天球坐标系的基本平面为一球面，而地球坐标系的基本平面为一椭球面；地球坐标系随地球自转，可看作固定在地球上的坐标系，便于描述地面观测点的空间位置。天球坐标系与地球自转无关，便于描述人造地球卫星的运行位置和状态。

（2）根据坐标系原点位置的不同可分为地心坐标系、参心坐标系、站心（测站中心）坐标系。地心坐标系的原点位于地球的质心；参心坐标系的原点位于参考椭球的中心，该中心位于地球质心的附近，一般不与地球质心重合；站心坐标系是以测点为原点建立的坐标系，是为了满足测量工作的需要而设定的一种坐标系。

（3）根据表现形式，坐标系可以分为空间直角坐标系、空间大地坐标系、投影平面直角坐标等。从坐标的维数上又可分为二维坐标系、三维坐标系等。在GIS 和实际工作中，空间直角坐标系、空间大地坐标系和投影平面直角坐标是最常用的坐标系。

二、空间直角坐标系与大地坐标系

1. 空间直角坐标系

空间直角坐标系的原点位于地球椭球的中心，Z 轴与地球自转轴平行并指向地球椭球的北极，X 轴指向地球椭球的本初子午线，即格林尼治平子午面与地球

赤道的交点 E，Y 轴垂直于 XOZ 平面并构成一个右手系（图 3-4）。在地球空间直角坐标系中，任意地面点 P 点的坐标为 (x, y, z)。

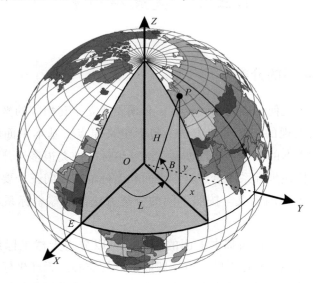

图 3-4　地球空间直角坐标系与大地坐标系

2. 大地坐标系与大地原点

1）大地坐标系

大地坐标系也称为地理坐标系。在大地坐标系中，用经纬度来表示地面点的位置，任意地面点 P 点的坐标为 (B, L, H)（图 3-4）。B、L、H 分别称为大地纬度、大地经度和大地高程。大地坐标系中的参考面是长半轴为 a，以短半轴 b 为旋转轴的椭球面。椭球面几何中心与空间直角坐标系原点重合，短半轴与直角坐标系的 Z 轴重合。大地纬度 B 为过空间点 P 的椭球面法线与椭球赤道面（XOY 平面）的夹角；大地经度 L 为 ZOX 平面与 ZOP 平面的夹角，即过地面点 P 的椭球子午面与格林尼治平子午面之间的夹角；大地高程 H 为过 P 点的椭球面法线上自椭球面至 P 点的距离。

2）大地原点

大地原点亦称"大地基准点"。是国家平面控制网中推算大地坐标的起算点。通常在国家大地网中选一个比较适中的三角点作为原点，高精度测定它的天文经纬度和到另一个三角点的天文方位角，根据参考椭球定位的方法，求得该点的大地经纬度、大地高程和到另一点的大地方位角。以此推算其他三角点、导线点的大地坐标。我国西安 80 坐标系是以西安大地原点为起算点，根据该原点推算其他点位在该坐标系下的坐标。

大地原点一般选在特定范围的中心位置，其坐标通过各种方法综合确定。如西安 80 坐标系以我国范围内高程异常平方和最小为条件，采用多点定位的结果确定椭球定位和定向。并由此推算大地原点在此坐标系的坐标作为起算数据，推算其他各点的坐标。需要注意的是，大地原点坐标不是$(0，0，0)$，而是与大地原点在椭球上所处具体位置密切相关的$(B，L，H)$。我国大地原点坐标为：34°32′27.00″N，108°55′25.00″E。

3. 空间直角坐标与大地坐标的转换

显然地面点 P 在空间直角坐标系和大地坐标系中的坐标是完全等价的，因而可以相互转换。大地坐标系至地球空间直角坐标系的转换比较简单，其计算公式为：

$$\begin{cases} x = (N+H)\cos B\cos L \\ y = (N+H)\cos B\sin L \\ z = (\dfrac{b^2}{a^2}N+H)\sin B \end{cases} \quad (3-4)$$

其中：

$$N = \frac{a}{\sqrt{1-e\sin^2 B}}$$

$$e = \frac{c}{a} = \frac{\sqrt{a^2-b^2}}{a}$$

式中 x、y、z 分别为地面点的空间直角坐标；B、L、H 分别为对应地面点的大地纬度、大地经度和大地高程；a、b 分别表示所选椭球的长半径和短半径；N 为纬度 B 处的卯酉圈曲率半径；e 为椭球的第一偏心率。

由地球空间直角坐标向大地坐标系转换，由于大地纬度和高程相互关联，因此这种转换比较复杂，也出现了多种转换方法。总体可以分为两类：直接求解法和迭代法（祁立学等，2006）。

直接求解法最早由 Bowring(1976)提出，之后国内外学者又提出了多种直接求解法(李延兴等，2007；王仲锋、杨凤宝，2010；过家春等，2014)。迭代方法也有多种(Fukushima，1999；束蝉方等，2009；史海锋、张卫斌，2012)。其中较常用的一种迭代方法计算公式如下：

$$
\begin{cases}
B = \arctan\left\{\tan\varPhi\left[1 + \dfrac{ae^2\sin B}{z(1 - e^2\sin^2 B)^{\frac{1}{2}}}\right]\right\} \\[4mm]
L = \arctan\left(\dfrac{y}{x}\right) \\[4mm]
H = \dfrac{R\cos\varPhi}{\cos B} - N
\end{cases}
\tag{3-5}
$$

其中：
$$
\varPhi = \arctan\frac{z}{\sqrt{x^2 + y^2}}
$$
$$
R = \sqrt{x^2 + y^2 + z^2}
$$

式中，x、y、z、B、L、H、a、N、e 意义与前面相同。$\varPhi$ 为地心纬度，即观测点和地心连线与赤道面的夹角；R 为地心向径。由式(3-5)可知，式中大地纬度 B 的求解是一个迭代过程，即先取一近似值 B_0，通过迭代计算出正确的 B 值。

三、我国采用的大地坐标系

我国在不同历史时期曾经采用过不同的大地坐标系。表3-3 为我国目前常用的几种坐标系统及采用的椭球体。

表3-3　我国采用的大地坐标系统

坐标系统 地球椭球	北京 54 坐标系	西安 80 坐标系	WGS84	CGCS2000
椭球名称	克拉索夫斯基	1980 大地坐标系	WGS84	CGCS2000
建成年代	20 世纪 50 年代	1982 年	1984 年	2008 年
椭球类型	参考椭球	参考椭球	总地球椭球	总地球椭球
坐标原点	参心	参心	地心	地心
大地坐标原点	前苏联的普尔科沃	陕西省泾阳县	陕西省泾阳县	陕西省泾阳县
a/m	6378245	6378140	6378137	6378137
f	1:298.3	1:298.257	1:298.257223563	1:298.257222101

北京 54 坐标系可以认为是前苏联 Pulkovo1942 坐标系的延伸。它的原点不在北京，而是在前苏联的普尔科沃。1986 年，我国在陕西省泾阳县设立了新的大地坐标原点，并采用1975 年国际大地测量协会推荐的大地参考椭球体，由此计算出来的各大地控制点坐标，称为西安 80 坐标系。北京 54 坐标系和西安 80 坐标系都是参心坐标系。为了满足空间技术(卫星、空间站、北斗导航等)发展的需求，我国在2000 年发布了2000 国家大地坐标系——CGCS2000 (China Geodetic

Coordinate System 2000)，并于2008年7月正式启用。CGCS2000所采用的椭球体大小参考了 IUGG 十七届大会及和 IERS(国际地球旋转与参考系服务局)的推荐值。CGCS2000 坐标系为地心坐标系。由于历史原因，我国目前的地图数据主要是北京54坐标系和西安80坐标系。WGS84 坐标系是目前国际上较常用的一种坐标系，GPS 以及国外的遥感影像一般都是采用这种坐标系统。由于 GPS 的普及应用，采用 WGS84 坐标系也越来越普遍。不同的大地坐标系采用的椭球形状和大小有差异，因此同一位置在不同坐标系统下，其坐标不完全一样。

第三节　地图投影

一、什么是地图投影

地球椭球体表面是曲面，而我们常用的地图通常是要绘制在平面图纸上，以便于距离、方位、面积等参数的量算，同时也符合视觉心理。地图投影就是指建立地球表面上的点与投影平面上的点之间的一一对应关系。地图投影的基本问题就是利用一定的数学法则把地球表面上的经纬线网表示到平面上。其实质就是建立地球椭球面上点的坐标$(B，L)$与平面上对应的坐标$(x，y)$之间的函数关系，用数学表达式表示为：

$$\begin{cases} x = f_1(B,L) \\ y = f_2(B,L) \end{cases} \tag{3-6}$$

式(3-6)是地图投影的一般方程式。当给定不同的条件时，可得到不同种类的投影公式。

二、投影变形

由于地球椭球面是不可展曲面，要将不可展的地球椭球面展开成平面必然会发生破裂或褶皱，但投影需要将地球表面完整地投影到平面上，因此所展成的平面不能有裂隙或褶皱，为此需要对图形进行拉伸或压缩，由此导致的图形变形称为投影变形。由于投影变形，投影后经纬网的形状与地球椭球面的经纬网形状必然不完全相同，如图3-5所示。图3-5(a)为球面(模拟)，图3-5(b)为球面展开成平面后的结果。需要说明的是，图3-5(a)只是模拟的球面，并不是真实的球面。

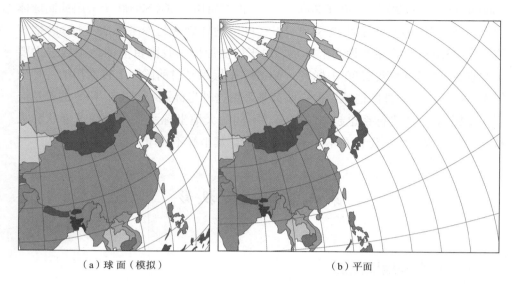

（a）球面（模拟）　　　　　　　　　　（b）平面

图 3-5　投影变形

投影变形包括三种，即长度变形、角度变形和面积变形。分别用长度比、面积比及角度差来表示其变形的大小。

1. 长度变形与长度比

长度变形是指地图上的经纬线长度与地球椭球面上的经纬线长度变化特点并不完全相同，对比地图和地球仪便很容易发现这种差异。我们知道，在地球仪同一纬线上，经差相同的纬线弧长相等，同一纬度区间，纬差相同的经线弧长也相等，而且所有经线长度都相等。但是投影到平面上后，地图上的经纬线长度并非都是按照同一比例缩小。这样同一纬线上，经差相同的纬线弧长不再相等，同样，同一纬度区间，纬差相同的经线弧长也不相等，即发生长度变形。如图 3-6（a）所示，同一纬度区间，$l_2 > l_1$。不同的投影方式，长度变形的规律不同，而且在同一投影上，不同点的长度变形以及同一点不同方向的长度变形都不一样。对比图 3-6 可明显看出这点。

长度变形大小用长度比 μ 来描述。长度比是指地面上微分线段投影后长度 $\mathrm{d}l'$ 与其固有长度 $\mathrm{d}l$ 之比。即：

$$\mu = \frac{\mathrm{d}l'}{\mathrm{d}l} \tag{3-7}$$

长度比与 1 的差值即为长度变形的大小。

2. 面积变形与面积比

面积变形是指地图上经纬线网格面积与地球椭球面上经纬线网格面积变化特

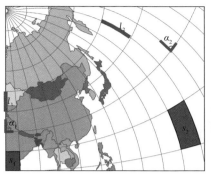

(a)多圆锥投影

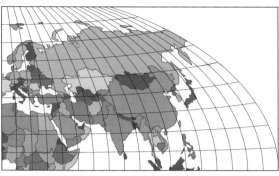

(b)Winkel Tripel投影（方位投影）

图 3-6　不同投影中的长度变形、面积变形和角度变形大小不一样

点不相同。还是以地球仪为例，在地球仪上，同一纬度区间上经差相同的网格面积相等，但是投影到平面上后，同一纬度区间上经差相同的网格面积会随地点（经度）变化而变化，如图 3-6(a)中的 s_1 和 s_2，即存在面积变形。与长度变形一样，不同的投影方式，面积变形的特点不同，而且在同一投影上，面积变形随地点不同而改变(图 3-6)。

面积变形大小用面积比 p 来描述。面积比是地球表面上微分面积投影后的大小 $\mathrm{d}s'$ 与其固有面积 $\mathrm{d}s$ 的比值，即：

$$p = \frac{\mathrm{d}s'}{\mathrm{d}s} \tag{3-8}$$

面积比与 1 的差值即为面积变形的大小。

3. 角度变形与角度差

角度变形是指地图上两条线所夹的角度不等于球面上相应的角度，只有中央经线和各纬线相交成直角，其余的经线和纬线均不呈直角相交，而在地球仪上经线和纬线处处都呈直角相交，这表明地图上有了角度变形。同样，不同的投影方式，角度变形规律不同，在同一投影，角度变形因地点而变(图 3-6)。

角度变形大小用角度差来描述，即两长线实际地面上的角度 α 和投影后角度 α' 的差值：$\alpha - \alpha'$。

三、投影的分类

地图投影的种类很多，可按下列方式进行分类。

1. 按投影变形性质分类

如前所述，把地球椭球面投影到平面上后，长度、面积和角度都有可能发生变形，当然我们希望变形越小越好。由于投影过程中，变形不可避免，我们希望投影前后长度、面积或角度至少能有一个量不发生改变。据此，可以把投影分为等角投影、等面积投影和任意投影三种。

等角投影是指投影后任意点上由任意两条微分线段所构成的角度不产生变形，这种投影可以使得投影前后的形状保持不变[图3-7（a）]，因而也称之为保形投影（Conformal Projection）。

等面积投影（Equal Area Projection 或 Equivalent Projection 或 Authalic Projection）保证了投影前后面积保持不变[图3-7（b）]，对微分面积如此，对整个区域的较大面积亦如此。

任意投影在投影后既不保持角度不变，又不保持面积不变，它同时存在着长度、角度和面积的变形。在任意投影中，如果存在某一方向上长度不变时，称之为等距离投影（Equidistant Projection）[图3-7（c）]。

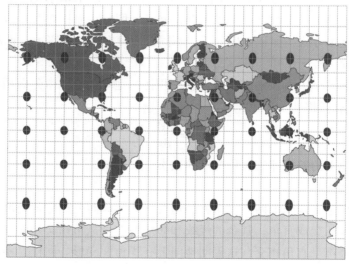

（a）等角投影

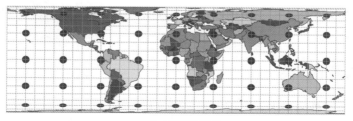

（b）等面积投影

图3-7　等角、等面积和等距离投影

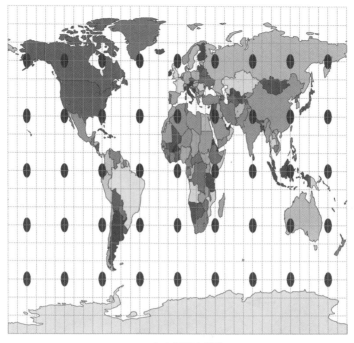

（c）等距离投影

图3-7 等角、等面积和等距离投影（续）

2. 根据投影面及其位置分类

在地图投影中，我们假设在地球球心放一个发光的灯，然后把将不可展的地球椭球面用一个可展的曲面包围起来或者置于地表，这样球面上任意一点在可展的曲面上都有唯一的一点与之对应，然后将该曲面展开成为一个平面，便实现了从球面到平面的投影。通常采用的可展曲面有圆柱面、圆锥面及平面（曲率为零的曲面），相应地可以得到圆柱投影、圆锥投影和方位投影，如图3-8所示。同时还可以由投影面与地球轴向的相对位置分为正轴投影（投影面的中心轴与地轴重合）、斜轴投影（投影面的中心轴与地轴斜向相交）和横轴投影（投影面中心轴与地轴相互垂直），如图3-9所示。各种投影都具有一定的局限性，一般地说，距投影面越近，变形就越小。为了控制投影的变形分布，可以调整投影面与椭球体面的相交位置，根据这个相交位置，又可以进一步得到各种投影相应的切投影（投影面与椭球体相切）和割投影（投影面与椭球体相割）。

根据投影变形和投影面的要求，形成了多种投影方式。其中比较常用的投影有以下几种：

（1）正轴等角割圆锥投影——兰勃特（Lambert）投影［图3-10（a）］。

（2）正轴等面积割圆锥投影——阿尔勃斯投影（Albers）投影［图3-10（b）］。

（3）正轴等角切圆柱投影——墨卡托（Mercator）投影。

（4）横轴等角切椭圆柱投影——高斯－克吕格（Gauss－Kruger）投影。

（5）横轴等角割椭圆柱投影——通用横轴墨卡托（UTM）投影。

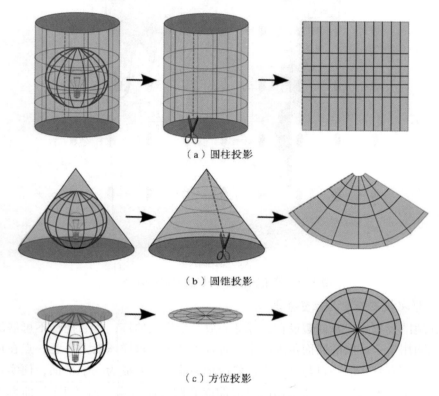

（a）圆柱投影

（b）圆锥投影

（c）方位投影

图3-8　圆柱、圆锥和方位投影示意图

四、我国基本比例尺地形图投影系统

我国地图投影主要采用高斯－克吕格投影和正轴等角割圆锥投影，其方案规定如下。

（1）基本比例尺地形图（1∶100万、1∶50万、1∶25万、1∶10万、1∶5万、1∶2.5万、1∶1万、1∶5000）中大于或等于1∶50万的图均采用高斯－克吕格投影。

（2）1∶100万地形图采用Lambert投影，其分幅原则与国际地理学会规定的全球统一使用的国际百万分之一地图投影保持一致（详见第八章）。

（3）我国大部分省区图以及大多数这一比例尺的地图也多采用Lambert投影

和属于同一投影系统的 Albers 投影。

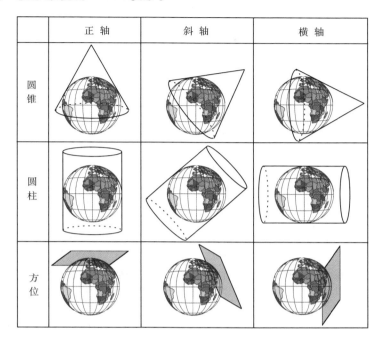

图 3-9 投影面与地球轴向的相对位置

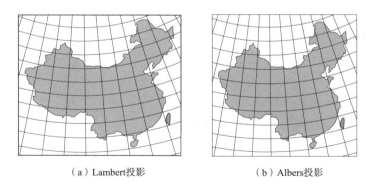

（a）Lambert投影　　　　　　　　（b）Albers投影

图 3-10 中国大陆区域的 Lambert 投影和 Albers 投影

表 3-4 列出了我国详细的投影方案。按照这一投影方案，1∶1 万和大于 1∶1 万的地形图采用高斯 - 克吕格 3°带投影，投影的最大长度变形为 0.0345%，最大面积变形为 0.069%；1∶50 万~1∶2.5 万地形图采用高斯 - 克吕格 6°带投影，投影最大长度变形为 0.138%，最大面积变形为 0.276%。

表3-4　我国基本比例尺地形图投影方案

地图类型	所用投影	主要技术参数
中国全国	斜轴等面积方位投影 斜轴等角方位投影	投影中心：$B = 27°30'$，$L = 105°$ 或 $B = 30°30'$，$L = 105°$ 或 $B = 35°00'$，$L = 105°$
中国全国 （南海诸岛作插图）	正轴等面积割圆锥投影 （Albers 投影）	标准纬线：$B_1 = 25°$，$B_2 = 47°$
中国分省(区)地图 （海南省除外）	正轴等角割圆锥投影 正轴等面积割圆锥投影	各省(区)图分别采用各自标准纬线
中国分省(区)地图 （海南省）	正轴等角圆柱投影	
国家基本比例尺地形图系列 （1:100 万）	正轴等角割圆锥投影 （Lambert 投影）	按国际统一 $4° \times 6°$ 分幅 标准纬线：$B_1 \approx B_S + 30'$，$B_2 \approx B_N - 30'$
国家基本比例尺地形图系列 （1:50 万 ~ 1:2.5 万）	高斯 - 克吕格投影 （6°分带）	投影带号(N)：13 ~ 23 中央经线：$L_0 = (N \times 6 - 3)°$
国家基本比例尺地形图系列 （1 万 ~ 1:5000）	高斯 - 克吕格投影 （3°分带）	投影带号(N)：24 ~ 46 中央经线：$L_0 = (N \times 3)°$

下面就实际工作中用得较多的高斯 - 克吕格投影(横轴等角切椭圆柱投影)、Lambert 投影(正轴等角割圆锥投影)以及 UTM 投影(横轴等角割椭圆柱投影)作如下介绍。

1. 高斯 - 克吕格投影

我国现行的大于或等于1:50 万比例尺的各种地形图都采用高斯 - 克吕格投影，简称高斯投影。

1)高斯投影的概念

高斯投影是一种横轴等角切椭圆柱投影。它是将一椭圆柱横切于地球椭球体上，该椭圆柱面与椭球体表面的切线为一经线，投影中将其称为中央经线，然后根据一定的约束条件即投影条件，将中央经线两侧规定范围内的点投影到椭圆柱面上，从而得到点的高斯投影(图3-11)。

2)高斯投影的基本条件(性质)

高斯投影需要满足以下三个条件。

(1)中央经线和地球赤道投影成为垂直相交的直线且为投影的对称轴。

(2)等角投影(即经纬线投影后仍正交)。

(3)中央经线上没有长度变形(称为等变形线)，等变形线为平行中央经线的直线。

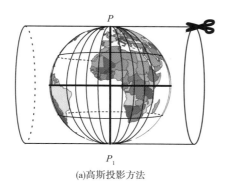
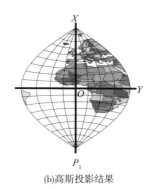

(a)高斯投影方法　　　　　　(b)高斯投影结果

图3-11　高斯投影方法及投影结果

根据高斯投影的上述三个条件，便可以由地球表面某点的大地坐标换算为高斯投影下的平面直角坐标，这种换算称为高斯正换算（反过来，将高斯投影下的平面直角坐标换算为大地坐标，则称为反换算），正换算公式为：

$$
\begin{cases}
X = S + \dfrac{L^2 N}{2}\sin B\cos B + \dfrac{L_i^2 N}{24}\sin B\cos^3 B(5 - \tan^2 B + 9\eta^2 + 4\eta^4) + \cdots \\[3mm]
Y = LN\cos B + \dfrac{L^3 N}{6}\cos^3 B(1 - \tan^2 B + \eta^2) + \dfrac{L^5 N}{120}\cos^3 B(5 - 18\tan^2 B + \tan^4 B) + \cdots
\end{cases}
$$

$$(3-9)$$

式中，X、Y 分别为点的平面直角坐标系的纵、横坐标；B、L 为地球表面某点的地理坐标，以弧度计，L 从中央经线起算；S 为由赤道至纬度 L 处的经线弧长。该值与所选的地球椭球参数有关，如对于 IAG-75 椭球，有：

$$
S = 111133.0046B - 16038.528\sin 2B + 16.833\sin 4B - 0.022\sin 6B + 0.00003\sin 8B
$$

$$(3-10)$$

其中：

$$
N = \frac{a}{\sqrt{1 - e\sin^2 B}}
$$

$$
\eta^2 = e^2\cos^2 B
$$

$$
e = \frac{c}{a} = \frac{\sqrt{a^2 - b^2}}{a}
$$

式中，N 为纬度 B 处的卯酉圈曲率半径；a、b 分别为地球椭球体的长短半轴。

3）高斯投影的变形与投影带的划分

高斯投影由于是等角投影，故没有角度变形，但存在长度变形，且沿任意方向的长度比都相等，其面积变形是长度的两倍。由图3-11可以分析出高斯投影变形具有以下特点。

（1）中央经线上无变形（$L=0$，$\mu=1$）。

（2）同一条纬线上，离中央经线越远，变形越大［图3-11(a)］。

（3）同一条经线上，纬度越低，变形越大［图3-11(b)］。

高斯投影长度比计算公式如式（3-11）所示，利用该公式可以更精确地分析地球表面不同地点长度变形情况（图3-12）。

$$\mu = 1 + \frac{1}{2}\cos^2 B(1+\eta^2)L^2 + \frac{1}{6}\cos^4 B(2-\tan^2 B)L^4 - \frac{1}{8}\cos^4 BL^4 + \cdots$$

$$(3-11)$$

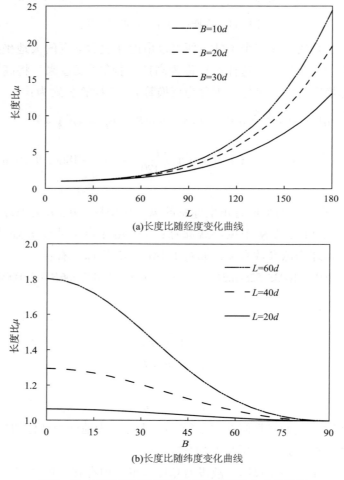

图3-12　高斯投影长度比随经度和纬度的变化情况

由图 3-11、图 3-12 可知，高斯投影的长度变形随经度的增加而增加。为了控制这种变形，采用分带投影方法，即将地球按一定间隔的经差划分为若干相互不重叠的投影带，各带分别投影。表 3-5 是根据式 3-11 计算得到的不同纬度带不同经差的长度变形情况。由表 3-5 可知，在赤道上，当经差为 3° 时，其变形为 0.138%。考虑到 1:100 万地图国际分幅方法，将地球按 6° 或 3° 经差分带。1:2.5 万至 1:50 万的地形图采用 6° 分带方案，即从格林尼治零度经线起算，每 6° 为一个投影带，全球共分为 60 个 6° 投影带。1:1 万及更大比例尺地形图采用 3° 分带方案，从经线 1.5° 起算，每 3° 为一个投影带，全球共分为 120 个 3° 投影带。我国领土位于东经 72°~136° 之间，共包括 11 个 6° 投影带（13~23 带），22 个 3° 投影带（24~45 带）。图 3-13 给出了高斯 6° 带和 3° 带分带方案。

表 3-5 不同纬度带不同经差长度变形情况

纬度/(°)	经度/(°)				
	1	3	5	7	9
0	1.00015	1.00138	1.00385	1.00756	1.01255
30	1.00015	1.00136	1.00379	1.00745	1.01236
60	1.00015	1.00131	1.00365	1.00717	1.0119
90	1.00014	1.00123	1.00343	1.00675	1.01119

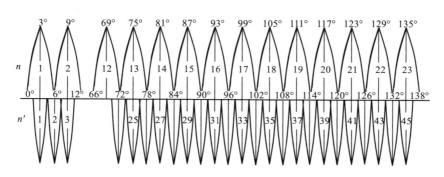

图 3-13 高斯-克吕格投影 3° 带与 6° 带分带示意图

显然，根据任意点的经度可以求得该点位于哪一带，即：

6° 分带：
$$N = INT\left(\frac{B}{6}\right) + 1 \qquad (3-12)$$

3° 分带：
$$N = INT\left(\frac{L-1.5}{3}\right) + 1 \qquad (3-13)$$

式中，L 为某点的经度；N 为该点所在的 6° 分带中的带号；INT 表示取整函数。

中央经线位置 L_0 与投影带 N 的关系为：

6°分带：
$$L_0 = (6N - 3)°$$
(3-14)

3°分带：
$$L_0 = (3N)°$$
(3-15)

例如，已知某点的经度为 102°30′，求所在 6°带的带号及中央经线，则有：

带号：
$$N = 102°30′ \div 6 + 1 = 17 + 1 = 18$$

中央经线：
$$L_0 = (6 \times 18 - 3)° = 105°$$

4）高斯平面直角坐标网

高斯投影平面直角网由高斯投影的每一个投影带构成一个单独的坐标系。

直角坐标网的坐标系以中央经线投影后的直线为 X 轴，以赤道投影后的直线为 Y 轴，它们的交点为坐标原点。纵坐标从赤道算起向北为正、向南为负；横坐标从中央经线算起，向东为正、向西为负（图3-14）。

我国位于北半球，全部 X 值都是正值。在每个投影带中则有一半的 Y 坐标值为负值。为了避免 Y 坐标出现负值，规定纵坐标轴向西平移 500km（地球旋转椭球体的长轴半径约为 6378km，周长大约为 40053km，赤道上每个 6°带的长度约为 40053/60 = 667km，因此半个投影带的最大宽度不超过 500km），称为东伪偏移。这样，全部坐标值都表现为正值。

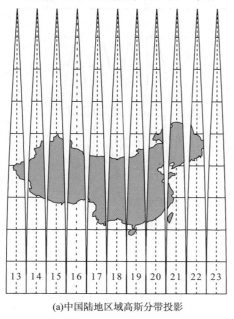

(a)中国陆地区域高斯分带投影

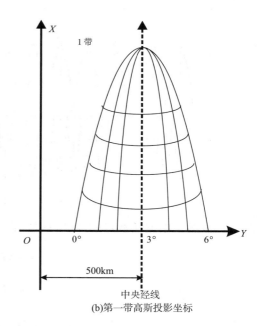

(b)第一带高斯投影坐标

图3-14　高斯平面直角坐标

由于高斯投影每一个投影带的坐标都是对本带坐标原点的相对值，所以各带的坐标完全相同。为了指出投影带，规定在横坐标之前加上带号。

根据这种规定，如果在第 19 投影带中，某点高斯直角坐标的原坐标值为：

$$X = 3793503.5\text{m}$$

$$Y = -195760.6\text{m}$$

$Y($横坐标$)$值加上 500km：

$$Y = -195760.6 + 500000 = 304239.4\text{m}$$

化为通用坐标则为：

$$X' = 3793503.5\text{m}$$

$$Y' = 19304239.4\text{m}$$

5）经纬线网和方里网

为了制作地图和使用地图的方便，通常在地图上都绘有一种或两种坐标网，即经纬线网和方里网（图 3-15）。

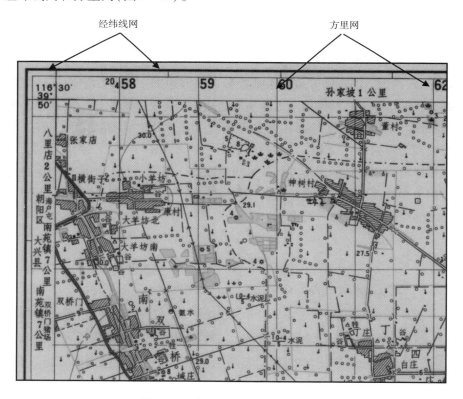

图 3-15 方里网与经纬线网示意图

（1）经纬线网。

由经线和纬线所构成的坐标网，称为经纬线网，又称地理坐标网。

在1：20万～1：1万比例尺的地形图上，经纬线只以图廓线的形式直接表现出来，并在图角处注出相应度数。为了在用图时加密成网，在内外图廓间还绘有加密经纬网的加密分划短线（图式中称"分度带"），必要时对应短线相连就可以构成加密的经纬线网。1：25万地形图上，除内图廓上绘有经纬网的加密分划外，图内还有加密用的十字线。

我国的1：100万～1：50万地形图，在图面上直接绘出经纬线网，内图廓上也有供加密经纬线网的加密分划短线。

（2）方里网。

为了便于在图上量测和指示目标，规定在1：10万、1：5万、1：2.5万及1：1万等四种比例尺地形图上，按整千米数的间隔给出平行于纵、横坐标的直线，便构成平面直角坐标网，因为是每隔整千米绘出坐标纵线和坐标横线，所以习惯上称之为方里网。

2. Lambert 投影

1）Lambert 投影变形分析

Lambert 投影，即正轴等角割圆锥投影，是假想圆锥轴和地球椭球体旋转轴重合并套在椭球体上，圆锥面与地球椭球面相割，将经纬网投影于圆锥面上展开而成的平面。圆锥面与椭球面相割的两条纬线圈，称之为标准纬线（B_1，B_2），其经线表现为辐射的直线束，纬线投影成同心圆弧（图3-16）。采用相割的双标准纬线投影与采用相切的单标准纬线的投影相比，其投影变形小而均匀。这种投影最适用于中纬度地区，为世界许多国家所采用。我国1：100万基础地形图采用的就是 Lambert 投影。

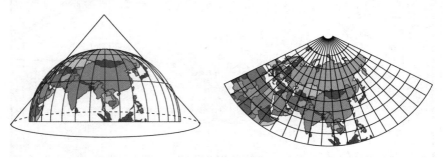

图3-16　正轴等角圆锥投影

Lambert 投影同样会发生变形,其变形规律表现在以下几个方面。

(1)角度没有变形,即投影前后对应的微分面保持图形相似,故亦可称为正形投影。

(2)等变形线和纬线一致,同一条纬线上的变形处处相等。

(3)两条标准纬线上没有任何变形。

(4)在同一经线上,两标准纬线外侧为正变形(长度比大于1),而两标准纬线之间为负变形(长度比小于1),因此,变形比较均匀,绝对值也较小。

(5)同一纬线上等经差的线段长度相等,两条纬线间的经线线段长度处处相等。

2)分带投影

为了提高投影精度、减少变形,Lambert 投影同样也采用分带投影方法。即从纬度0°开始,按纬差4°分带,从南向北共分成 15 个投影带(即 $A \sim O$ 带)[图3-17(a)],每个投影带单独计算坐标(而高斯投影则是每带的坐标是相同的,只是带号不一样而已),建立数学基础。但是处于同一投影带的各幅图的坐标成果完全相同,因此每投影带只需计算其中一幅图(纬差 4°,经差 6°)的投影成果。每幅图有两条标准纬线:$B_1 = B_S + 30'$,$B_2 = B_N - 30'$。如图 3-17(b)所示为北京区域的 Lambert 投影。由于采用分带投影,纬差比较小,我国范围内的 1:100万地图变形值几乎相等,其长度变形最大不超过 0.03%。由于是纬差4°分带投影,所以当沿着纬线方向拼接地图时,不论多少图幅,均不会产生裂隙。但沿经线方向拼接时,因拼接线处于不同的投影带,投影后曲率不同,拼接时会产生裂隙。

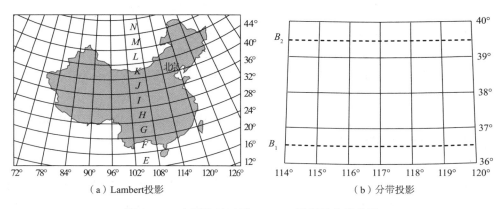

(a)Lambert投影   (b)分带投影

图 3-17 中国陆地区域 Lambert 投影及分带投影

3. UTM 投影

UTM（Universal Transverse Mercator，通用横轴墨卡托）投影，即横轴等角割椭圆柱投影。UTM 投影并不是我国基本比例尺地形图投影，此投影系统是美国编制世界各地军用地图和地球资源卫星像片所采用的投影系统。但该投影在一些国家和地区得到了广泛使用，石油勘探中经常涉及到国外区块，多采用的是 UTM 投影。因此本节对其作简要介绍。

1）UTM 投影特点

UTM 投影与高斯投影类似，只是将一椭圆柱横割于地球椭球体上，如图 3-18（a）所示。

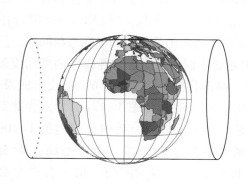

(a) UTM投影方法

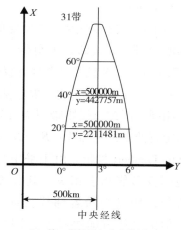

(b) 第31带投影与直角坐标

图 3-18　UTM 投影方法与第 31 带投影直角坐标

UTM 投影的约束条件如下。

（1）椭圆柱割地球于南纬 80°、北纬 84° 两条等高圈。

（2）中央经线和地球赤道投影为直线且为投影的对称轴。

（3）等角投影。

（4）投影后两条相割的经线上没有变形，而中央经线上长度比为 0.9996。

2）高斯投影与 UTM 投影的区别

两种投影的区别主要表现在如下两点。

（1）中央经线长度比不同。高斯投影后中央经线保持长度不变，即长度比为 1；UTM 投影后两条割线上没有变形，中央经线上长度比为 0.9996。这是这两种投影的根本区别。

（2）两者的分带起点不同。尽管两种投影带的划分相同，都是按6°带进行划分，但分带的方法不一样。高斯投影从0°子午线起，每6°自西向东分带，第1带的中央经线为3°；而UTM投影则是自西经180°起，每隔6°自西向东分带，第1带的中央经线为-177°。因此高斯投影的第1带对应的是UTM的第31带。

UTM投影中，椭圆柱割地球于中央经线左右180km处，投影失真比较均匀地分布在投影带内，因此UTM投影比高斯投影误差要小。UTM投影原先计划是为世界范围所设计的，但由于统一分带等原因未被世界各国所采用。目前有美国、西德等60多个国家采用这种投影方式。对于中纬度和中低纬度地区（如中国）来讲，UTM投影优于高斯投影。

3）高斯投影与UTM投影的转换

高斯投影与UTM投影的转换分为坐标转换和带号转换。

（1）坐标转换。

坐标转换可近似根据两种投影的中央经线长度比的变化进行转换，即：

$$\begin{cases} X_{UTM} = 0.9996 \times X_{高斯} \\ Y_{UTM} = 0.9996 \times Y_{高斯} \end{cases} \tag{3-16}$$

式中，(X_{UTM}, Y_{UTM})、$(X_{高斯}, Y_{高斯})$分别为某点的UTM投影和高斯投影坐标值。注意：如坐标纵轴西移了500000m，转换时必须将Y值先减去500000，乘上比例因子后再加500000。

（2）带号转换。

根据两种投影带号的取值，可知其转换方法为：

$$UTM 带号 = 高斯 - 克吕格带号 + 30 \tag{3-17}$$

例如某点坐标经纬度值为（121，32），其高斯投影坐标为：

$$X = 3543600.9 m$$

$$Y = 21310996.8 m$$

则UTM投影坐标为：

$$X = 3543600.9 \times 0.9996 = 3542183.5 (m)$$

$$Y = (310996.8 - 500000) \times 0.9996 + 500000$$

$$= 311072.4 + 51 = 51311072.4 (m)$$

第四节 地图投影的识别与选择

一、地图投影的识别

如前所述，不同的投影其变形性质及大小不同。因此在使用地图时，首先需要了解所用地图的投影方法。一般来说，公开出版的地图或地图集中都会有明确的投影说明。但实际工作中也经常会碰到缺少说明的情况，特别是国外出版的许多地图，常常缺少这方面的说明，或者虽有投影说明，但很不全面，如仅指明投影的名称。为此，需要运用地图投影的有关知识，根据不同投影的外在特征，如经纬网形状和变形分布规律等，从地图上获得有关地图投影的较完整确切的资料。

对于 1:100 万以上的大、中比例尺地图，往往属于国家地形图系列，投影资料一般容易查知。因此地图投影的识别，主要是对小比例尺地图而言，而判别的依据，主要是看经纬网图形特征。如果需要深入了解投影的中心点、标准线（无变形线）、变形分布及其大小等情况，则需要进行一系列的分析研究和一定的量算工作才能获得。表 3-6 是一些常用地图投影的经纬网特征。

表 3-6 常用地图投影图示及经纬网特征

投影名称	示意图	经线形状	纬线形状
等距正圆柱投影	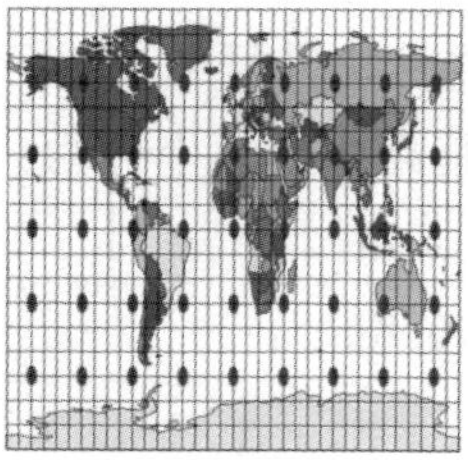	与纬线垂直的平行直线，等纬差间经线等长	平行直线
等角正圆柱投影	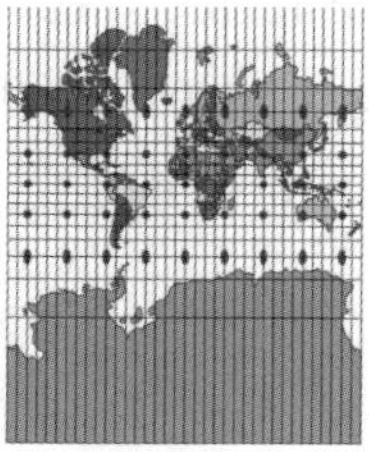	与纬线垂直的平行直线，等纬差间经线随纬度增加而加大	平行直线

投影名称	示意图	经线形状	纬线形状
等面积正圆柱投影		与纬线垂直的平行直线，等纬差间经线随纬度增加而减小	平行直线
伪圆柱投影（Winkel 投影）		任意曲线	平行直线
正轴方位投影		放射直线束，两经线间的夹角投影前后一致	同心圆
正轴圆锥投影		放射直线束，两经线间的夹角投影前后不一致，投影后的角度小于投影前的角度	同心圆圆弧
多圆锥投影		任意曲线	同轴圆圆弧

二、地图投影的选择

地图投影是地图的数学基础，投影的选择使用是否适当，会直接影响成图的精度和实用价值。因此在编制地图之前，应根据所编绘地图的具体条件和要求，选择最合适的地图投影（孙达、蒲英，2005）。

如前所述，按照我国测绘部门的规定，我国1∶50万及更大比例尺的地形图系列，都使用高斯投影；1∶100万分幅地形图，使用双标准纬线等角圆锥投影。因此绘制这些比例尺的地图，可以按照这个规定选择投影。如果要编制更小比例尺的地图，则需要根据具体要求另行选择适当的地图投影。选择地图投影考虑的因素主要有：地图的主要用途、制图区域的大小、形状和地理位置、变形情况等。

毫无疑问，地图的主要用途是选择投影必须首先考虑的问题。如果要求方位正确，应选等角投影为宜，如航海图、航空图、天气图、军用地图等。而行政区划图、自然区划图、盆地分布图等，一般要求面积正确，以便能在地图上反映出面积信息量的对比关系，因此应选择等面积投影。而城市防空图、雷达站图、地震监测站图等，重点强调以某点为中心不同半径范围内空间对象的分布及联系，因此应采用等距离方位投影为宜。

地图投影的选择，还应考虑制图区域的大小。区域大小可以分为世界地图、半球地图和区域地图三个层次（孙达、蒲英，2005）。

世界地图常采用四个投影系统：正轴圆柱、伪圆柱、广义多圆锥和某些派生的地图投影。由于圆柱投影的纬线为平行于赤道的直线，而世界上许多自然地理现象的分布与纬度带有密切关系。因此有学者认为，世界地图最好采用圆柱投影或伪圆柱投影，其缺点是在高纬度地区变形太大。我国编制的世界地图多采用多圆锥投影。

半球地图可分为东、西半球，南、北半球和水、陆半球地图，这类地图多采用方位投影。东、西半球图常采用横轴等面积或等距离方位投影；南、北半球图，一般采用正轴等角或等距离方位投影；水、陆半球图则一般采用斜轴等距离或等面积方位投影。

各大洲图中，非洲可采用横轴等面积方位投影或横轴等角圆柱投影，其他洲基本上都可以使用斜轴等面积方位投影。世界上几个大的国家（如俄罗斯、中国、美国、加拿大、巴西、澳大利亚等）多数在南、北半球的中纬度地区沿纬线延伸，故都可以选用不同变形性质的正轴圆锥投影。对于中国，若编制全图地图（即南海诸岛不作插图形式)一般多采用斜轴等面积或等距离方位投影。

根据制图区域的轮廓形状选择投影,有一条大家公认的原则,即投影的等变形线与制图区域的轮廓线的形状基本上一致的投影,就是这一区域最合适的地图投影。如制图区域近于圆形,宜采用方位投影;中心点在两极附近,用正轴方位投影;中心点近于赤道,则采用横轴方位投影。当制图区域位于中纬度区且沿纬线延伸(如中国、美国、俄罗斯等),宜选用正轴圆锥投影;反之,如果制图区域沿经线方向延伸(如南美的智利、阿根廷等),则可选用横轴圆柱投影或多圆锥投影;对于沿任一方向延伸的地区,可以考虑使用斜轴圆柱投影。

除了考虑以上因素外,投影前后形变量的大小也是一个考虑因素(赵虎等,2010)。

第五节　坐标变换

实际工作中,由于数据来源不同以及测量手段的不断改进,同一地区不同资料可能有不同的坐标,为了坐标统一,就必须进行坐标变换。坐标变换多种多样,总的来说可以分为两种情况:同一大地坐标系的坐标变换和不同大地坐标系的坐标变换。同一大地坐标系的坐标变换主要包括空间直角坐标与大地坐标的相互换算以及大地坐标与投影平面直角坐标的正反换算。

空间直角坐标与大地坐标的相互换算在前面已经讨论过,根据式(3-4)、式(3-5)可以进行互算。由大地坐标换算为投影平面直角坐标称为正换算,由投影坐标换算为大地坐标称为反换算。式(3-9)给出了高斯投影的正算公式。反算公式稍复杂一些,可以参看相关资料(孙达、蒲英,2005;《大地测量控制点坐标转换技术规范》,2013),本文不再列出。同一大地坐标系的坐标变换依据现有公式便可以实现,换算比较简单。

不同大地坐标系下的坐标变换则要复杂一些,变换方法主要有两种:一是基于相似变换的布尔萨(Bursa)模型,二是多项式拟合方法。下面简要介绍其基本原理与方法,更详细的说明可参考《2000 国家大地坐标系推广使用技术指南》。

一、布尔萨模型

对于既有旋转、缩放,又有平移的两个空间直角坐标系的坐标换算,可以采用布尔萨模型。如图 3-19 所示。图中两个坐标系 $X_1Y_1Z_1$、$X_2Y_2Z_2$,坐标原点分

别为 O_1、O_2。坐标系 $X_2Y_2Z_2$ 是坐标系 $X_1Y_1Z_1$ 经旋转、缩放和平移而得。布尔萨模型通过 3 个平移参数、3 个旋转参数以及 1 个尺度变化参数共计 7 个参数来描述两个坐标间的关系。

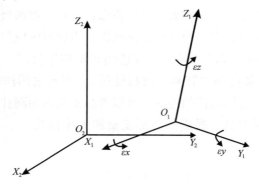

图 3-19　两个空间直角坐标系的坐标换算

当两个坐标系之间旋转角度非常小时（实际工作中旋转角度非常小），布尔萨模型有如下的简化形式：

$$\begin{bmatrix} X_2 \\ Y_2 \\ Z_2 \end{bmatrix} = \begin{bmatrix} X_1 \\ Y_1 \\ Z_1 \end{bmatrix} + \begin{bmatrix} T_x \\ T_y \\ T_z \end{bmatrix} + \begin{bmatrix} D & R_z & -R_y \\ -R_z & D & -R_x \\ R_y & -R_x & -D \end{bmatrix} \begin{bmatrix} X_1 \\ Y_1 \\ Z_1 \end{bmatrix} \tag{3-18}$$

式中，X_1、Y_1、Z_1 为原坐标系坐标；X_2、Y_2、Z_2 为目标坐标系坐标；T_x、T_y、T_z，为 3 个平移参数；R_x、R_y、R_z 为 3 个旋转参数；D 为尺度变化参数，即两个空间坐标系内的同一段直线的长度比值，通常这个值几乎为 1。

根据空间直角坐标与大地坐标的关系，可以推出不同地球椭球基准下的大地坐标系统间点位坐标转换关系式：

$$\begin{bmatrix} \Delta L \\ \Delta B \\ \Delta H \end{bmatrix} = \begin{bmatrix} \dfrac{\sin L}{(N+H)\cos B}\rho'' & \dfrac{\cos L}{(N+H)\cos B}\rho'' & 0 \\ \dfrac{\sin B\cos L}{(M+H)}\rho'' & -\dfrac{\sin B\sin L}{(M+H)}\rho'' & \dfrac{\cos B}{(M+H)}\rho'' \\ \cos B\cos L & \sin B\sin L & \sin B \end{bmatrix} \begin{bmatrix} T_x \\ T_y \\ T_s \end{bmatrix} +$$

$$\begin{bmatrix} \dfrac{N(1-e^2)+H}{N+H}\tan B\cos L & \dfrac{N(1-e^2)+H}{N+H}\tan B\sin L & -1 \\ \dfrac{N+H-Ne^2\sin^2 B}{N+H}\sin L & \dfrac{(N+H)-Ne^2\sin^2 B}{N+H}\cos L & 0 \\ -Ne^2\sin B\cos B\sin L/\rho'' & Ne^2\sin B\cos B\cos L/\rho'' & 0 \end{bmatrix} \begin{bmatrix} R_x \\ R_y \\ R_z \end{bmatrix} +$$

$$\begin{bmatrix} 0 \\ -\dfrac{N}{M}e^2\sin B\cos B\rho'' \\ (N+H)-Ne^2\sin^2 B \end{bmatrix} + D\begin{bmatrix} 0 & 0 \\ \dfrac{N}{Ma}e^2\sin B\cos B\rho'' & \dfrac{(2-e^2\sin^2 B)}{1-f}\sin B\cos B\rho'' \\ -\dfrac{N}{a}(1-e^2\sin^2 B) & \dfrac{M}{1-a}(1-e^2\sin^2 B)\sin^2 B \end{bmatrix}\begin{bmatrix} \Delta a \\ \Delta f \end{bmatrix}$$

$$(3-19)$$

其中：

$$e^2 = 2f - f^2$$

$$M = \frac{a(1-e^2)}{\left(\sqrt{1-e^2\sin^2 B}\right)^3}$$

$$N = \frac{a(1-e^2)}{\sqrt{1-e^2\sin^2 B}}$$

式中，B、L、H、ΔB、ΔB、ΔH 分别为点位的纬度、经度、大地高以及在两个坐标系下纬度差、经度差、大地高差，经纬度单位为 rad，其差值单位为 arcsec，大地高及其差值单位为 m；$\rho = 180 \times 3600/\pi$，arcsec；$a$、$\Delta a$ 分别为椭球长半轴和长半轴差，m；f、Δf 为椭球扁率和扁率差，无量纲；T_x、T_y、T_z 为平移参数，m；R_x、R_y、R_x 为旋转参数，单位为 arcsec；D 为尺度参数，无量纲。

式(3-18)、式(3-19)是两个不同地球椭球基准下点位坐标换算通式，涉及7个参数，因此至少需要3个已知点，方可以实现7参数的坐标转化。实际工作中可以根据具体情况对模型进行适当简化。简化模型主要有以下几种。

1. 二维七参数转换模型

当大地高的精确度不高时，可采用这种模型。比如，把北京54坐标系、西安80坐标系转换为CGCS2000，由于这两个参心系下的大地高的精度较低，可采用二维七参数转换。转换公式为：

$$\begin{bmatrix} \Delta L \\ \Delta B \end{bmatrix} = \begin{bmatrix} \dfrac{-\sin L}{N\cos B}\rho'' & \dfrac{\cos L}{N\cos B}\rho'' & 0 \\ -\dfrac{\sin B\cos L}{M}\rho'' & -\dfrac{\sin B\sin L}{M}\rho'' & \dfrac{\cos B}{M}\rho'' \end{bmatrix}\begin{bmatrix} T_x \\ T_y \\ T_z \end{bmatrix} +$$

$$\begin{bmatrix} \tan B\cos L & \tan B\sin L & -1 \\ -\sin L & \cos L & 0 \end{bmatrix}\begin{bmatrix} R_x \\ R_y \\ R_z \end{bmatrix} + \begin{bmatrix} 0 \\ -\dfrac{N}{M}e^2\sin B\cos B\rho'' \end{bmatrix}D +$$

$$\begin{bmatrix} 0 & 0 \\ -\dfrac{N}{Ma}e^2\sin B\cos B\rho'' & \dfrac{(2-e^2\sin^2 B)}{1-f}\sin B\cos B\rho'' \end{bmatrix}\begin{bmatrix} \Delta a \\ \Delta f \end{bmatrix} \qquad (3-20)$$

式中，e^2 为第一偏心率平方，无量纲；M、N 为地球椭球基本元素，分别为子午线曲率和卯酉圈曲率半径，m；B、L、ΔB、ΔL 分别为点位纬度、经度，及其在两个坐标系下的纬度差、经度差，经纬度单位为 rad，其差值单位为 arcsec；$\rho = 180 \times 3600 / \pi$，arcsec；$a$、$\Delta a$ 分别为椭球长半轴和长半轴差，m；f、Δf 分别为椭球扁率和扁率差，无量纲；T_x、T_y、T_z 为平移参数，m；R_x、R_y、R_z 为旋转参数，arcsec；D 为尺度参数，无量纲。

2. 三维四参数转换模型

用于局部范围大地坐标系间的点位坐标转换。采用 T_x、T_y、T_z 3 个坐标平移量和 1 个控制网水平定向旋转量 α 作为参数。α 是以区域中心 P_0 点法线为旋转轴的控制网水平定向旋转量。需要有两个已知点，同时需要知道区域中心点的坐标。转换公式为：

$$\begin{bmatrix} X_2 \\ Y_2 \\ Z_2 \end{bmatrix} = \begin{bmatrix} X_1 \\ Y_1 \\ Z_1 \end{bmatrix} + \begin{bmatrix} T_x \\ T_y \\ T_z \end{bmatrix} + \alpha \begin{bmatrix} Z_1 \cos B_0 \sin L_0 - Y_1 \sin B_0 \\ -Z_1 \cos B \cos L_0 + X_1 \sin B_0 \\ Y_1 \cos B_0 \cos L_0 - X_1 \cos B_0 \sin L_0 \end{bmatrix} \quad (3-21)$$

式中，B_0、L_0 分别为区域中心 P_0 点的大地经度、纬度，rad；X_1、Y_1、Z_1 为原坐标系坐标；X_2、Y_2、Z_2 为目标坐标系坐标；T_x、T_y、T_z 为坐标平移量，m；α 为旋转参数，rad。

3. 二维四参数转换模型

用于范围较小的不同高斯投影平面坐标转换。转换公式为：

$$\begin{bmatrix} x_2 \\ y_2 \end{bmatrix} = \begin{bmatrix} \Delta x \\ \Delta y \end{bmatrix} + (1 + m) \begin{bmatrix} \cos \alpha & -\sin \alpha \\ \sin \alpha & \cos \alpha \end{bmatrix} \begin{bmatrix} x_1 \\ y_1 \end{bmatrix} \quad (3-22)$$

式中，x_1、y_1 为原坐标系下平面直角坐标，m；x_2、y_2 为目标坐标系下平面直角坐标，m；Δx、Δy 为平移参数，m；α 为旋转参数，单位为 rad；m 为尺度参数，无量纲。

Δx、Δy、α、m 4 个待定参数中，至少需要 2 个已知点。

二、多项式拟合方法

不同范围的坐标转换均可用多项式拟合。但转换后的精度需进行检核。实际使用中有两种表现形式，即椭球面上和平面。椭球面上拟合适用于全国或大范围的拟合，平面拟合多用于相对独立的平面坐标系统转换。

椭球面上拟合公式：

$$dB = \alpha_0 + \alpha_1 B + \alpha_2 L + \alpha_3 BL + \alpha_4 B^2 + \alpha_5 L^2$$
$$dL = \beta_0 + \beta_1 L + \beta_2 B + \beta_3 BL + \beta_4 L^2 + \beta_5 B^2$$

$$(3-23)$$

式中，B、L 分别为纬度和经度，rad；α、β 为多项式拟合系数，通过最小二乘求解。

平面拟合公式：

$$x_2 = x_1 + \Delta x$$
$$y_2 = y_1 + \Delta y$$

$$(3-24)$$

式中，x_1、y_1 为原平面直角坐标；x_2、y_2 为目标平面直角坐标；Δx、Δy 为坐标转换改正量，通过多项式拟合求取；

$$\Delta x = a_0 + a_1 x + a_2 y + a_3 x^2 + a_4 xy + a_5 y^2$$
$$\Delta y = b_0 + b_1 x + b_2 y + b_3 x^2 + b_4 xy + b_5 y^2$$

$$(3-25)$$

式中 a_i，$b_i (i = 0，1，\cdots，5)$ 为系数，通过最小二乘法求解。

多项式拟合法的最大特点是以转换点的高斯平面坐标为因变量，不需知道目标椭球似大地水准面相关参数，就能够实现不同坐标系间的二维坐标转换，当公共点分布较均匀且点间距离适当的情况下，所建立数学模型能够达到较好的转换精度。因此具有坐标转换精度高、成果可靠、便于应用等优点，适合任意坐标系间平面坐标转换计算（鲍建宽等，2013）。

三、坐标变换工具

一般的 GIS 软件如 ArcGIS、MapGIS 等，都会提供常用的坐标转换模块。这类模块通常是对以文件形式保存的矢量数据或栅格数据进行转换，因此所要转换的数据应该是特定 GIS 软件所支持的文件格式。对于少量的控制点坐标转换，可以采用坐标转换工具来实现。如 COORD、万能坐标转换工具等，也可以通过在线坐标转换工具来实现，如 http://tool-online.com/en/。

思考题

1. 什么是参考椭球？参考椭球与坐标系统有何关系？

2. 大地水准面、大地基准面、大地坐标、投影坐标之间有什么关系？

3. 高斯－克吕格投影有何特点，为何要分带投影，如何分带？

4. 假设在我国有 3 个控制点的 Y 坐标分别为：19643257.12m、38435723.75m、20386952.43m，试问：

（1）它们是 3°带还是 6°带的坐标值？

（2）各控制点分别位于哪一带？

（3）各控制点所在中央子午线的经度是多少？

5. 如下图所示，为某地区地质图的一部分，地质图成图时间为 1974 年，试问：

（1）该地质图是什么大地坐标系统，依据是什么？

（2）该地质图采用什么投影，依据是什么？

（3）该投影带的中央子午线经度是多少？

6. 比较高斯投影和 UTM 投影的异同点。

7. 以下是某数据的坐标信息，试分析其意义。

Beijing_1954_GK_Zone_16

Projection：Gauss_Kruger

False_Easting：16500000. 0

False_Northing：0. 0

Central_Meridian：93. 0

Geographic Coordinate System：GCS_Beijing_1954

Prime Meridian：Greenwich（0. 0）

Datum：D_Beijing_1954

Spheroid：Krasovsky_1940

参考文献

[1] 孙达，蒲英霞. 地图投影[M]. 南京：南京大学出版社，2005：231.

[2] BOWRING B R. Transformation from spatial to geographical coordinates ［J］. Survey Review, 1976 (23)：323 – 327.

[3] FUKUSHIMA T. Fast Transform from Geocentric to Geodetic Coordinates ［J］. Journal of Geodesy, 1999(11)：603 – 610

[4] 鲍建宽，李永利，李秀海. 大地坐标转换模型及其应用[J]. 测绘工程，2013（3）：56 – 60.

[5] 过家春，赵秀侠，吴艳兰. 空间直角坐标与大地坐标转换的拉格朗日反演方法[J]. 测绘

学报，2014(10)：998 - 1004.

[6] 李延兴，张静华，俊青，等. 一种由地心直角坐标到大地坐标的直接转换[J]. 大地测量与地球动力学，2007(4)：37 - 42.

[7] 祁立学，张萍，杨玲. 地心直角坐标到大地坐标常用转换算法的分析与比较[J]. 战术导弹技术，2006 (2)：37 - 41.

[8] 史海锋，张卫斌. 空间直角坐标与大地坐标转换算法研究[J]. 大地测量与地球动力学，2012(5)：78 - 81.

[9] 束蝉方，李斐，沈飞. 空间直角坐标向大地坐标转换的新算法[J]. 武汉大学学报(信息科学版)，2009 (5)：561 - 563.

[10] 王仲锋，杨凤宝. 空间直角坐标转换大地坐标的直接解法[J]. 测绘工程，2010(02)：7 - 9.

[11] 赵虎，李霖，龚健雅. 通用地图投影选择研究[J]. 武汉大学学报(信息科学版)，2010 (2)：244 - 247.

[12] 国家测绘地理信息局. 2000 国家大地坐标系推广使用技术指南[S/OL]. 2013：http://www.cgs.gov.cn/tzgg/tzgg/201603/t20160309_285971.html.

[13] 国家测绘地理信息局. 大地测量控制点坐标转换技术规范[S/OL]. 2013：http://www.cgs.gov.cn/tzgg/tzgg/201603/t20160309_285971.html.

第四章　空间数据输入与处理

石油行业是一个数据密集型行业，在油气勘探开发过程中积累了海量的数据，这些数据类型多样，也是油气勘探开发中的宝贵资料。在油气勘探开发早期，由于计算机技术、数据库技术的限制，大多数资料都是以纸质方式保存下来的。随着计算机技术的发展，逐渐构建起不同的数据库，但是由于各种原因，数据入库率并不高，而且数据的格式也不统一，因此在 GIS 用于油气勘探开发过程中，数据的整理与输入是一项重要的工作，同时也是一项耗费人力、物力和财力的工作。据统计，在构建 GIS 中，数据的准备所耗费的人力和财力占到整个系统设计的 70% 以上。可见数据在 GIS 中的重要意义。油气勘探中，涉及的数据有两大类：基础地理数据和油田专业数据。本章就油气勘探中的数据类型以及实际工作中数据的输入与处理进行讨论。

第一节　基础地理数据

基础地理数据是指某一国家或地区中的地貌、水系、植被以及社会地理信息中的居民地、交通、境界、特殊地物、地名等要素的总合。基础地理数据包括图形数据和非图形数据，即属性数据。基础地理数据中的图形数据可以概括为四大类，即所谓的 4D 数据：数字栅格地图（DRG，Digital Raster Graphic）、数字线划图（DLG，Digital Line Graphic）、数字高程模型（DEM，Digital Elevation Mode）和数字正射影像图（DOM，Digital Orthophoto Map）。

数字栅格地图是纸质地形图的数字化产品。每幅图经扫描、纠正、图幅处理及数据压缩处理后，形成在内容、几何精度和色彩上与地形图保持一致的栅格文件[图 4-1(a)]。

数字线划图是指矢量化的地形图，是现有地形图上基础地理要素的矢量数据集，且保存了要素间空间关系和相关的属性信息[图 4-1(b)]。

数字高程模型是以数字形式表示实际地形特征空间分布的一种实体地面模型，是地形形状、大小和起伏的数字描述［图4-1（c）］。数字高程模型将在第七章详细讨论。

数字正射影像图是利用数字高程模型进行正射校正后的遥感影像［图4-1（d）］。

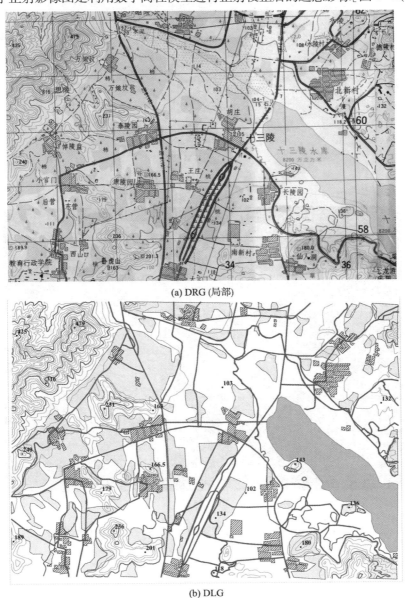

(a) DRG (局部)

(b) DLG

图4-1　北京昌平区十三陵周边地区4D数字数据示意图

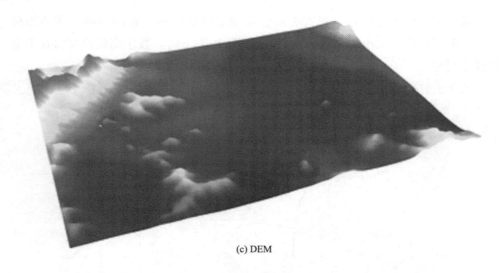

(c) DEM

(d) DOM

图 4-1　北京昌平区十三陵周边地区 4D 数字数据示意图（续）

第二节　石油行业中的数据类型及特征

一、石油行业数据分类

石油行业涉及的数据多种多样，根据不同的分类方法，可以分为不同的类型。

1. 按照数据性质分类

根据石油行业数据性质，可以把石油数据分为基础地理数据和石油专业数据两大类。

1）基础地理数据

油田的基础地理数据包括国家基础地理数据、国家基础地质数据以及油田基础地理数据。

国家基础地理数据：包括各种比例尺的数字线划图数据库、数字高程模型数据库、地名数据库、栅格地图数据库、正射影像数据库、大地测量数据库、重力数据库等。

国家基础地质数据：包括各种比例尺的地质图、化探图等。

油田基础地理数据：主要分为油田地质数据和油田地面建设数据。油田地质数据主要包括构造区划、地球物理工区、石油矿区区划、矿产登记管理区、油田专用地名、岩石露头区和油气井（生产井、探井、水文井）、地震测线、非地震物化探（测线、测点）。油田地面建设数据主要包括原油集输、天然气集输、注水、给排水、污水处理、电力、通讯、道路矿区民建等。

2）专业数据

油田专业数据主要包括勘探数据库、开发数据库、地面建设数据库等，其数据内容主要有以下几方面。

（1）井筒数据：综合录井图的全部信息，井的试油测试结果数据，岩石分析数据等。

（2）测线数据：地震测线的测量数据和地震的施工方法数据。

（3）探区数据：盆地、凹陷、坳陷、构造的要素数据。

（4）油田储量数据：储量和储量参数数据。

（5）测井曲线数据：解释岩性、含油性的主要电测曲线。

（6）地震勘探剖面数据：地震时间剖面。

（7）井采油数据。

（8）井注水数据。

2. 按照生产经营过程分类

根据油田公司的整体生产运作模式，油田生产数据的采集、处理及使用大致可分为 5 类：勘探数据、开发数据、地面建设数据、储运销售数据和经营管理数据。

1）勘探数据

包括非震物化探数据、地震资料、测井数据、钻井资料、录井资料、试油试采数据、分析化验资料、综合研究成果资料等。

2）开发数据

包括油藏工程、采油工程、油田监测、生产管理四个方面的内容。

油藏工程：包括油田开发动态数据、静态数据、方案规划数据等。

采油工程：包括采油工程生产管理数据、规划方案数据等。

油田监测：包括油水井测井数据、试井数据、动态监测数据等。

生产管理：油水井生产管理数据、作业施工管理数据、油田监测管理数据、地面集输管理数据、开发生产管理数据、油藏工程管理数据、采油工程管理数据等。

3）地面建设数据

包括地面工程基础资料、工程勘察数据、地面工程静态数据、地面工程动态数据、投资控制及经济评价数据等。

4）储运销售数据

包括站库地理信息、站库生产运行及工艺流程信息、安全生产辅助决策信息、加油站基础数据、成品油收发存信息、自用油信息、客户信息、原油成品油市场价格分析预测信息等。

5）经营管理数据

包括财务、资产、人力资源、物资管理、计划规划、质量控制、安全、环保、企业管理、法规、公共关系、公文、市场开发、科技等方面的数据。

3. 按照数据层次分类

我国石油企业的数据状况基本上可以分为 3 个层次。

1）企业数据

包括勘探开发数据库（地质、物探、测井、录井、试油、试采等属性数据）和存放在纸上的测井曲线、物探采集处理成果、构造图等图件。

2）专业数据

主要指各类专业软件产生的、与专业密切相关的数据。

3）项目数据

也称成果数据，主要是指对现有数据进行处理、解释和综合分析而得到的各种成果数据。

二、石油行业数据特征

石油行业数据主要表现为以下几个特点。

（1）数据量大、数据种类多、实时性强。既有勘探开发数据，又有地面建设数据；既有地面数据，也有地下数据；既有静态数据，又有动态数据；既有野外实测数据，又有专业软件产生的不同格式的数据。这些数据构成了一个海量的数据体，给数据的管理带来了极大的挑战。

（2）多尺度数据共存。随着勘探程度的不断深入，对地下地质情况的认识不断加深，粒度越来越小，使得同一地区不同尺度的数据共存。

（3）数据分散。油田数据分布在不同部门，需要有与之相适应的分布式数据管理方法。

第三节　GIS 数据来源

实际工作中涉及到的数据种类多种多样，除前面说过的 4D（DRG、DLG、DEM、DOM）数据外，还有统计数据、文本文档等。而数据的输入是一项费时、费力的工作，可能的话，应该尽可能地利用现有的数据源。在油气勘探中所用到的数据，一般来说，可以通过以下途径获得。

一、已有的数据库数据

在油气勘探开发过程中积累了大量的数据，构建了不同的数据库，如地质调查数据、地震测线坐标数据、探井井位坐标、盆地构造单元划分数据等，类似的这些数据库一般都有地面目标的坐标信息，因此可以直接用于 GIS 工程中。

二、专业软件生产的数据

许多专业软件如 Landmark、Jason、Petrel、Discovery 等，产生大量的数据，

目前有部分软件支持把数据输出为 GIS 格式，如 ESRI 的 Shapefile 格式，或者输出为 GIS 软件支持的中间格式。这类数据也可以作为 GIS 数据源。

三、免费下载数据

对于小比例尺或中低分辨率的部分数据，不同机构都提供免费下载服务，可根据实际需要进行下载。表 4-1 列出了部分免费数据下载的网址。

1. 基础地理数据

目前，我国已建成覆盖全国陆地范围的 1:100 万、1:25 万、1:5 万 DLG 数据库。1:100 万 DLG 数据库 1994 年首次建成，2002 年更新一次，总图幅数 77 幅。1:25 万 DLG 数据库 1998 年首次建成，2002 年、2008 年各更新一次，2012 年进行了全面更新，总图幅数 816 幅。1:5 万 DLG 的核心要素数据库 2006 年建成，2011 年建成了全要素数据库。其中 1:25 万、1:5 万 DLG 数据属涉密数据。1:100 万 DLG 数据虽不涉密，但目前不能免费提供，可以根据实际需要向测绘部门或国家基础地理信息中心购买。目前可供免费下载的是 1:400 万 DLG 基础数据库。部分下载网站参见表 4-1。

2. 遥感影像数据

遥感影像数据是 GIS 数据中的一个重要内容。在基础设施选址、地震测线布线、灾害应急响应等方面有重要的意义。目前提供的遥感影像数据类型很多，国外的如 Landat TM/ETM/OLI 影像、SPOT 影像等中低分辨率的数据，高分辨率数据如 IKONOS、Quickbird、Geoeye-1 等；国内的有 CBERS-1 中巴资源卫星数据，环境卫星 A、B 数据，高分系列数据等。对于一些中分辨率影像，如 Landsat TM/ETM/OLI、CBERS-1 都实行免费分发，用户可根据需要下载，如中巴资源卫星数据可以从中国资源卫星应用中心免费下载。美国的 Landsat TM/ETM/OLI、ASTER 数据、欧航局的 Sentinel-2 数据等可以从美国 USGS 网站免费下载。另外，也可以从国际科学数据服务平台下载。部分下载网站参见表 4-1。

3. 数据高程模型(DEM)数据

DEM 数据不仅在基础设施选址、地震测线布线、灾害应急响应等方面有重要的意义，还可用于三维景观的构建，作为遥感影像解释的辅助信息，研究地表形态等。对于中低分辨率的数据，目前可免费下载的数据有由 NASA 和 NIMA(美国国防部国家测绘局)联合测量并制作的 SRTM(Shuttle Radar Topography Mission)数据。该数据覆盖了北纬 60°至南纬 60°之间约地球 80%以上的陆地表面，分辨率为 90m。可通过美国全球土地覆盖数据库或美国马里兰大学镜像以及国际科学数据服务平台下载。2009 年 6 月，由 NASA 和日本经济产业省(METI)共同推出了分辨率为 30m 的全球数字高程模型 ASTER GDEM，目前也可以免费下载。部分下载网站参见表 4－1。

4. 油气地质数据

含油气盆地的数据大多是收费数据，许多石油咨询公司都提供相关数据，但都是有偿使用，如 IHS 公司。AAPG 专门开辟了 GIS 开放数据下载专区，提供免费分发相关数据的服务，目前可供下载的数据有全球巨型油气田数据以及部分区域油气相关数据。部分下载网站参见表 4－1。

表 4－1　油气相关空间数据下载网站

数据类型	下载网站	下载内容	备注
基础地理数据	http://www.naturalearthdata.com/	1:1000 万全球自然地理矢量数据	免费
	http://gadm.org/	全球行政区划矢量数据	免费
	http://www.geofabrik.de/data/download.html	全球主要城市道路、建筑物等矢量数据	免费
	https://mapzen.com/data/metro－extracts/	同上	免费
遥感影像数据	http://www.cresda.com	中国资源卫星数据	免费
	http://glovis.usgs.gov/	Landsat TM/ETM/OLI、ASTER、Sentinel－2 等	免费
	http://glcf.umd.edu/data/	Landsat TM/ETM	免费
	http://datamirror.csdb.cn/admin/data-LandsatMain.jsp	Landsat TM/ETM	免费
	http://www.landcover.org/data/landsat/	Landsat TM/ETM	免费
	https://earthexplorer.usgs.gov/	Landsat TM/ETM/OLI, Sentinel－2 MSI, DEM	免费
	https://search.earthdata.nasa.gov/search	Landsat TM/ETM/OLI, Sentinel－2 MSI, ASTER, DEM	免费
DEM	https://gdex.cr.usgs.gov/gdex/	全球 30m（GDEM）、90m（SRTM）分辨率 DEM 数据	免费
	http://srtm.csi.cgiar.org/	全球 90m 分辨率 DEM 数据（SRTM）	免费
	http://www.earthenv.org/DEM.html	由 GDEM 和 SRTM 融合得到的 90m 分辨率 DEM 数据，覆盖全球 90% 区域	免费
	http://glovis.usgs.gov/	全球 90m 分辨率 DEM 数据（SRTM）	免费

续表

数据类型	下载网站	下载内容	备注
油气地质	https://mrdata.usgs.gov/mrds/	全球矿产资源数据	免费
	http://portal.onegeology.org/OnegeologyGlobal/	全球地质图	免费
	http://energy.usgs.gov/oilgas.aspx	全球油气评价数据	免费
	http://www.datapages.com/gis－map－publishing－program/gis－open－files	全球巨型油气田数据、部分区域油气田数据	免费
	http://www.datapages.com/Associated-Websites/GISOpenFiles.aspx	全球盆地数据	免费
	http://www.ihs.com/	世界含油气盆地资料	收费
其他	http://freegisdata.rtwilson.com/	各种免费 GIS 数据链接	

第四节　元数据

一、元数据的概念

元数据来自于英文"metadata。"也许我们对于元数据的概念了解不多，但是它并不是一个新的概念，而且一直被应用于我们的学习、科学研究中。如传统的图书馆卡片、图书的版权说明、测井曲线的图头式等，都是元数据，我们在看地图时，地图中地图类型、地图图例，包括图名、空间参照系和图廓坐标、地图内容说明、比例尺和精度、编制出版单位和日期或更新日期等也是元数据(图4-2)。

空间数据的元数据是指对空间数据的内容、质量、现势性、存取和使用状况的描述性信息。简单地说，元数据是描述数据的数据(FGDC，1998)。

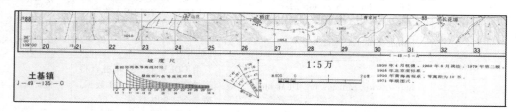

图4-2　纸质地形图的元数据

随着空间数据的不断增加，以及 WebGIS 技术的快速发展，空间数据共享日益普遍。如何发现、访问、获取和使用现势性强、精度高、易管理和易访问的地理空间数据已经成为一个突出的问题。在这种情况下，空间数据的内容、质量、状况等元数据信息变得更加重要，成为信息资源有效管理和应用的重要手段。正因为如此，地理信息元数据标准和操作工具已经成为国家空间数据基础设施的一个重要组成部分。我国也制定了《国家基础地理信息系统（NFGIS）元数据标准（草案）》。

二、元数据的内容

空间元数据必须满足空间数据发现、评估、存取、使用、转换和管理的应用范围和目的。为此需要有空间数据采集方法的详细信息，空间数据集成和分析技术的说明信息，源数据集合的精度信息，空间数据的投影、比例尺、交换格式、压缩方法和文件系统信息，空间数据集的内容、质量和地理范围信息，空间数据内容、质量描述等，这些内容可以归纳为 5W（What — 空间数据集的名称及空间数据集总体描述信息，When — 空间数据采集日期与更新日期，Who — 空间数据采集者、提供者或出版者，Where — 基于经纬度或大地坐标的空间数据集的地理覆盖范围、地理名称或行政区域，How — 如何获取有关该空间数据集更多的信息，如何存取该空间数据集以及空间数据使用格式、存取约束条件等）（马智民，2005）。具体地说，元数据的内容主要包括以下几个方面。

（1）对数据集的描述，即对数据集中各数据项、数据来源、数据所有者及数据序代（数据生产历史）等的说明。

（2）对数据质量的描述，如数据精度、数据的逻辑一致性、数据完整性、分辨率、元数据的比例尺等。

（3）对数据处理信息的说明，如量纲的转换等。

（4）对数据转换方法的描述。

（5）对数据库的更新、集成等的说明。

三、元数据在 GIS 中的作用

元数据对于促进数据的管理、使用和共享均有重要的作用，具体来说，主要表现在以下几个方面。

（1）帮助数据生产单位有效地管理和维护空间数据、建立数据文档，并保证即使其主要工作人员离退时，也不会失去对数据情况的了解。

（2）提供有关数据生产单位数据存储、数据分类、数据内容、数据质量、数据交换网络及数据销售等方面的信息，便于用户查询检索地理空间数据。

（3）帮助用户了解数据，以便就数据是否能满足其需求做出正确的判断。

（4）提供有关信息，以便用户处理和转换有用的数据。

可见，元数据是使数据充分发挥作用的重要条件之一，也是基础地理数据的重要数据之一。在多源数据共享、维护数据的版权等方面都有重要的作用（黄崇轲、钱大都，2001）。

第五节　空间数据输入

如果没有现成的可供 GIS 直接利用的数据，或者只有纸质的图件，就需要把纸质图件进行数字化，并输入到 GIS 系统中。空间数据输入主要包括空间数据和非空间数据的输入。非空间数据的输入我们都比较熟悉，如 Excel 中的表格等，因此本节主要介绍空间属性数据的输入。

在第二章中我们了解到，无论自然现象多么复杂，都可以抽象为点、线、面的组合。因此空间数据的输入过程，就是把空间对象抽象为点、线、面要素，把这些要素转换为计算机可读形式并把数据写入 GIS 数据库的过程（图4-3）。空间数据的输入方法主要有以下几种。

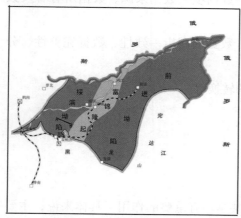

（a）三江盆地原始图形

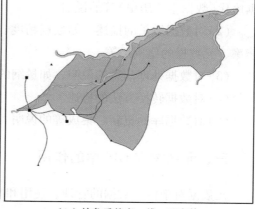

（b）抽象后的点、线、面实体

图4-3　空间对象的抽象

一、键盘输入

顾名思义，就是通过手工方法在计算机终端上输入数据。属性数据通常是由键盘输入的。另外，对于点状、线状及面状地理实体，如果我们知道了它们的 x，y 坐标，当数据量不大时，也可以通过键盘输入（图 4-4）。

井名	x	y
Well 1	399529.9	5035636.3
Well 2	367656.6	5036426.3
Well 3	375706.6	5034415.8
Well 4	366160	5015368
Well 5	377476.1	5026691.8
Well 6	376756.9	5020932.6
Well 7	394315.5	5038618.6
Well 8	366573.6	5041062
Well 9	364552	5026691.8
Well 10	369279.9	5019228
Well 11	400761.4	5052144.4
Well 12	366160	5046392.9
Well 13	376756.9	5050043

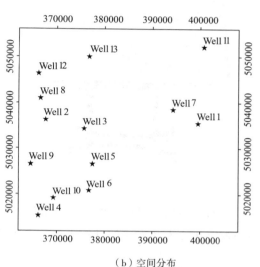

（a）坐标　　　　　　　　　　（b）空间分布

图 4-4　点状实体（钻孔）的 x、y 坐标及其空间分布（单位：m）

二、手扶跟踪数字化仪

数字化仪是将图形的连续模拟量转换为离散数字量的一种装置，是在专业应用领域中一种用途非常广泛的图形输入设备，如图 4-5 所示。其工作原理是：当手扶跟踪器在电磁感应板上移动游标到指定位置，并将十字叉的交点对准数字化的点位时，按动按钮，数字化仪则将此时对应的命令符号和该点的 x、y 坐标值排列成有序的一组信息，然后通过接口传送到计算机。

数字化仪通常有两种方式，即点方式（Point Mode）和流方式（Stream Mode）。点方式是按下游标的按键时，向计算机发送一个点的坐标。输入点状地物要素时必须使用点输入方式，线和多边形地物的录入可以使用点方式。在输入时，输入者可以有选择地输入曲线上的采样点，而采样点必须能够反映曲线的特征。流方式则是在录入过程中，当游标沿着曲线移动时，能够自动记录经过点的坐标。流方式又分距离流方式（Distance Stream）和时间流方式（Time Stream）。距离流方式是按照一定的距离间隔采样，并记录每一点的 x、y 坐标；时间流方式则是按照一定时间间隔对接收的点进行采样，并记录每一点的 x、y 坐标。

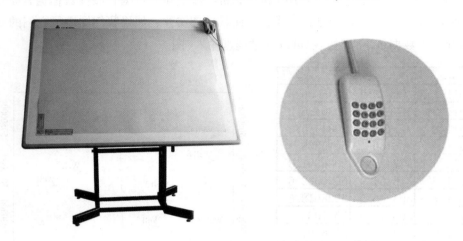

图 4 – 5　数字化仪的基本构成

在 GIS 应用的早期，图形数据的输入以手扶跟踪数字化为主。近年来，由于扫描数字化技术和方法的日益成熟，手扶跟踪数字化方法已开始逐步被替代。

三、扫描数字化

扫描数字化是目前 GIS 应用中最常用的方式。顾名思义，扫描数字化是先对需要矢量化的纸质图形通过扫描转换成栅格方式的数据，然后再进行矢量化。目前常采用交互式和批量（自动）矢量化两种方式。交互式方法的实质是：在计算机无法确定线段追踪方向的情况下，由人工通过鼠标确定（图4-6）。究竟是选取自动还是交互式方式进行图形的矢量化，需根据实际情况确定：如果图形简单、图面整洁、图纸质量较好，图形实体间没有明显的粘连，那么，可以采用自动追踪方式；反之，需采用交互方式。扫描数字化的流程如图4-7所示。

当纸质图幅面比扫描仪大时，无法一次把整幅图扫描，需要多次扫描，这种情况下，需要把扫描的多幅图先进行拼接，然后再根据需要裁剪到需要扫描的区域。几何校正是为了减少扫描过程中的误差，尽可能保证图上坐标与实际坐标误差最小。图像二值化是指把扫描图像转换为黑白二值图像（Binary Image），通常将图像上的白色区域的栅格点赋值为 0，而黑色区域为 1，黑色区域则对应了要矢量化提取的地物（图4-8）。

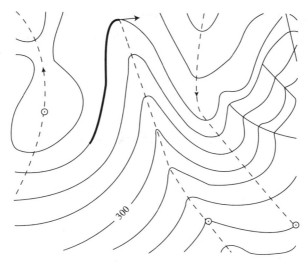

图 4-6　交互式追踪示意图

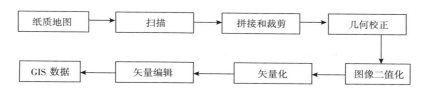

图 4-7　扫描数字化流程

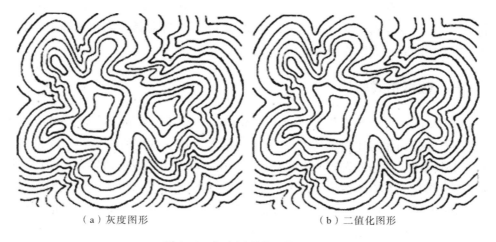

（a）灰度图形　　　　　　　　　　　　（b）二值化图形

图 4-8　灰度图形的二值化处理

　　无论是手工数字化还是扫描数据化，都是将图形进行矢量化存入 GIS 库中，因此也称为矢量化。

矢量化软件很多，一般的商用 GIS 软件都有专门的矢量化模块，如 ArcGIS 的 ArcScan 模块，MapGIS、SuperMap 的矢量化模块等。除此外，还有一些专门的矢量化软件，如 R2V、VPStudio、TraceART、CASSCAN、Scan2CAD、WinTopo 等，其中 R2V 是一款简单易用的矢量化软件。

第六节　空间数据处理

所谓空间数据处理，是指在空间数据输入过程中或输入后，修正数据输入错误，维护数据的完整性和一致性，或者更新地理信息，以保证数据满足实际工作要求而进行的各项数据处理工作。之所以要进行空间数据处理，主要有以下原因：①空间数据输入过程中不可避免地存在一般性错误，如数据不完整、重复，空间数据位置不正确，空间数据比例尺不准确，几何和属性连接有误等。②由于纸质图件本身存在变形以及扫描过程中出现误差，会导致空间数据变形。③GIS 项目数据来源途径不一样，不同数据格式不一样，需要进行转换。④不同来源的数据所采用的大地坐标系及投影可能不一样，也需要统一。⑤地图矢量化，由于数据量太大，可能需要进行压缩或抽稀。⑥数据可能需要进行拼接或裁剪。

数据的不完整或重复、位置不准确等明显错误，只要在数据输入中认真操作、及时检查和编辑，就可以克服，其他问题则需要针对具体问题来解决。下面对一些主要的处理方法作简单介绍。

一、数据格式转换

目前 GIS 软件有很多，如 ArcGIS、MapInfo、MGE、MapGIS、SuperMap 以及在我国石油公司用得比较多的 GeoMap、双狐等。这些软件所采用的空间格式不同。另外网上一些公开发布的空间数据，是由不同的组织或公司发布，因此其格式也多种多样。在 GIS 系统构建中，需要进行数据转换。这里所说的数据转换是指不同 GIS 系统之间，以及 GIS 与其他制图软件间数据格式的转换。目前数据转换方式一般有两种，即直接转换和通过中间格式转换。

1. 直接转换方法

所谓直接转换方法，就是利用 GIS 软件包中的命令直接把一种数据格式转换为另一种格式。如 ArcGIS 可以直接读 MapInfo 的 MIF 格式，另外 CAD 的 DXF

（Drawing Exchange Format）格式也可以由 ArcGIS 直接读取。另一方面，由于 Arc-GIS 在 GIS 软件的地位，其中的 Shapefile 格式已经成为一种事实上的标准格式，因此很多的制图软件也都支持以 Shapefile 格式保存图形矢量。如在石油行业中常用的制图软件如 Surfer、Geomap、双狐软件等都可以读或写 Shapefile 格式的数据。另外一些专业的软件，如 Petrel、Landmark 系列软件等石油勘探中常用的专业软件也支持 Shapefile 的输入输出。

2. 中间格式转换方法

由于绘图软件很多，GIS 软件也很多，另外石油行业中的大多数软件都有图形输入输出功能。希望某一软件能够读所有图形数据格式，是相当困难的，更何况从软件商角度出发，其格式多是保密的。为了解决这一问题，可以采用中间格式方式。所谓中间格式，是指不依赖于任何一种软件的标准格式。如 SDTC 是美国 USGS 制定的一种矢量数据交换格式，DLG（Digital Line Graph）也是一种标准矢量数据格式。很多软件都可以输入输出 SDTC 格式，这样通过 SDTC 格式也可达到格式转换的目的。

二、图形编辑

图形输入过程中有可能产生误差，导致图形出现逻辑错误［图 4-9（a）］，在数据处理过程中，也有可能会出现图形错误，如对等值线进行自动光滑后，有可能造成等值线交叉［图 4-9（b）］，诸如此类，需要对图形进行编辑，根据实际情况进行修改，不出现逻辑矛盾。

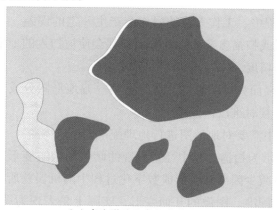

（a）多边形重叠或出现裂缝

图 4-9　图形逻辑错误

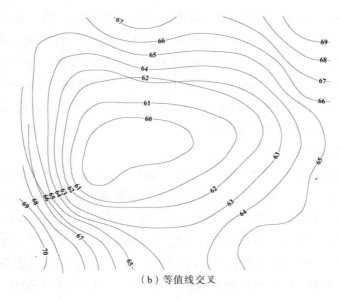

（b）等值线交叉

图 4-9　图形逻辑错误（续）

三、图像的几何变形及纠正

地图扫描过程中，由于如下原因，使扫描得到的地形图数据存在几何变形，必须加以纠正。

（1）由于受地形图介质及存放条件等因素的影响，使地形图的实际尺寸发生变形。

（2）在扫描过程中，工作人员的操作会产生一定的误差，如扫描时地形图没被压紧、产生斜置或扫描参数的设置等因素都会使被扫入的地形图产生变形，直接影响扫描质量和精度。

（3）受扫描仪幅面大小的影响，有时需将一幅地形图分成几块扫描，然后进行拼接，这样在拼接时难以保证精度。

（4）实际工作中需要对地形图进行地理配准。

如图 4-10 所示为扫描过程中经常出现的倾斜和褶皱变形现象。图像几何纠正的目的是消除或减少因图纸变形或数字化过程中随机误差所产生的影响，或者是对图像进行坐标配准。图像的几何变形，实际上是表现为图像的平移、旋转、伸缩和剪切等，因此只要构建变形前后的数学关系，便可以达到几何纠正的目的，实际工作中常常通过多项式拟合来实现。根据原始图像变形的程度和几何纠正的目的，可以采用一阶、二阶或高阶多项式。其通用公式如式(4-1)所示：

$$\begin{cases} x = a_1 + a_2u + a_3v + a_4uv + a_5u^2 + a_6v^2 + A \\ y = b_1 + b_2u + b_3v + b_4uv + b_5u^2 + b_6v^2 + B \end{cases} \quad (4-1)$$

式中，u、v 为变形前的坐标；x、y 为变形后的坐标；a_i、$b_i(i=1, 2, \cdots, 6)$ 为待定系数；A、B 为三次以上高阶项之和。

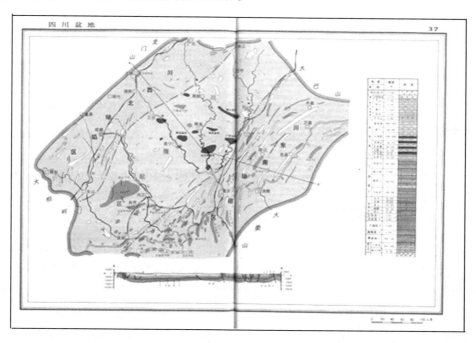

图4-10　扫描过程中出现的倾斜和褶皱变形

如果只取式(4-1)等式右边的前3项，则称为仿射变换，表现为图形的平移、旋转、伸缩及剪切变形。仿射变换的特征为：直线变换后仍为直线，平行线变换后仍为平行线，x、y 方向上的伸缩比不一样。如果图形只有平移、旋转及伸缩变化，而且 x、y 方向上的伸缩比一样，则为相似变换，其主要特征是变换前后两线段的夹角保持不变，因此是一种保角变换，变换前后图形相似，只是大小不同。相似变换是仿射变换的一个特例。如果变换前后直线仍然保持为直线，但平行线变换后不保持平行关系，变换前后长度、角度都发生改变，这种变换称为投影变换。如果原图存在非线性变形，则直线变换后不再是直线，而是曲线，这种情况下需要采用二阶或高阶多项式进行拟合。表4-2为以上4种变换的图形特征及相应的表达式。图中的 DOF(Degree of Freedom) 为图形变换的自由度，即方程组中的未知数个数。在 GIS 数据几何纠正处理中，用得最多的是仿射变换。

表 4-2　图像几何变形的 4 种形式

变换名称	变换前	变换后	表达式	性质
相似变换			$\begin{cases} x = a_1 + a_2 u \pm a_3 v \\ y = b_1 + a_3 u \pm a_2 v \end{cases}$	投影前后线段夹角不变，x、y 方向伸缩比例相同（平移、旋转、伸缩），DOF = 4
仿射变换			$\begin{cases} x = a_1 + a_2 u + a_3 v \\ y = b_1 + b_2 u + b_3 v \end{cases}$	直线变换为直线，并且保持平行关系，x、y 方向伸缩比例不同（平移、旋转、镜像、剪切），DOF = 6
投影变换			$\begin{cases} x = \dfrac{a_1 + a_2 u + a_3 v}{a_7 + a_8 u + a_9 v} \\ y = \dfrac{b_1 + b_2 u + b_3 v}{a_7 + a_8 u + a_9 v} \end{cases}$	直线变换为直线，并且不保持平行关系，变换前后长度、角度发生改变，DOF = 8
非线性变换			$\begin{cases} x = a_1 + a_2 u + a_3 v + a_4 uv + a_5 u^2 + a_6 v^2 \\ y = b_1 + b_2 u + b_3 v + b_4 uv + b_5 u^2 + b_6 v^2 \end{cases}$	投影前后直线变为曲线，DOF = 12

注：DOF 为自由度，即方程中未知数的个数。

　　无论是一阶、二阶还是高阶多项式拟合，一般都采用最小二乘法的思想求解。其基本思想是：根据原图变形的情况，选择多项式的阶次，在整幅图的范围内选择若干个控制点(这些控制点能均匀控制图范围。要求已知这些控制点的理论坐标和实际坐标。通常选择三角点、经纬网或方里网的交叉点作为控制点)，根据这些控制点的理论坐标和实际坐标，运用最小二乘法求解系数(图 4-11)。

　　下面以仿射变换为例说明图形几何纠正的方法。

　　仿射变换表达式如式(4-2)所示：

$$\begin{cases} x = a_1 + a_2 u + a_3 v \\ y = b_1 + b_2 u + b_3 v \end{cases} \quad\quad (4-2)$$

式中，u、v 为控制点的实际坐标，即要纠正的图形的坐标；x、y 为该点的理论坐标值；a_i、$b_i (i = 1, 2, 3)$ 为待求系数。由该式可知，要建立仿射变换方程，至少需要求解 6 个未知系数，即需要 6 个方程，考虑到实际误差，至少要选择 4 个控制点。

　　我们以一幅地形图为例进行说明。图 4-11 为 1:5 万地形图的一部分。

　　(1)选择控制点。控制点要选择特征明显、同时又能够知道其理论坐标值的点。图中的正方形网格称为方里网，通过方里网可以知道其交叉点的坐标，因此，我们可选择方里网的交叉点作为控制点。如图 4-12(a)所示，共选择了 7 个点作为控制点，且点均匀分布在图中。

(2)输入控制点的理论坐标值。所选择的 7 个控制点的实际坐标(此处为屏幕坐标)由软件自动获取[图 4-12(b)中的 X Source、Y Source]，由方里网读出每个点对应的理论坐标值并输入到计算机[图 4-12(b)中的 X Map、Y Map]；

(3)选择多项式类型(一次、二次或高次)并进行几何校正，此处选择一次多项式。控制点及多项式类型选好后，运用 GIS 软件提供的几何纠正模块可实现对整幅地图的几何校正。

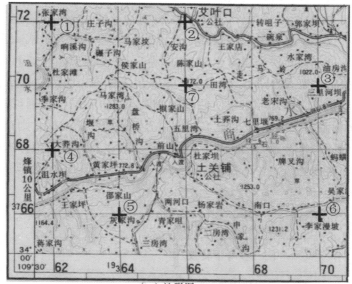

（a）地形图

点号	X Source	Y Source	X Map	Y Map
1	227.6111	−93.246	362000	3772000
2	856.8212	−86.2547	366000	3772000
3	1482.536	−388.625	370000	3770000
4	239.8457	−718.961	362000	3768000
5	554.4508	−1031.82	364000	3766000
6	1491.275	−1017.84	370000	3766000
7	860.537	−396.909	366000	3770000

(b)坐标

图 4-11　控制点的选择及几何校正前后坐标对比

(X Source、Y Source 为屏幕坐标，X Map、Y Map 为实际直角坐标，单位：m)

基于控制点进行几何校正的思想，不仅能用于图形的几何校正，同时也可以用于不同投影的转换等数据处理中。因此同学们要认真领会其思想。

四、地图投影转换

前面讲过，目前我国的地图数据有 4 种大地坐标系，即北京 54 坐标、西安80 坐标系、WGS84 坐标系以及 CGCS2000 坐标系。当 GIS 使用的数据取自不同地图投影的图幅时，需要将一种投影数据转换为所需要投影的坐标数据。在上一章已经详细地叙述了坐标的转换方法，此处就投影转换方法作简单描述。投影转换的方法通常有两种：解析变换法和数值变换法。

1. 解析变换法

建立一种投影变换为另一种投影的严密或近似的解析关系式。实际工作中，经常要把经纬度坐标转换为投影坐标。对于同一参考椭球，比如北京 54 坐标系的经纬度转换为北京 54 坐标系的高斯投影直角坐标，由于经纬度坐标和投影坐标有严密的解析式，因此可以方便地进行变换。对于不同参考椭球的投影变换，如 WGS84 坐标系的大地坐标转换为北京 54 坐标系的高斯坐标，则首先需要把大地坐标转换为同一坐标系下的空间直角坐标，然后以空间直角坐标进行不同坐标系的变换，再转换为所需要的投影。如图 4-12 所示为 WGS84 大地坐标转化为北京 54 高斯坐标的流程。

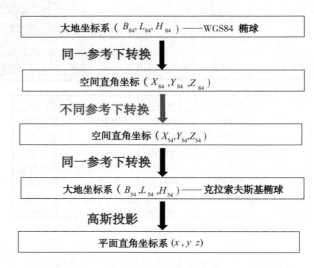

图 4-12 不同参考椭球间投影坐标变换方法

2. 数值变换法

数值变换法的思想与前面的图形几何纠正思想相同。即根据两种投影在变换区内的若干同名数字化点，采用插值法、有限差分法、最小二乘法、待定系数法等方法，实现由一种投影的坐标到另一种投影坐标的变换。

目前，大多数 GIS 软件采用的是解析变换法来完成不同投影之间的转换，并直接在 GIS 软件中提供常用投影之间的转换。

五、空间数据的压缩

在第二章中，我们谈到了栅格数据的压缩编码。栅格数据经过压缩编码后，可以减少数据的存储量，加快数据处理速度，而且当数据解压后，数据是可以完全恢复的。本节讲到的空间数据的压缩，指的是矢量数据的压缩，数据压缩的主要对象是线状要素中心轴线和面状要素边界，其实质是对矢量数据进行抽稀处理，目的也是为了减少数据的存储量，加快数据处理速度。但是数据被抽稀后，一般是无法恢复的，因而是一种有损的压缩。因此在数据压缩过程中，要尽可能使损失的信息量最小。常用的数据压缩方法有以下几种。

1. 间隔取点法

每隔 K 个点取一个值，或每隔一定的距离取一个点，但首末点应该保留。这种方法简单、快捷，在采用手扶跟踪数字化仪使用流方式进行采样时，运用该方法可以大大压缩采样点数量。另外，通过地震资料解释得到的构造数据、储层厚度等数据，由于数据量相当大，在导入到 GIS 前，也常常采用这种方法先对数据进行抽稀。但该方法的缺点是不一定能恰当地保留曲率显著变化的点(图 4-13)。

图 4-13 间隔取点法数据压缩示意图

2. 垂距法

该方法的基本思路是，每次顺序取曲线上的 3 个点，计算中间点与其他两点连线的垂线距离 d，并与限差 D 比较，若 $d < D$，则中间点去掉，若 $d \geq D$，则中间点保留。然后顺序取下 3 个点继续，直到直线结束(图 4-14)。

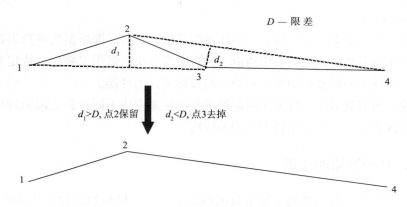

图 4-14 垂距法数据压缩示意图

3. 道格拉斯 - 普克(Douglas - Peucker)法

该方法的基本思想是,首先对每一条曲线的首末点虚连一条直线,求所有点与直线的距离,并找出最大距离,设为 d_{max},然后把 d_{max} 与限差 D 比较,若 $d_{max} < D$,则首末点虚连一条直线,否则保留这点。然后把这个点分别与首末点虚线相连,重复上面的比较过程,直到直线结束,其过程如图 4-15 所示。该方法压缩效果比较好,但必须对整条曲线数字化完成后才能进行,且计算量大。

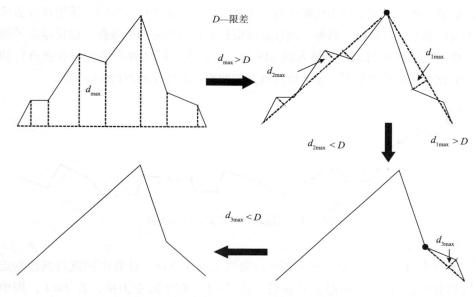

图 4-15 道格拉斯 - 普克法数据压缩示意图

4. 合并法（偏角法）

该方法是沿着边界线，逐点计算通过当前点 P_j 的两条直线 L_{j1} 和 L_{j2} 之间的夹角 α_j，其中 L_{j1} 是经过 P_j 和 P_{j-k_0} 两点的直线，而 L_{j2} 是经过 P_j 和 P_{j+k_0} 这两点的直线。若 $|\alpha_j|$ 小于某一阈值 α_0，则保留 P_j 点（图4-16）。显然，该方法与 k_0 值的选取有很大的关系。

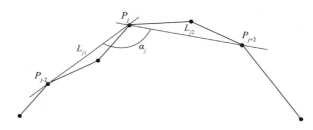

图4-16　合并法数据压缩示意图

六、曲线光滑

油气勘探数据中相当多的线划图形实体（如孔隙度等值线图、R_o 等值线图、构造图等）都要求是光滑的曲线，而人工输入或软件自动生成的线段常常不是光滑的曲线，为了美观起见，需要对曲线进行光滑处理。所谓曲线光滑就是用一条假想的曲线通过或逼近一组离散点。而这条假想的曲线可以用一个比较简单的函数表达式给出整体上的描述。可以通过两种方法来寻求这种函数表达式，即插值方法和逼近方法。插值方法得到的曲线严格通过每一个离散数据点。实际工作中，离散数据点不可避免地存在误差，曲线过所有的点同样会保留数据的误差，在离散点数量 n 比较大的情况下，插值多项式往往是高阶多项式，容易出现振荡现象，因此不必要求函数经过所有的离散点，而只是要求其误差最小，以反映原函数整体的变化趋势。这就是所谓的逼近方法。

常用的插值方法有拉格朗日（Lagrange）插值、牛顿（Newton）插值、埃尔米特（Hermite）、分段插值、三次样条插值及贝塞尔（Bezier）插值等。不同插值方法各有特点。如拉格朗日插值多项式特别容易建立，但是增加节点时原有多项式不能利用，必须重新建立，从而造成计算量的浪费；牛顿插值法则避免了这个缺点。埃尔米特插值方法运用插值节点上的函数值及导数值来构造插值多项式，使得插值曲线在节点上更光滑。如果既要增加插值节点，减小插值区间，又不增加插值多项式的次数以减少误差，则可以采用分段插值办法。样条插值方法则既使插值函数是低阶分段函数，又是光滑的函数，并且只需在区间端点提供某些导数信息。逼近方法则采用拟合函数，通过最小二乘法来实现。常用的拟合函数有多项式、指数函数、有理函数等。有些函数既可以用于插值，也可以用于逼近。如ArcGIS 软件，采用的就是贝塞尔插值方法用于多边形或线的光滑处理。有关插值方式和逼近方法的详细描述请参看相关文献。图 4-17 为同一多边形采用多项式拟合方法和贝塞尔插值方法光滑的结果。

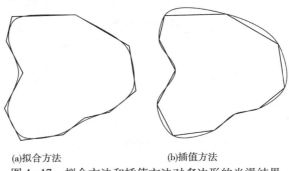

(a)拟合方法　　　　　　　(b)插值方法

图 4-17　拟合方法和插值方法对多边形的光滑结果

七、图形的合并与裁剪

图形的合并，是指同一区域内的多层数据合并在一起，如把不同时期的地震测线数据合并到一个图层，或者把相邻的多幅图的同一层数据合并在一起。因此，图形的合并有不同的含义，在 GIS 软件中通过不同的命令来实现。如 4-18（a）的中的多边形共有 33 条线段，通过合并得到 1 条线段，如图 4-18(b)所示。而图 4-19 则是把同一地区两个等值线数据集合并，以便进行后续的网格化处理。裁剪则是以一个多边形为基础，提取另一个图层中该多边形内的其他要素。如图4-20 所示，通过裁剪提取出山东省境内的油气田分布数据。无论是图形的合并或者裁剪，目的都是根据实际需要得到某一特定区域的空间数据。

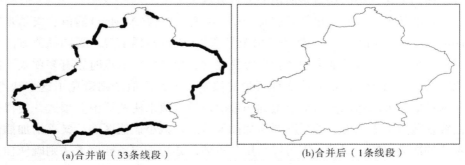

(a)合并前（33条线段）　　　　　　　　　　(b)合并后（1条线段）

图 4-18　把同一图层的多条线段合并为一条线段

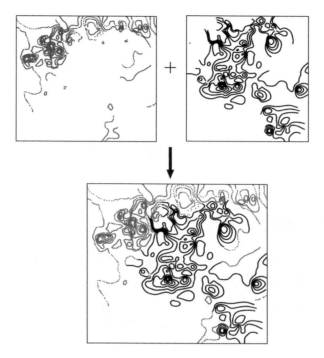

图 4-19 两个图层的合并

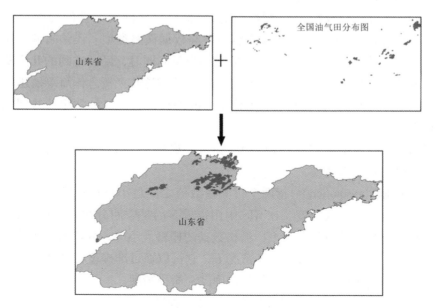

图 4-20 通过图形裁剪得到山东省油气田分布

图形的合并和裁剪都涉及到空间拓扑关系的重建，同时还需要对属性数据进行相应的处理。

除了上面讲到的空间数据处理方法外，实际工作中可能还会用到其他的方法，如栅格数据和矢量数据的相互转换、拓扑规则的创建等，不同的 GIS 平台也提供不同的数据处理模块，可根据实际需要进行选择和应用。

第七节 空间数据质量

一、空间数据质量的概念

空间数据是 GIS 的核心，而空间数据质量的优劣，决定着系统分析质量以及 GIS 的应用效果（Hunter 等，2009）。第二章我们说过，空间数据是对现实世界空间对象的抽象表达。由于现实世界的复杂性和模糊性，以及人类认识和表达能力的局限性，这种抽象表达总是不可能完全达到真值，而只能在一定程度上接近真值。如何表达这种接近程度，就涉及到空间数据质量问题。所谓空间数据质量指的就是空间数据在表达空间位置、属性特征以及时间信息三个基本要素时，所能够达到的准确性、一致性、完整性，以及它们三者之间统一性的程度（汤国安，2010）。空间数据质量研究的主要内容是空间数据误差类型、误差来源、质量标准与评价方法及控制措施。在讨论空间数据质量问题时，经常碰到的几个概念是误差、准确性、精度、分辨率、不确定性，下面对这几个概念作简单描述。

（1）误差（error）：即数据与真实值之间的差异，它是一种常用的数据准确性的表达方式。

（2）准确性（accuracy）：指记录值（测量、观察或计算值）与真实值的接近程度。它可以用误差来衡量。

（3）分辨率（resolution）：指两个可测量数值之间最小可辩识的差异，它反映的是测量值本身的离散程度。在 GIS 中用得较多的是空间分辨率（Spatial Resolution），如遥感影像的空间分辨率，栅格数据的栅格大小等。分辨率的实质在于它对数据准确度的影响，同时在很多情况下，它可以通过准确度得到体现，因此常常把准确性和分辨率结合在一起称为精确度，简称精度。

（4）精度（precision）：即对现象描述的详细程度。

（5）不确定性（uncertainty）：指空间对象和过程不能被准确确定的程度，是自然界各种空间现象自身固有的属性。

二、空间数据质量标准

空间数据质量标准是生产、使用和评价空间数据的依据。目前，世界上已经建立了一些数据质量标准。如20世纪90年代，美国标准化委员会便建立了空间数据转换标准（Altheide，1998），随后，美国FGDC又建立了更完善的空间数据质量标准（FGDC Geospatial Standards）。国际标准化组织/地理信息技术委员会（ISO/TC 211）制定的地理信息系列标准中，也有数据质量标准（ISO 19157：2013）。我国制定的《GB 21139－2007 基础地理信息标准数据基本规定》对数据的生产质量控制也有明确的规定。

空间数据质量标准的建立必须考虑空间过程和现象的认知、表达、处理、再现等全过程。空间数据质量标准要素及其内容如下。

（1）数据情况说明：要求对地理数据的来源、数据内容及其处理过程等作出准确、全面和详尽的说明。

（2）位置精度：指空间实体的坐标数据与实体真实位置的接近程度。

（3）属性精度：指空间实体的属性值与其真值相符的程度。包括要素分类与代码的正确性、要素属性值的准确性及其名称的正确性等。

（4）时间精度：指数据的现势性。可以通过数据更新的时间和频度来表现。

（5）逻辑一致性：指地理数据关系上的可靠性，包括数据结构、数据内容以及拓扑性质上的内在一致性。

（6）数据完整性：指地理数据在范围、内容及结构等方面满足所有要求的完整程度，包括数据范围、空间实体类型、空间关系分类、属性特征分类等方面的完整性。

（7）表达形式的合理性：主要指数据抽象、数据表达与真实地理世界的吻合性。

三、误差的来源与分类

空间数据误差的来源是多方面的。首先是空间现象自身存在的不稳定性不可避免地产生误差；其次，由于受到人类自身的认识和表达的影响，对数据的生成会出现误差，如地球椭球体对实际地球的近似以及由椭球体到平面的投影所产生的误差；第三，在空间数据处理中也会产生误差。如由地震资料得到的储层厚度等值线数据是经过光滑后的数据，显然这个数据也是存在误差的；最后，空间数据使用过程中也会产生误差。例如，我们得到的某一地区不同来源的空间数据，如果缺少投影类型等描述信息，往往导致对数据的随意性使用而使误差扩散。可见，在空间数据采集、输入、存储、处理及使用的每一个环节都有可能产生误差。这些误差可以分为两大类：源误差和操作误差。

（1）源误差。指空间数据作为 GIS 源数据时本身带有的误差，包括两个方面：一是所搜集的数据本身的误差，如数据年代、比例尺、数据格式、遥感影像处理与解释等均会引起误差，另外，在地图数字化过程中，也会出现数据误差；二是自然变化或原始测量引起的误差，如 GPS 野外定点所产生的位置误差。

（2）操作误差。指空间数据在 GIS 数据处理与空间分析等操作中引入的误差。在空间数据处理过程中，容易产生的误差有以下几种：投影变换、地图数字化和扫描后的矢量化处理、数据格式转换、建立拓扑关系、数据叠加操作和更新、数据的可视化表达。在空间分析中，数据内插容易产生误差。

四、空间数据质量的控制

由于空间数据误差贯穿在 GIS 的全过程中，因此控制数据质量也应从数据质量产生和扩散的所有过程入手。实际工作中数据质量控制是个复杂的过程，应视具体情况分别用一定的方法减少误差。常用的空间数据质量控制方法有以下几种。

（1）手工方法。这是一种传统方法，也是一种比较有效的方法，特别是对一些比较明显的错误，将数字化的数据与数据源进行比较，通过目视方法便可以发现错误。

（2）元数据方法。该方法的前提是数据集中，有元数据。由于元数据中包含大量的有关数据质量的信息，通过它既可以检查数据质量，同时，通过跟踪元数据也可以了解数据质量的状况和变化。

（3）空间数据相关分析法。即用同一地区不同的空间数据自身的相关性来分析数据质量。例如，碎屑岩储层孔隙度的分布常常与沉积相关系紧密，因此，叠加沉积相和孔隙度等值线两层数据时，若两者对应不上，则说明两层数据中有一层数据可能有质量问题，如不能确定哪层数据有问题时，可以通过将它们分别与其他质量可靠的数据层叠加来进一步分析，进而找出数据问题。

思考题

1. 常用的图形数据输入方法有哪两种，各有何优缺点？通过文献调研，查询除 GIS 平台提供的矢量化软件外，还有哪些常用的软件。

2. 空间数据处理主要包括哪些内容？

3. 什么是元数据？在一幅地图中，元数据主要包括哪些要素？元数据有什么作用？

4. 在进行图像的几何变形校正时，如何选取校正方法和控制点？

5. 对比栅格数据压缩和矢量数据压缩的原理及主要方法特点。

6. 空间数据质量包括哪些内容？

7. 假设有某一地区某地层厚度等值线图的图片，需要进行矢量化处理，试说明其处理流程，哪些环节有可能产生误差？

参考文献

[1] 马智民. 数字地质图数据建模理论与实践[M]. 西安：西安地图出版社，2005：199.

[2] 黄崇轲，钱大都，等. 数字地质图–空间数据库–元数据[M]，北京：地震出版社，2001：571.

[3] FGDC. Content Standard for Digital Geospatial Metadata[S]. FGDC–STD–001–1998.

[4] 汤国安，等. 地理信息系统（第2版）[M]. 北京：科学出版社，2010：225.

[5] 郑慧娆，陈绍林，莫忠息，等. 数值计算方法[M]. 武汉：武汉大学出版社，2011：355.

[6] HUNTER G J, BREGT A K, HEUVELINK G B M et. al. Spatial data quality：problems and prospects[M]//NAVRATIL G. Research trends in geographic informations science. Lecture notes in geoinformation and cartography. Heidelberg：Springer，2009：101–121.

[7] ALTHEIDE P. Spatial data transfer standards [M]//HOHL P. GIS data conversions. Strategies，techniques，management. Santa Fe：Onword Press，1998：318–354.

第五章　空间数据组织与管理

空间数据是地理信息系统的核心与灵魂。石油行业是一个数据密集型行业，具有数据量大、涉及面广、数据分散等特点，而且这些数据已经成为我国石油天然气企业的重要财富和资源，因此如何有效地开发、管理和利用这些数据对于油气田勘探与开发决策有重要的意义。这就涉及空间数据库与空间数据的组织与管理问题。数据库设计与建设是地理信息系统开发和建设的核心，也是一项复杂的工程项目。本章简要介绍空间数据库特点、空间数据模型、空间数据管理组织方式等内容。

第一节　空间数据库概述

一、数据管理与数据库

1. 数据库及其特征

数据必须要通过某种方式组织起来，以便于随时查询、使用，才能体现出数据的价值，否则数据再多也没有意义。这就像是图书馆的图书一样，如果所有的书都随便堆在一起，当图书很多（比如几十万册）的时候，读者就没有办法找到想要的书。因此需要把图书按照一种特定的方式进行分类并摆放好，并且建好目录，才能很方便地找到所要的书。在计算机没有出现之前，数据多是以纸质或其他介质存储，通过手工的方式管理数据。计算机的出现与快速发展，为数据的存储与管理提供了一种更加便捷的方式。

计算机对数据的管理经过了三个阶段：程序管理阶段、文件管理阶段和数据库管理阶段。数据库的概念出现于 20 世纪 50 年代，其英文"database"本意为数据基地，即统一存贮和集中管理数据的基地。具体的定义可以表述为：为了一定目的，在计算机系统中以特定的结构组织、存储和应用相关联数据的集合。数据库管理阶段由文件管理阶段发展而来，即文件管理系统。同学们把从网上下载的各种数据，如电影、音乐、图书、课件、图片等分门别类地放到计算机不同的文件夹里，并且为每一个文件夹取一个容易辨认的名字，这就是一种简单的文件管理系统。这些文件可以反复使用，也可以对它们进行查询、修改、删除等；同时某一类文件（如 Word 文档）与对应的程序具有一定的独立性，用户可以不关心数据的物理存贮状态，只需考虑数据的逻辑存贮结构（存储在哪个文件夹）。显然文件管理系统有一个重要的缺点，就是不同的数据文件只能对应于一个或几个应用程序，不能摆脱程序的依赖性，同时查询也很困难。比方说，一篇 PDF 格式的文章，一般包含有文章的名称、作者、摘要、关键词、正文及参考文献等内容，而这些内容不打开 PDF 文件是无法知道的，当一个文件夹中保存有数百篇文章时，要查询某个作者的文章就非常困难。因此需要一种更好的方式来组织与管理数据。数据库就是在文件管理系统的基础上发展起来的。

作为文件管理的高级阶段，数据库管理系统建立在复杂的数据结构设计基础上，将相互关联的数据集中于一个文件并赋予某种固有的内在联系。相对于文件管理系统，数据库管理系统使数据库中的数据完全独立，数据可以共享，使得多个用户可以同时使用同一个数据文件，而且数据处于安全保护状态，同时也确保了数据的完整性、有效性和相容性，保证其冗余度最小，有利于数据的快速查询和维护。

2. 数据库中数据的组织方式

数据库中的数据一般采用数据项、记录和文件三级方式进行组织。

（1）数据项：是可以定义数据的最小单位，也称为元素、基本项、字段等。数据项与现实世界实体的属性相对应，如钻孔名称、开钻日期、设计井深等。数据项有一定的取值范围，称为域（domain）。域以外的任何值对该数据项都是无意义的。例如，表示开钻日期的数据项中月份的域是 1 ~ 12，13 就是无意义的值。数据项的值可以是数值型（如设计井深）、字符型（如钻孔名称）、日期型（如开钻日期）、布尔逻辑型（如是否完钻）等形式。每一种类型的数值都有确定的物理长度，一般用字节数表示。

（2）记录：由若干相关联的数据项组成。记录是关于一个实体的数据总和，是应用程序输入输出的逻辑单位。对大多数数据库系统，记录是处理和存储信息的基本单位。如一个钻孔就是一个记录，构成该记录的数据项如钻孔名称、开钻日期、设计井深等则是表示该钻孔的若干属性。为了唯一标识每个记录，就必须有记录标识符，也称为关键字。

（3）文件：是一给定类型的（逻辑）记录的全部具体值的集合。文件用文件名称标识。

如图5-1所示，图5-1（a）中的"Marsel.gdb"为一数据库，该数据库包含31个文件。图5-1（b）为文件"新设计探井（20150331）"所包含的部分记录和数据项。图5-1（b）中每一行表示一个记录，每一列则是一个数据项。

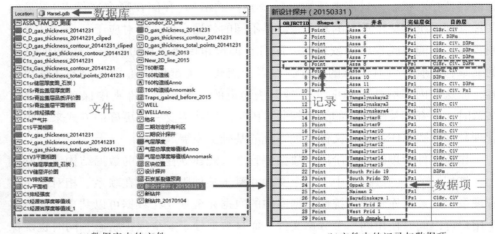

(a)数据库中的文件　　　　　　　　　　(b)文件中的记录与数据项

图5-1　数据库中的文件及文件中的记录与数据项

3. 数据间的逻辑联系

数据间的逻辑联系是指数据库中不同文件中的记录与记录之间的联系。由于文件中每一个记录表示的是现实世界中的空间实体。而实体之间存在着一种或多种联系，因此数据库中的数据间也必然存在逻辑联系，这种逻辑联系主要有3种。

（1）一对一的联系：简记为1:1，如图5-2（a）所示。是指在集合A中的任何一个元素在集合B中有且仅有一个元素与之联系。在1:1的联系中，一个集合中的元素可以标识另一个集合中的元素。例如，省级行政区划与省会城市之间的关系就是一种一对一的联系。

（2）一对多的联系（1:N）：如图5-2（b）所示。是指集合A中的任何一个元素可以与集合B中的一个或多个元素联系。如盆地与油田就是一对多的联系。一个盆地对应一个或多个油田。

（3）多对多的联系（M:N）：如图5-2（c）所示。是指集合A中的任何一个元素可以与集合B中的一个或多个元素联系。反过来，集合B中的任何一个元素也

可以与集合 *A* 中的一个或多个元素联系。比如，钻孔与目的层的联系就是多对多的联系。每一个钻孔可能有多套目的层，每套目的层可能在多个钻孔中出现。

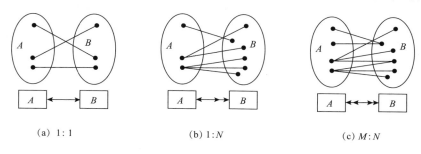

(a) 1 : 1　　　　　　　　　(b) 1 : *N*　　　　　　　　　(c) *M* : *N*

图 5-2　数据间逻辑性关系示意图

二、空间数据库特征

空间数据库又称为地理数据库，是某一区域内某些地理要素特征的数据集合，是地理信息系统中用于存储和管理空间数据的场所。空间数据库是数据库的一种特殊形式，既具有数据库的基本特征，又具有自己的一些特征，主要表现在如下几个方面。

（1）海量数据特征。空间数据库所包含的地理数据量往往非常庞大，远大于一般的通用数据库。一个油田的空间数据量可达几十 GB，如果考虑影像数据的存储，可能达到几百个 GB。

（2）空间特征。空间数据库包含空间对象的空间特征数据和属性数据。每个空间对象都具有空间坐标，即空间对象隐含了空间分布特征。因此在空间数据组织方面，还要考虑它的空间分布特征。通常的数据库管理系统只能管理属性数据，对于空间数据的管理比较困难。

（3）非结构化特征。在一般的数据库中，数据是结构化的，每一个字段都有固定的长度，如汉族人姓名最多限 6 个汉字，邮政编码都是 6 个数字等。但是对于空间数据，若用一条记录表达一个空间对象，其数据项的长度变化很大，例如一条弧段的坐标，可能是 5 对坐标，也可能是 50 对甚至更多坐标对，因此该字段长度不应该是固定的。另一方面，一个对象可能包含另外一个或多个对象。例如一个多边形，可能含有多条弧段，若一条记录表示一条弧段，则该多边形的记录就可能嵌套多条弧段的记录，故它不满足关系数据模型的结构化要求，从而使得空间图形数据难以直接采用通用的关系数据管理系统。

（4）空间关系特征。空间数据除了空间坐标隐含了空间分布关系外，还通过拓扑数据结构表达了多种空间关系。这种拓扑数据结构一方面虽然方便了空间数据查询和空间分析，但另一方面也给空间数据的一致性和完整性维护增加了复杂度。特别是有些几何对象，没有直接记录空间坐标的信息，如拓扑的面状实体仅记录组成它的弧段标识，因而进行查找、显示和分析操作时都需要操纵和检索多个数据文件。

（5）多尺度与多态性。不同观察比例尺具有不同的尺度和精度，同一地物在不同情况下也会有形态差异。

（6）数据的多样性与应用的广泛性。空间数据涉及面广，应用广泛。同一种数据可能应用到不同的部门。如在生态环境保护、土地利用和规划、矿产资源、市政管理、道路建设等部门都有可能用到同一种地理数据。这就对数据的规范化提出了更高的要求。

可见，空间数据库除具有一般数据库特征外，还有它自身的特征，使得空间数据库比一般的数据库要复杂得多，一般的数据库管理系统无法直接移植过来管理空间数据。

第二节　空间数据模型

模型是对现实世界事物特征的抽象与模拟。如飞机模型、油气运移模型、油气成藏模式等。数据模型则是对现实世界数据特征的抽象。比如一条测井曲线可以抽象为一个一维数组。数据模型是数据库设计的核心问题之一，也是衡量数据库能力强弱的主要标志之一。

数据模型包括三个要素：数据结构、数据操作和数据的约束条件。数据结构是对计算机中的数据组织方式和数据间的关系进行描述，是数据模型的基础，在第二章中已经讲述了空间数据的两种数据结构——矢量数据结构和栅格数据结构。数据操作是指对数据库中的数据进行检索和更新（包括插入、删除、修改）。数据的约束条件是一组完整性规则的集合，以保证数据的正确性、有效性和一致性。例如，对于测井数据，开钻日期是一个日期型数据，且规定日期的表示形式为：×××× / ×× / ××（年/月/日），就是一个约束条件。又如镜质体反射率R_o的值不能为负值，也是一个约束性条件。

数据模型应满足三方面要求：一是能真实地模拟现实世界；二是容易被人们理解；三是便于在计算机上实现。根据这些要求，在数据库技术发展过程中形成了4种数据模型：层次模型(Hierarchical Model)、网状模型(Network Model)、关系模型(Relational Model)和面向对象模型(Object Oriented Model)。其中层次模型和网状模型统称为非关系模型。非关系模型数据库系统在20世纪70～80年代非常流行，在数据库系统产品中占据了主导地位，现在已逐渐被关系模型数据库系统取代。20世纪80年代以来，面向对象的模型应用越来越广。下面以一个简单的地图为例(如图5-3)，简述这几种数据模型中的数据组织形式及其特点。

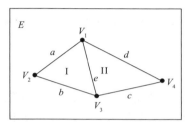

图5-3　地图 E 及其空间实体 I 、II

（a、b、c、d 为弧线，V_1、V_2、V_3、V_4 为结点）

一、层次模型

用树型结构表示实体类型及实体间联系的数据模型称为层次模型。层次模型就如一棵倒扣的树，反映了实体间一对多的关系。其特点为：①有且仅有一个根结点；②其他结点称为非根结点，非根结点有且仅有一个父结点。图5-4(a)为图5-3多边形地图对应的层次模型。

在层次模型中，数据按自然层次关系组织起来，反映了数据之间的隶属关系。层次模型在我们的日常生活中经常用到。如一本书的目录就是典型的层次模型，另外部门机构分级组织也是层次模型。层次模型数据结构比较简单、结构清晰、查询效率高。缺点是现实世界中很多联系是非层次性的，层次模型表示的是实体间一对多的关系，不能表示多对多的联系(王珊、萨师煊，2014)。在 GIS 中，若采用这种层次模型将难以顾及公共点、线数据共享和实体元素间的拓扑关系，导致数据冗余度增加，而且给拓扑查询带来困难。如图5-3中，多边形 I 有三条弧线，弧线 a 有2个结点，都是一对多的关系，但是对于结点 V_1 是哪几条弧线的共用结点，在层次模型中难以表达。

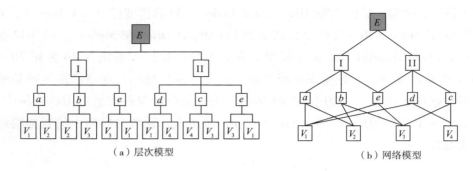

（a）层次模型　　　　　　　　（b）网络模型

图 5-4　空间数据的层次模型与网络模型

二、网络模型

在网络模型中，各记录类型间可具有任意连接的联系。一个子结点可有多个父结点，可有一个以上的结点无父结点，父结点与某个子结点记录之间可以有多种联系（一对多、多对一、多对多）。网络数据模型特别适用于数据间相互关系非常复杂的情况。图 5-4（b）是图 5-3 的网络模型表达。

网络模型也有缺点：由于数据间联系要通过指针表示，指针数据项的存在使数据量大大增加，当数据间关系复杂时指针部分会占用大量数据库存贮空间。另外，修改数据库中的数据，指针也必须随着变化。因此，网络数据库中指针的建立和维护可能成为相当大的额外负担。

三、关系模型

关系模型的基本思想是用二维表形式表示实体及其联系。二维表中的每一行为一记录，对应一特定空间对象（如某一钻孔），记录由一个或多个属性（数据项）来标识，每一列对应一个属性（如开钻、完钻日期、井深等），并给出相应的属性值。这一个或一组属性称为关键字，一个关系表的关键字称为主关键字，各关键字中的属性称为元属性。实体间联系和各二维表间联系采用关系描述或通过关系直接运算建立。关系模型可由多张二维表形式组成，每张二维表的"表头"称为关系框架，故关系模型即是若干关系框架组成的集合。如图 5-3 所示的多边形地图，可用表 5-1 所示关系来表示多边形与边界及结点之间的关系。

表 5-1　空间对象关系表

(a) 关系1：多边形-边界关系

多边形	弧段		
I	a	b	e
II	e	c	d

(b) 关系2：边界-结点关系

弧段	结点	
a	V_1	V_2
b	V_2	V_3
e	V_3	V_1
d	V_1	V_4
c	V_4	V_3

(c) 关系3：结点-坐标关系

结点	坐标	
V_1	x_1	y_1
V_2	x_2	y_2
V_3	x_3	y_3
V_4	x_4	y_4

关系模型的优点主要有两个：一是简单。每一个关系是一个规范化了的二维表，关系模型能够以简单、灵活的方式表达现实世界中的各种实体及其关系，普通用户容易理解。二是易访问。关系模型具有严密的数学基础和操作代数基础，可以使用高级的数据查询语言构造出复杂的查询，对数据库中的数据进行访问。

关系数据库的主要缺点是实现效率不高，因为许多操作都要求在文件中顺序查找满足特定关系的数据，如果数据库很大的话，这一查找过程要花很长时间；其次是模拟和操纵复杂对象的能力较弱，难以满足管理复杂对象的要求。

四、面向对象模型

1. 面向对象模型概念

面向对象模型吸取了层次、网状、关系模型的优点，可以表达更为复杂的数据结构，对于具有复杂要求和嵌套递归关系的数据形式具有很强的表达能力，是近年来迅速崛起并得到飞速发展的数据模型（陶永才、张青，2014）。所谓对象就是人们要进行研究的任何事物，它不仅能表示具体的事物，还能表示抽象的规则、计划或事件。如某个盆地、某个储层、某个钻孔均可看作对象，多边形上的一个结点、一条弧段也都看成对象。

在面向对象的数据模型中，现实世界的任何实体都可以模型化为对象（object）。每一个对象包含状态和行为两个方面，状态由一组属性组成，行为由一组方法组成。通过方法可以改变对象的状态，对对象进行各种数据库操作（陶永才、张青，2014）。例如，塔里木盆地是一个对象，该对象的属性包括盆地名称、盆地位置、盆地类型、盆地面积、主要烃源岩及储层数据等，而对这些属性值的修改则是该对象的行为。具有相同状态和行为的一组对象组合在一起，称为类（class）。属于同一类的所有对象共享相同的状态和行为。如图 5-5 中，每个具体的盆地是一个对象，所有这些对象都包含一组相同的状态和行为，因此可以把所有盆地对象归为一个类。对象和类又可以通过分类、概括、联合、聚集、继承和传播等技术或工具进行抽象，有关面向对象的数据模型可参考相关文献（崔铁军，2007；吴信才，2009）。

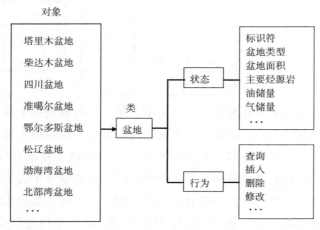

图5-5　对象与类

2. GIS 中的面向对象数据模型

根据空间数据特征，GIS 中面向对象模型包括空间地物的几何数据模型、拓扑关系模型和面向对象的属性数据模型。

1）空间地物的几何数据模型

GIS 中面向对象的几何数据模型如图5-6所示。从几何方面划分，GIS 的各种地物可抽象为点状地物、线状地物、面状地物以及由它们混合组成的复杂地物。每一种几何地物又可能由一些更简单的几何图形元素构成。例如，一个面状地物是由周边弧段组成，弧段又涉及到结点和中间点坐标。

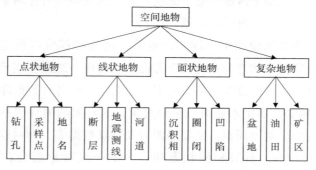

图5-6　面向对象的几何数据模型

2）拓扑关系与面向对象模型

通常地物之间的相邻、关联关系可通过公共结点、公共弧段的数据共享来隐含表达。在面向对象数据模型中，数据共享是其重要的特征。将每条弧段的两个端点（通常它们与另外的弧段公用）抽象出来，建立单独的结点对象类型，而在弧段的数据文件中，设立两个结点子对象标识号，如图5-7所示。这一模型既解决了数据共享问题，又建立了弧段与结点、面状地物与弧段的拓扑关系。

节点标识	X	Y	Z
…	…	…	…

（a）节点文件

面标识	弧段标识
…	…

（b）面域文件

弧段标识	起节点	终结点	中间点
…	…	…	…

（c）弧段文件

图5-7 拓扑关系与数据共享

3）面向对象的属性数据模型

面向对象的属性数据模型采用关系 – 对象的数据模型。关系数据模型对于GIS中属性数据的表达与管理比较合适。若结合面向对象数据模型，语义更加丰富，层次关系也更明了。既可以充分运用关系数据模型的SQL语言功能，同时又增加了面向对象数据模型的封装、继承、信息传播等功能。

第三节 空间数据管理

一、矢量数据的管理

由于矢量数据包括几何特征数据和属性特征数据，而几何特征数据具有非结构化特征，不太适合关系数据库管理，属性特征数据则很适合用关系数据库管理。因此两种数据通常是分开组织的，数据的管理主要有文件 – 关系数据库混合管理、全关系数据库管理、对象 – 关系数据库管理等方式。下面对这几种方式作简单介绍。

1. 文件 – 关系数据库混合管理

由于空间数据的非结构化特征，早期关系型数据库难以满足空间数据管理的要求。因此，早期 GIS 软件采用的是文件与关系数据库混合方式来管理空间数据，即用文件系统管理几何图形数据，用商用关系型数据库管理属性数据，两者之间通过目标标识或内部连接码进行连接。

在这一管理模式中，除通过 OID(Object ID)连接之外，图形数据和属性数据几乎是完全独立地组织、管理与检索的。其中图形系统采用高级语言编程管理，可以直接操纵数据文件。但早期的数据库系统不提供高级语言的接口，只能采用数据库操纵语言，因此图形用户界面和属性用户界面是分开的，使用起来很不方便。近年来，随着数据库技术的发展，大多数的数据库系统提供了高级语言接口，使得 GIS 可以在图形环境下直接操纵属性数据，并通过高级语言的对话框和列表框显示属性数据；或通过对话框输入 SQL 语句，并将该语句通过高级语言与数据库的接口来查询属性数据，然后在 GIS 的用户界面下显示查询结果。这种工作模式，图形与属性完全在一个界面下进行查询与维护，而不需要启动一个完整的数据库管理系统，用户甚至不知道何时调用了数据库系统。如 Arc/Info 中的 Shapefile 管理方式，就属于这种管理方式。在这种管理方式中，图形数据存储在名为 *.shp 的文件中，属性数据存储在名为 *.dbf 的数据库中，二者通过名为 *.shx 的文件进行关联(图 5-8)。

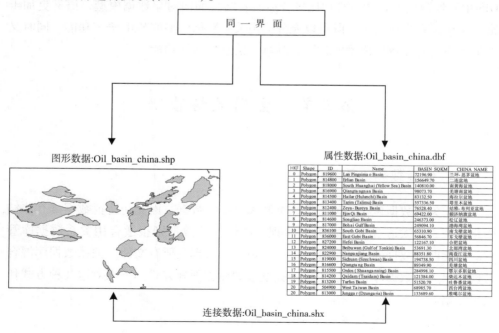

图 5-8　Arc/Info 中的 Shapefile 管理方式示例

这种管理方式的不足之处在于：①属性数据和图形数据通过 ID 联系起来，查询、操作运算速度慢；②数据分布和共享困难；③属性数据和图形数据分开存储，数据的安全性、一致性、完整性、并发控制以及数据损坏后的恢复方面缺少基本的功能；④缺乏表示空间对象及其关系的能力。因此，目前空间数据管理正在逐步走出文件－关系数据库管理模式。

2. 全关系数据库管理

全关系数据库管理方式下，图形数据与属性数据都采用现有的关系型数据库存储，使用关系数据库标准连接机制来进行空间数据与属性数据的连接。为了在数据库中统一存放和管理空间数据与属性数据，1996 年，ESRI 公司与 Oracle 等数据库开发商合作，开发出一种能将空间图形数据也存放到大型关系数据库中管理的产品，将其定名为"Spatial Database Engine"，即"空间数据库引擎"，简称 SDE。之后许多 GIS 厂商和数据库厂商纷纷提出自己商业化的产品和解决方案，如 ESRI 公司的 ArcSDE，MapInfo 公司的 SpatialWare、SuperMap SDK、MapGIS SDE 等都属于这种解决方案。这种方案采用的是一种所谓的中间件技术，目的是解决存储在关系数据库中的空间数据与应用程序之间的数据接口问题，实质上是 GIS 软件商在标准 DBMS 顶层开发一个能容纳、管理空间数据的系统功能，因此这种方式也称为寄生模式。如 ArcGIS 中的 Geodatabase 就属于这种方式。全关系数据库管理方式，把空间特征数据和属性特征数据全部存储在一个数据库中，确保了数据的安全性、一致性及完整性，同时支持通用关系数据库（RDBMS），与特定 GIS 平台结合比较紧密，有较高的空间处理效率，因此目前被多数 GIS 软件所采用。但是，另一方面，由于数据存储管理方式与特定 GIS 结合紧密，因而数据共享与互操作不易实现，另外，难以利用 DBMS 的内核技术。

3. 对象－关系数据库管理

面向对象数据模型由于具有封装、继承和多态性，在处理复杂数据对象时明显优于关系模型。同时关系数据库管理系统在管理属性数据方面具有优势，而直接采用通用的关系数据库管理系统的效率不高，而非结构化的空间数据又十分重要，所以许多数据库管理系统的软件商在关系数据库管理系统中进行扩展，使之能直接存储和管理非结构化的空间对象，并推出了空间数据管理的专用模块，用于对点、线、面等空间对象的操作。这种扩展的空间对象管理模块主要解决了空间数据的变长记录的管理，由数据库软件商进行扩展，效率比前面所述的全关系型管理方式高，而且易于实现数据的共享与互操作。但是由于对空间对象的数据结构由数据库商进行了预先定义，用户使用时必须满足它的数据结构要求，用户不能根据 GIS 要求再定义，因此使用上仍受到一定限制，特别是对空间数据的处理性能与空间数据引擎相比，还存在一定差距。

实质上，全关系数据库管理方式与对象－关系数据库管理方式的基本思路是一样的。前者是从 GIS 应用角度出发，后者则是从数据库角度出发，采用的都是中间件技术（图5-9），目的都是把空间数据与属性数据统一存储和管理（谢昆青等，2004）。

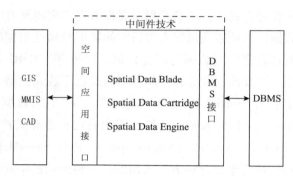

图5-9 基于中间件技术的空间数据管理

二、栅格数据的管理

影像数据和数字高程模型（DEM，Digital Elevation Model）数据在整个 GIS 领域的应用越来越广泛。影像数据具有信息丰富、覆盖面广和经济、方便、快速获取等优点。DEM 数据表现了整个覆盖区域的地形起伏，可以广泛用于地理分析。目前，多数商业化的 GIS 软件都可以将影像数据、DEM 数据作为背景影像与矢量数据进行叠加显示输出。在实施栅格数据管理中，影像数据与 DEM 数据的组织与管理差别不大，这里以影像数据管理为例说明如何管理栅格数据。

栅格影像不仅包含了属性信息，还包含了隐藏的空间位置信息（即格网的行、列信息），即隐含着属性数据与空间位置数据之间的关联关系。其管理分为基于文件的影像数据库管理、文件－数据库影像管理和关系数据库管理三种方式。

1. 基于文件的影像数据库管理

目前大部分 GIS 软件和遥感图像处理软件都是采用文件方式来管理遥感影像数据的。由于遥感影像数据库并不仅仅包含图像数据本身，而且还包含大量的图像元数据信息（如图像类型、摄影日期、摄影比例尺等），遥感图像数据本身还具有多数据源、多时相等特点，另外，数据的安全性、并发控制和数据共享等都将使文件管理无法应付。

2. 文件 – 数据库影像管理

在文件 – 数据库影像管理方式中，影像数据仍然按照文件方式组织，而通过关系数据库对文件进行管理，每个影像文件都有唯一的标识号（ID）以及对应的影像信息，如文件名称、存储路径等。这种管理方式，影像数据并没有放入数据库中，不是真正的数据库管理方式，数据库管理的只是其索引。由于影像数据索引的存在，提高了影像数据的检索效率。

3. 关系数据库管理

由于目前的关系数据库支持变长记录，因此可以利用关系数据库来管理影像数据，即把影像数据存储在二进制变长字段中，然后应用程序通过数据访问接口来访问数据库中的影像数据。同时影像数据的元数据信息已存放在关系数据库的表中，二者可以进行无缝管理。数据库方式管理影像数据具有数据集中存储、数据安全、易于管理和共享等优点。

三、基于 Geodatabase 数据模型的空间数据管理

Geodatabase 是 Arc/Info 8 引入的一种全新的面向对象的空间数据模型。该模型在标准关系数据库技术的基础上，扩展了传统的点、线和面特征，为空间信息定义了一个统一的模型。之前曾有 CAD（第一代）及 Coverage（第二代）数据模型，这两个数据模型都不能在一个统一的模型框架下对地理空间要素信息进行统一的描述，而 Geodatabase 实现了严格意义上的地理空间数据库，将空间数据和属性数据集成在同一关系型数据库中，实现了数据源系统内的无缝集成及连续空间要素的无缝存储（陈静、张树文，2003）。

Geodatabase 以层次结构的数据对象来组织地理数据（图 5 – 10）。这些数据对象存储在要素类（Feature Classes）、对象类（Object Classes）和数据集（Feature Datasets）中。要素类是具有相同几何类型和属性结构的要素的集合，对象类可以理解为是一个在 Geodatabase 中储存非空间数据的表，要素数据集是共用同一空间参考要素类的集合（罗智能、刘湘南，2004）。

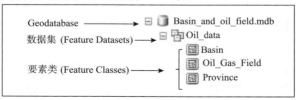

Geodatabase ━━━━▶ ⊟ 🗄 Basin_and_oil_field.mdb
数据集（Feature Datasets）━━▶ ⊟ 🗗 Oil_data
　　　　　　　　　　　　　　　　┌ 🖾 Basin
要素类（Feature Classes）━━━▶│ 🖾 Oil_Gas_Field
　　　　　　　　　　　　　　　　└ 🖾 Province

图 5 – 10　Geodatabase 的数据组织方式示例

Geodatabase 提供了不同层次的空间数据存储方案，可以分成 3 种：个人空间数据库（Personal Geodatabase）、基于文件格式的数据库（File Geodatabase）和企业级空间数据库（ArcSDE Geodatabase）。

Personal Geodatabase 实际上就是一个 Microsoft Access 数据库，主要适用于单用户下工作的小型地理信息系统。当用户安装 ArcGIS 的时候，系统自动安装了 Microsoft Jet，用户无需再另外安装 Microsoft Access 数据库，它使用 Microsoft Jet Engine 的数据文件，将空间数据存放在 Access 数据库中。Personal Geodatabase 的最大容量是 2GB，并且只支持 Windows 平台。

File Geodatabase 既适用于单用户环境，同时也能够支持完整的 Geodatabase 数据模型，同样可以让用户在没有 DBMS 的情况下使用大数据集。File Geodatabase 中的每个表都能存储 1TB 的数据，同时，File Geodatabase 还支持存储海量栅格数据集。因此 File Geodatabase 性能远远优于 Personal Geodatabase。ArcSDE Geodatabase 主要用于多用户网络环境下工作的 GIS 系统。

第四节　空间数据组织

一、空间数据的分类和编码

1. 空间数据的分类

空间数据的分类，是指根据系统功能及国家规范和标准，将具有不同属性或特征的要素区别开来的过程，以便从逻辑上将空间数据组织为不同的信息层，为数据采集、存储、管理、查询和共享提供依据。

在进行具体分类时，首先根据图形原则，将空间数据分为点、线、面三种类型；其次是对象原则，例如河流和道路，虽然它们同为线状要素，但是属于不同的地理对象，应当作为不同的数据存储层。为了规范地理信息分类和编码，我国制定了《GB/T 25529-2010 地理信息分类与编码规则》国家标准，标准中明确了地理信息分类应遵循如下原则。

（1）科学性原则。地理信息分类规则应符合现实世界地理信息的基本组织规则。信息分类视角选择应在满足多源地理信息整合需要的同时，充分兼顾各领域传统信息的分类体系。同时信息分类体系内容应涵盖各层次、各领域的地理信息。

（2）系统性原则。地理信息分类体系结构应正确反映地理要素与属性纵向、横向的体系结构。信息分类、分级的层次应清晰合理，对于分类对象的同级分类应采用相同的视角。

（3）一致性原则。分类与编码规则的设计应满足地理要素与属性在同一地理信息系统中具有唯一代码，其中地理要素实例的代码应与相关领域的国家标准保持一致。应实现在信息编码和代码扩充、增删时，地理要素与其原有属性之间对应关系的稳定性，以及与原有信息概念和语义的一致性。

（4）可扩展性原则。地理要素类型的编码强调高位统一，低位留有充足的扩充余地。

（5）适用性原则。能最大限度地兼容原有数据分类体系，能方便地用于多源地理空间信息整合与共享交换。

依据《GB/T 25529－2010 地理信息分类与编码规则》国家标准，我国对地理信息采用线分类法进行分类。即将分类对象按选定的若干属性（或特征），逐次地分为若干层级，每个层级又分为若干类目。同一分支的同层级类目之间构成并列关系，不同层级类目之间构成隶属关系。根据线分类法将要素类型分为门类、亚门类、大类、中类和小类 5 个层次，并规定了门类、亚门类、大类、中类的分类名称，小类宜根据应用需求进行细分和命名。依据这一分类规则，把地理要素类划分为 3 个门类，即基础要素类、专业要素类和综合要素类，然后将 3 个门类进一步细分为 16 个亚门类，16 个亚门类又进一步细分为 77 个大类（表5-2）。

表5-2 地理要素的门类、亚门类及大类

门类名称	亚门类名称	大类及数目
基础要素类	基础地理要素	定位基础、水系、居民地及设施、交通、管线、境界与政区、地貌、植被与土质、其他基础地理要素共9类
	基础地质要素	地层与岩体、构造、区域地质调查、水文地质、工程地质、地球化学、地球物理、其他基础地质要素共8类
	土地与房产宗地要素	土地宗地、房屋宗地共2类
	基础覆被要素	土地利用、土地覆被、土壤覆被、其他基础覆被共4类
	海洋基础地理要素	领海与定位基础、海底地貌与底质、海底障碍物、航道及助航设施、海底管线与设施、海底区界要素共6类
	遥感遥测要素	卫星遥感遥测、航空遥感遥测、地面遥感接收处理设施、地面遥感应用支撑设施共4类

续表

门类名称	亚门类名称	大类及数目
专业要素类	自然资源要素	土地资源、水资源、矿产资源、能源资源、森林资源、草地(原)资源、海洋资源、气象资源、其他共9类
	环境与生态要素	生态环境、环境污染与保护、地质环境、湿地、野生动植物、荒漠化与沙化土地、生态系统共7类
	灾害与灾难要素	洪涝、旱灾、气象与海洋灾害、地震灾害、地质灾害、森林与草原火灾、生物灾害与生物入侵、灾难事件、其他共9类
	经济与社会要素	经济区划、人口与社会管理区划、区域规划、城乡统筹规划、城市管理、文化遗产、公共安全、其他共8类
	基础设施要素	交通基础、邮电通信基础、能源基础、水利基础、广播电视基础、其他共6类
	其他专业与专题要素	1类
综合要素类	综合自然地理要素	1类
	综合人文地理要素	1类
	综合对地观测地理要素	1类
	其他综合地理要素	1类
合计数/类	16	77

2. 空间数据的编码

空间数据的编码，是指将数据分类的结果，用一种易于被计算机和人识别的符号系统表示出来的过程。编码的结果是形成代码。代码由数字或字符组成，或由它们共同组成混合码。

编码的目的，是用来提供空间数据的地理分类和特征描述，同时为了便于地理要素的输入、存储、管理，以及满足系统之间数据交换和共享的需要。

按照我国《GB/T 25529 - 2010 地理信息分类与编码规则》国家标准，地理要素类代码采用 10 位定长数字码，不足 10 位用"0"补齐。

代码结构如表 5-3 所示，门类、亚门类、大类各 1 位，中类 2 位，小类 5位，按它们的从属关系顺序编码。详细的编码方法可以从《GB/T 25529 - 2010 地理信息分类与编码规则》国家标准中查到。

表5-3　地理要素代码结构

第1位	第2位	第3位	第4位	第5位	第6位	第7位	第8位	第9位	第10位
门类	亚门类	大类	中类		小类				

除国家标准外，各行业也根据行业特点，编制了相应的行业标准。如中国石油的《GB/T 16792－1997 中国含油气盆地及次级构造单元名称代码》标准，规范了我国的含油气盆地及次级构造编码方法，如图 5－11 所示。

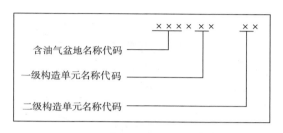

图 5－11　中国含油气盆地及次级构造编码方法

图 5－11 中，左起第一至第四位为含油气盆地名称代码，由省、自治区、直辖市代码(简称"省代码")和盆地顺序码组成，第三、第四位为盆地顺序码，第五、第六位为标识一级构造单元的顺序码，第七、第八位为标识二级构造单元的顺序码。含油气盆地名称代码、一级构造单元代码、二级构造单元代码之间按隶属关系排列。如渤海湾盆地黄骅坳陷南堡凹陷的代码为：13010305。

二、空间数据组织

空间数据分为空间特征数据和属性特征数据两类，且关系紧密，两类数据的特点不同，因此在空间数据组织中，应该充分考虑其特征。

1. 空间特征数据的组织

空间特征数据组织的原则是平面分块、空间分层的原则。所谓平面分块，就是把研究区域按一定方式分成不同的块，而空间分层，则是把某一区块不同的要素类型分成不同的图层。

GIS 中将某一问题域或某一项 GIS 任务称为一个 GIS 工程(project)。由于 GIS 工程涉及范围广(如全球、盆地、区块)，在管理空间数据时一般采用分幅管理。图幅一般对应一块区域，常见的分幅方式有规则标准分幅和自然分幅。规则分幅按相应比例尺对应的分幅方法处理，自然分幅则是依据研究的区域进行分幅，如某一个盆地、某一含油气区块或某一油田。

根据需要往往将一幅或相邻几幅图当作一个工作单元，称之为工作区(work-space)，工作区由若干工作层组成。工作层在平面范围上可能与工作区一致，但在垂直方向上则因软件系统不同而使名称和定义不同。工作层由一种或多种地物类组成，可以根据实际需要进行定义。地物类是类型相同的地物总称，并严格按照点状地物类、线状地物类和面状地物类进行划分。如图5-12所示，把某研究区作为一个工作区，而其中的排烃强度、储层厚度、有利相带及盖层厚度则是工作层。

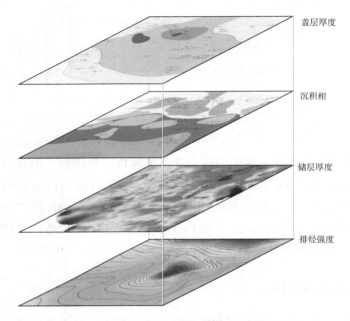

盖层厚度

沉积相

储层厚度

排烃强度

图5-12 工作区和工作层示意图

实际工作中，当GIS所管理的区域和所要求的比例尺都比较大时，数据库会包含大量的图幅，涉及多个工作区及很多工作层的数据组织和管理，需要在整个区域内进行众多图幅(分区)、工作层的调用，同时，还可能涉及图幅拼接和跨图幅的剪切、开窗、跨图幅工作层的漫游、查询、分析和制图等。

2. 属性特征数据的组织

属性数据由关系数据库管理系统管理，但它的文件组织方式也要服从上述工作层、工作区和图库的要求，以便于图形文件协调工作，共同组成工作区、工作层，并进行跨图幅操作。

不同GIS软件有不同的属性文件组织方式，目前主要有3种方式：一是与工作层对应的组织方式。一个工作区对应一个属性文件，属性文件建立在工作区目录下。如Arc/Info就是采用这种方式。二是与地物类对应的组织方式。一个地物类文件对应一个属性表，即把不同工作区的相同地物类的属性放在一起。在这种方式中，可以把这些属性文件放在工程（项目）目录下集中管理，以方便属性查询。三是它们的混合方式。

思考题

1. 以油气数据为例，说明空间数据间的逻辑关系。
2. 用传统数据库系统管理空间数据，存在哪些不足？
3. 什么是数据模型？阐述关系数据模型的基本思想。
4. 查询相关文献，深入理解 Geodatabase 中的要素类、关系类、子类型、属性域、拓扑等基本概念及相关内容。

参考文献

[1]SHASHI S, SANJAY C. 空间数据库[M]. 谢昆青，马修军，杨冬青，译. 北京：机械工业出版社，2004：300.

[2]陈静，张树文. 面向对象空间数据模型 – Geodatabase 及其实现[J]，国土与自然资源研究，2003（2）：44 – 46.

[3]崔铁军. 地理空间数据库原理[M]. 北京：科学出版社，2007：353.

[4]黄崇轲，钱大都. 数字地质图 – 空间数据库 – 元数据[M]. 北京：地震出版社，2001：571.

[5]罗智能，刘湘南. 基于 Geodatabase 模型的空间数据库设计方法[J]. 地球信息科学，2004（4）：105 – 109.

[6]陶永才，张青，裴云霞，等. 数据库技术与应用[M]. 北京：清华大学出版社，2014：316.

[7]王珊，萨师煊. 数据库系统概论（第 5 版）[M]. 北京：高等教育出版社，2014：420.

[8]吴信才. 空间数据库[M]. 北京：科学出版社，2009：369.

[9]杨晓燕. 地理空间数据库模型（Geodatabase）特点分析[J]. 测绘技术装备，2008（3）：32 – 35.

[10]张佐帮，尚颖娟. 基于 Geodatabase 的面向对象空间数据库设计[J]. 地理空间信息，2005（2）：33 – 35.

[11]周屹，李艳娟. 数据库原理及开发应用（第 2 版）[M]. 北京：清华大学出版社，2013：328.

第六章 空间分析

空间分析是地理信息系统科学内容的重要组成部分，也是评价一个地理信息系统功能的主要指标之一。早期的地理信息系统由于空间分析功能较弱，常常引起与计算机辅助制造（CAM）和计算机辅助设计（CAD）之间的混淆，因为无论GIS、CAM、CAD都需要图形数字化和自动制图。但是GIS的目的，不仅在于自动制图，更主要的是为了分析空间数据，提供空间决策信息。因此，空间分析是地理信息系统区别于其他类型系统的一个最主要的功能特征，也是各类综合性地学分析模型的基础或构件。

在石油勘探开发中很多问题是与空间位置相关的，如采油井的分布位置如何，石油管线如何铺设，井喷损失如何估计，有利储层如何分布等，这些与空间位置相关的分析可以借助GIS的空间分析功能和专业分析模型来解决。

第一节　空间分析的基本概念

空间分析的根本目的，在于对空间数据的深加工或分析，获取新的信息。因此，关于空间分析的定义可以这样表述：空间分析是基于空间数据的分析技术，它以地学原理为依托，通过分析算法，从空间数据中获取有关地理对象的空间位置、空间分布、空间形态、空间形成、空间演变等信息。

GoodChild（1990）对空间分析的框架作了较为系统的研究，他将空间分析分为两大类，即"产生式分析（Product Mode）"和"咨询式分析（Query Mode）"。前者指通过分析可以获取新的信息，尤其是综合信息，如叠置分析、缓冲区分析、网络分析、空间统计分析。后者旨在回答用户提出的问题，如空间数据查询。

空间分析大致有以下几个步骤。

（1）确定分析目的和评价标准。分析的目的定义了我们打算利用地理数据库回答什么问题，而标准则具体规定了我们将如何利用GIS来回答你提出的问题。

一般来说，评价标准的建立往往需要通过相关专业知识来解决。如对某一区域进行储层评价，需将储层分为一类储层、二类储层、三类储层，首先需要借助专业知识建立具体储层分类评价的标准。

（2）收集、输入空间和属性数据。数据准备在信息系统的建立过程中是一个非常重要的阶段，在这个阶段，GIS用户需要做大量耐心细致的工作，需要投入大量的资金和人力来建立地理数据库。对于数据准备的要求因研究对象而异。在进行分析之前，对数据准备进行全面的考虑，将有助于更有效地完成工作。针对储层评价，需要收集和输入的数据有地理底图、地质、物探及测井数据等。

（3）作空间位置的处理和分析。为了得到所需数据，可能需要进行许多操作作空间位置的处理和分析（包括检索、提取、缓冲区分析、叠置分析等）和属性数据的处理和分析（添加所需的属性项）。

（4）获得简要分析结果（包括地图和表格）。空间分析的结果往往表现为图件或报表。图件对于凸显地理关系是最好不过的，而报表则用于概括表格数据并记录计算结果。储层评价的结果往往以地图的形式直观地表现出来，从图上可以看出不同等级储层在空间上的分布。

（5）解释和评价结果。若不满意，返回（1）、（2）、（3）任一处重做。

（6）以专题地图，文字报表形式作为正式结果，供决策用。

空间分析的最终目的是给管理人员提供决策支持。储层评价的结果可以给决策者提供下一步勘探开发的方向。

第二节 数据的检索

数据的检索也称为数据的查询，它是GIS功能的重要组成部分，也是GIS面向用户最直接的窗口，GIS用户提出的许多问题，通常都可以以查询的方式解决。空间数据的检索是指按照给定的条件，从空间数据库中检索满足条件的数据，以回答用户提出的问题，又称为咨询式分析。GIS数据的检索条件可能只是单纯地针对属性数据，也可能是单纯依据空间拓扑关系，但更多、更有意义的情况是将空间数据与属性联合起来实施检索。换言之，检索条件可以是属性、空间拓扑限制或者二者的结合。检索分析的结果可能只是向用户提供一个统计结果，或者是将结果作为一个新的属性添加到属性数据库中，再或者将满足条件的地物在图中选中，还有可能生成一个新的数据层。

一、属性数据检索

由属性数据查找空间图形分布是 GIS 用户经常使用的一种简单查询手段，查询的条件只与空间地物的属性相关，而与地物的地理位置无关。用户可以在属性表中选中一条或多条记录，查看它们在地图上的空间位置和空间分布，还可以给定一个只与属性相关的条件进行查询，如"面积大于 5000km^2 的盆地有哪些？"，满足条件的盆地将会以被选中的方式显示在图中。

对于属性数据，可能会用到数学、逻辑和统计运算。数学运算包括加、减、乘、除、乘方、平方根和三角几何计算。逻辑运算需要用到集合代数算子，如等于、大于、小于以及它们之间的结合运算。还有布尔代数算子，如与（AND）、或（OR）、异或（XOR）、非（NOT）。统计运算包括求和、最大值、最小值、平均值、数值范围、方差、标准差。

使用布尔逻辑的规则对属性及空间特性进行运算操作来检索数据，使 GIS 在检索功能方面具有了极大的灵活性，因为它允许用户按属性数据、空间特性形成任意的组合条件来查询数据。例如地下管网信息系统中，假设集合 A 为埋深小于 3m 的煤气管；集合 B 为长度大于 300m 的煤气管。那么，逻辑运算 A AND B：检索出埋深小于 3m 且长度小于 300m 的所有煤气管；A OR NOT B：检索出埋深小于 3m 及长度大于或等于 300m 的所有煤气管；A XOR B：检索出埋深小于 3m 而长度大于或等于 300m 的煤气管道和长度小于 300m 而埋深大于或等于 3m 的煤气管道。

属性统计可以只涉及一种属性或两种属性。单属性统计在 GIS 中使用相当频繁，如在城市管网系统中，用户常常提出诸如"管网总长是多少？""各类材质的管段分别有多少？"等问题。在中国含油气盆地管理信息系统中，对盆地的面积进行最大值、最小值的统计等。双属性统计除了要选择分类字段并划分出各类范围外，还需要指定统计字段和统计方式。如以土壤类型作为分类字段，面积作为统计字段，统计出不同土壤类型的面积。

二、几何数据检索

单纯几何数据检索包括由空间图形数据查询属性特征以及根据空间拓扑关系进行查询。在一般的地理信息系统软件中都提供相应的工具，让用户利用光标，用点选、画线、矩形、圆或不规则多边形等方式选中地物，并显示出所查询空间实体的属性列表。常见的空间拓扑关系的查询有相邻关系查询、包含关系查询以及相交关系查询。例如"与某个省相邻的省有哪些?""某个油田包含的油井有哪些?""与某条主要油气管道相交的支管道有哪些?"分别是面和面的相邻查询、面和点的包含查询以及线和线的相交查询。

三、空间数据库查询语言

不同系统使用不同的查询方式，这就导致应用上的很多麻烦，因此人们一直在寻找适用于 GIS 的通用查询语言，并致力于建立相应的标准。

GIS 中的查询首先是数据库的查询，SQL（Structured Query Language）作为关系型数据库的标准查询语言，因为它的非过程化描述和简洁性而备受青睐，为许多 GIS 所采用。SQL 语句的基本结构如下：

$$\text{SELECT} \ <属性名> \ \text{FROM} \ <属性表> \ \text{WHERE} \ <条件> \qquad (6-1)$$

例如："查询中国面积大于 $100 \times 10^4 \text{km}^2$ 的省、直辖市"用 SQL 可以表示为：

    select *
    from 县或市
    where 县或市 . 面积 $>100 \times 10^4 \text{km}^2$

空间数据库是一种特殊的数据库，它与普通数据库的最大不同在于包含空间概念，而标准 SQL 语言不支持空间概念，目前多数 GIS 系统对此的解决方案是在 SQL 的基础上扩展空间概念描述、空间函数或空间操作，如增加 WITHIN 算子（SELECT ＜目标＞ WITHIN ＜区域＞），但目前的效果尚不太理想（Egenhofer，1992；李霖，1997）。

例如："查询长江流域人口大于 50 万的县或市"用扩展 SQL 可以表示为：

    select *
    from 县或市
    where 县或市 . 人口 >50 万
    and cross(河流 . 名称 ="长江")

式中，"cross"是扩展的空间操作。

也有一些实验性的 GIS 系统使用自然语言（受限的）来作为查询接口，虽然存在很大困难，这种方式仍是很有吸引力和应用前景的（马林兵等，2003）。

四、重分类

为了某种空间分析的目的，往往需要对属性数据重新分类，重分类是指将属性数据的类别合并或转换成新的类别，重分类可以发现新的模式和关系。例如，储层参数孔隙度是连续分布的变量，为了储层评价的需要，将孔隙度重新分为4类：孔隙度 >8% 为一类，6% <孔隙度 <8% 为二类，4% <孔隙度 <6% 为三类，孔隙度 <4% 为四类。在地图上改变颜色来显示重新分类的结果，会发现一类和二类储层往往是有利储层。又例如在栅格数据矢量化中往往要对灰度图进行二值化，实际上就是对像元值进行重分类，像元值经过重分类后只有0和1两个值。

重分类也常用在区域（多边形）数据的操作中，它可以用来根据属性聚合区域。如图6-1所示，表示我们希望从一个数据层中得到岩石类型分布图，原始数据层中的多边形是根据更细的类别组来划分的［图6-1(a)］。

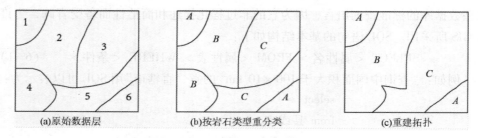

(a)原始数据层　　　　　　(b)按岩石类型重分类　　　　　　(c)重建拓扑

图6-1　重分类

为了达到目的，我们实施以下步骤。

(1)按照岩石类型这个属性项对原始数据层重分类［图6-1(b)］。

(2)如果两相邻多边形具有相同岩石类型，则删除它们间的分界弧段，这就是边界消除。

(3)重建拓扑，将没有分界弧段的相邻多边形合成一个［图6-1(c)］。

第三节　叠置分析

叠置分析是GIS用户经常用以提取数据的手段之一。该方法源于传统的透明材料叠加，即将来自不同数据源的图纸绘于透明纸上，在透光桌上将图纸叠放在一起，然后用笔勾绘感兴趣的部分（即提取感兴趣的数据）。叠置分析（overlay）是指将同一地区两个或多个数据层进行叠加产生一个新的数据层的操作，其结果综合了原来两层或多层要素所具有的属性。

一般情况下，为便于管理和应用开发地理信息（空间信息和属性信息），在建库时是分层进行处理的。也就是说，根据数据的性质分类，性质相同的或相近的归并到一起，形成一个数据层。例如在储层数据库中，孔隙度、渗透率、含油饱和度分别作为 3 个不同数据层，另外还有构造等高线数据层以及沉积微相分布数据层等。如果我们要进行储层评价，则需要将多层数据进行叠置来产生具有新特征的数据层。基于栅格的叠置分析与基于矢量的叠置分析实现过程和具体意义存在差别，下面分别进行阐述。

一、基于栅格的叠置分析

栅格数据来源复杂，包括各种遥感数据、航测数据、航空雷达数据、各种摄影的图像数据，以及数字化和网格化的地质图、地形图、各种地球物理、地球化学数据和其他专业图像数据。叠加分析操作的前提是要将其转换为统一的栅格数据格式，且各个叠加层必须具有统一的地理空间，即具有统一的空间参考（包括地图投影、椭球体、基准面等）、统一的比例尺以及统一的分辨率（刘湘南，2005）。

栅格叠加可以用于数理统计，如行政区划图和土地利用类型图叠加，可计算出某一行政区划内的土地利用类型个数以及各种土地利用类型的面积；可进行益本分析，即计算成本、价值等，如城市土地利用图与大气污染指数分布图、道路分布图叠加，可进行土地价格的评估与预测；可进行最基本的类型叠加，如土壤图与植被图叠加，可得出土壤与植被分布之间的关系图；可以进行动态变化分析以及几何提取等应用；在各类地质综合分析中，栅格方式的叠置分析也十分有用，很多种类的原始资料如化探资料、微磁资料等，都是离散数据，容易转换成栅格数据，因而便于栅格方式的叠置分析。另外由于没有矢量叠加时产生细碎多边形的问题，栅格方式的叠置产生的结果有时更为合理。

在栅格系统中，层间叠加可通过像元之间的各种运算来实现。设 A、B、C 等表示第一、第二、第三等各层上同一位置处的属性值，f 函数表示各层上属性与用户需要之间的关系，U 为叠置后属性输出层的属性值，则 $U = f(A，B，C，\cdots)$。

叠加操作的输出的结果可能是：各层属性数据的平均值（简单算术平均或加权平均等）、各层属性数据的最大值或最小值、算术运算结果、逻辑条件组合等。

基于不同的运算方式和叠加形式，栅格叠加变换包括如下几种类型（刘湘南，2005）。

（1）局部变换：基于像元与像元之间一一对应的运算，每个像元都是基于它自身的运算，不考虑其他的与之相邻的像元。

（2）邻域变换：以某一像元为中心，将周围像元的值作为算子，进行简单求和、求平均值、求最大值、求最小值等。

（3）分带变换：将具有相同属性值的像元作为整体进行分析运算。

（4）全局变换：基于研究区域内所有像元的运算，输出栅格的每一个像元值是基于全区的栅格运算，这里像元是具有或没有属性值的栅格。

1. 局部变换

每一个像元经过局部变换后的输出值与这个像元本身有关系，而不考虑围绕该像元的其他像元值。如果输入单层格网，局部变换以输入格网像元值的数学函数计算输出格网的每个像元值，如图6-2所示。单层格网的局部变换可以是基本的代数运算，也可以是三角函数、指数、对数、幂等运算来定义其函数关系。多层格网的局部变换与把空间和属性结合起来的矢量地图叠置类似，但效率更高。输出栅格层的像元值可由两个或多个输入栅格层的像元值通过加减乘除基本数学运算或概要统计（包括最大值、最小值、值域、总和、平均值、中值、标准差等）得到。如图6-3（a）所示，假设输入的三个栅格数据层分别代表同一地区不同时间污染物浓度分布，通过求最大值局部变换得到一个该地区最大污染物浓度栅格数据层。如图6-3（b）所示，假设输入的两个栅格数据层分别代表同一地区两个小层的储量，通过求和运算得到一个总储量网格。

输入栅格 输出栅格

2	0	1	1
2	3	0	2
3	1	2	3
1	1	2	2

×3 =

6	0	3	3
6	9	0	6
9	3	6	9
3	3	6	6

图6-2　单层局部变换

2. 邻域变换

邻域变换输出栅格层的像元值主要与其相邻像元值有关。如果要计算某一像元的值，就将该像元看作一个中心点，一定范围内围绕它的格网可以看作它的辐射范围，这个中心点的值取决于采用何种计算方法将周围格网的值赋给中心点，其中的辐射范围可自定义。若输入栅格在进行邻域求和变换时定义了每个像元周围3×3个格网的辐射范围，在边缘处的像元无法获得标准的格网范围，辐射范围就减少为2×2个格网，如图6-4所示。那么，输出栅格的像元值就等于它本身与辐射范围内栅格值之和。比如，左上角栅格的输出值就等于它和它周围像元值2、0、2、3之和，即等于7。

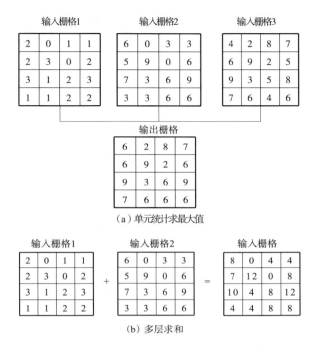

（a）单元统计求最大值

（b）多层求和

图 6-3 多层局部变换

中心点的值除了可以通过求和得出之外，还可以取平均值、标准方差、最大值、最小值、极差、频率等。邻域变换中的辐射范围一般都是规则的方形格网，也可以是任意大小的圆形、环形和楔形，如图 6-5 所示。圆形邻域是以中心点像元为圆心，以指定半径延伸扩展；环形或圈饼状邻域是由一个小圆和一个大圆之间的环形区域组成；楔形邻域是指以中心点单元为圆心的圆的一部分。

邻域变换的一个重要用途是数据简化。例如，滑动平均法可用来减少输入栅格层中像元值的波动水平，该方法通常用 3×3 或 5×5 矩形作为邻域，随着邻域从一个中心像元移到另一个中心像元，计算出在邻域内的像元平均值并赋予该中心像元，滑动平均的输出栅格表示初始单元值的平滑化。另一个例子是以种类为测度的邻域运算，列出在邻域之内有多少不同单元值，并把该数目赋予中心像元，这种方法用于表示输出栅格中植被类型或野生物种的种类。

地形分析是十分依赖于邻域运算的另一个研究邻域。一个像元所代表的坡度、坡向的测算，都来自邻域像元高程值的邻域运算（如 3×3 矩形）（参见第七章）。

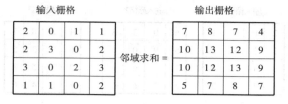

图6-4 邻域变换

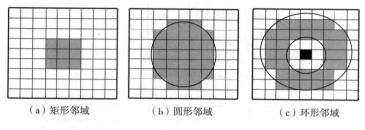

（a）矩形邻域　　　　（b）圆形邻域　　　　（c）环形邻域

图6-5 邻域示意图

3. 分带变换

将同一区域内具有相同像元值的格网看作一个整体进行分析运算，称为分带变换。区域内属性值相同的格网可能并不毗邻，一般都是通过一个分带栅格层来定义具有相同值的栅格。分带变换可对单层格网或两个格网进行处理，如果为单个输入栅格层，分带运算用于描述地带的几何形状，诸如面积、周长等。面积为该地带内像元总数乘以像元大小。连续地带的周长就是其边界长度，由分离区域组成的地带，周长为每个区域的周长之和。

多层栅格的分带变换如图6-6所示，一个是分带栅格用来分带，一个是输入栅格。假设分带栅格表示不同沉积微相，输入栅格表示孔隙度，输出栅格则表示不同沉积微相区域孔隙度最大值，沉积微相为1的区域孔隙度最大值为9%，沉积微相为2的区域孔隙度最大值为7%，沉积微相为3的区域孔隙度最大值为4%。分带变换可选取多种概要统计量进行运算，如平均值、最大值、最小值、总和、值域、标准差、中值和种类等。

4. 全局变换

全局变换是基于区域内全部栅格的运算，一般指在同一栅格数据层内进行像元与像元之间距离的量测。自然距离量测运算或者欧几里得几何距离运算属于全局变换，欧几里得几何距离运算分为两种情况：一种是以连续距离对源像元建立缓冲，在整个格网上建立一系列波状距离带；另一种是对格网中的每个像元确定与其最近的源像元的自然距离，这种方式在距离量测中比较常见。

分带栅格					输入栅格					输出栅格				
1	1	1	3	3	3	2	8	4	3	9	9	9	4	4
1	1	1	2	3	7	9	5	4	2	9	9	9	7	4
1	2	2	2	2	8	4	6	7	3	9	7	7	7	7
3	3	2	1	1	1	2	6	7	3	4	4	7	7	9

图6-6 分带变换

欧几里得几何距离运算首先定义源像元，然后计算区域内各个像元到最近的源像元的距离。在方形格网中，垂直或水平方向相邻的像元之间的距离等于像元的尺寸大小或者等于两个像元质心之间的距离；如果对角线相邻，则像元距离约等于像元尺寸大小的1.4倍；如果相隔一个像元，那么它们之间的距离就等于像元大小的2倍，其他像元距离依据行列来计算。如图6-7所示，输入栅格中1代表源像元，输出栅格为欧几里得几何距离。欧几里得几何距离定义源像元为0值，而其他像元的输出值是到最近的源距离像元的距离。因此，如果默认像元大小为1个单位的话，输出栅格中的像元值就按照距离计算原则赋值为0、1、1.4或2。

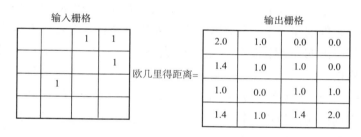

图6-7 欧几里得距离运算

5. 栅格逻辑叠加

栅格数据中的像元值有时无法用数值型字符来表示，不同专题要素用统一的量化系统表示也比较困难，故使用逻辑叠加更容易实现各个栅格层之间的运算。二值布尔逻辑叠加是栅格叠加的一种表现方法，用0和1分别表示假（不符合条件）与真（符合条件）。图层之间的布尔逻辑运算包括：与（AND）、或（OR）、非（NOT）、异或（XOR）等。其运算法则如下（表6-1）。

（1）与（&）：比较两个或两个以上栅格数据图层，如果对应的栅格值均为非0值，则输出结果为真（赋值为1），否则输出结果为假（赋值为0）。

（2）或（｜）：比较两个或两个以上栅格数据图层，对应的栅格值中只有一个或一个以上为非0值，则输出结果为真（赋值为1），否则输出结果为假（赋值为0）。

（3）非（∧）：对一个栅格数据图层进行逻辑"非"运算，如果栅格值为0值，则输出结果为真（赋值为1）；如果栅格值为非0值，则输出结果为假（赋值为0）。比较两个栅格数据层A与B，如果A为1，B为0，则输出结果为真（赋值为1），否则输出结果为假（赋值为0）。

（4）异或（！）：比较两个或两个以上栅格数据图层，如果对应的栅格值在逻辑真假互不相同（一个为0值，另一个为非0值），则输出结果为真（赋值为1），否则输出结果为假（赋值为0）。

表6-1 布尔逻辑运算示例

A	B	A AND B	A OR B	A NOT B	A XOR B
0	0	0	0	0	0
1	0	0	1	1	1
0	1	0	1	0	1
1	1	1	1	0	0

描述现实世界中的多种状态仅用二值远远不够，如果相叠加的图层不是二值图层，在进行布尔逻辑叠加时，可以看成是先根据查询条件对原栅格数据进行重分类，为每个条件创建一个二值图层，1代表符合条件，0表示不符合条件，然后进行各个图层的布尔逻辑运算，最后生成叠加结果图。如图6-8所示，某研究区有两个栅格数据层，一个是孔隙度数据层，一个是渗透率数据层，要求查询孔隙度>5%，并且渗透率>5mD（$1mD = 0.987 \times 10^{-3} \mu m^2$）的区域，将上述条件转换为条件查询语句，使用逻辑求与即可查询出满足上述条件的区域，输出栅格中为1的区域即为同时满足这两个条件的区域。

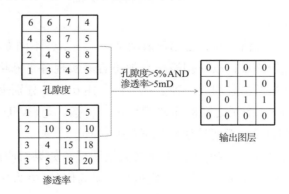

图6-8 栅格逻辑叠加

6. 栅格关系运算

关系运算以一定的关系为基础，符合条件的为真，赋予 1 值；不符合条件的为假，赋予 0 值。关系运算符包括 6 种：＝、＜、＞、＜＞、＞＝ 和 ＜＝。图 6-9 为关系"＞"运算。

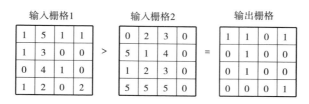

图 6-9　关系"＞"运算

二、基于矢量的叠置分析

矢量系统的叠加分析比栅格系统要复杂得多。拓扑叠加之前，假设每一层都是平面增强的(已经建立了完整的拓扑关系)，当两层数据叠加时，结果也必然应是平面增强的。当两线交叉时，要计算新的交叉点，一条线穿过某一区域时，必然产生两个子区域。

拓扑叠加能够把输入特征的属性合并到一起，实现特征属性在空间上的连接，拓扑叠加时，新的组合图的关系将被更新。

叠加可以是点对多边形的叠加(生成点数据层)、线对多边形的叠加(生成线数据层)、多边形对多边形的叠加(生成多边形数据层)，也可以是多边形对点的叠加(生成多边形数据层)、点对线的叠加(生成点数据层)。下面分别介绍点对多边形的叠加、线对多边形的叠加以及多边形对多边形的叠加。

1. 点与多边形的叠加

点与多边形的叠加是确定一图层上的点落在另一图层的哪个多边形内，以便为图层的每个点建立新的属性。如图 6-10 所示，油井点数据层与行政区划多边形数据层相叠加，为生成的点数据层建立新的属性表，新属性表除了包含点图层原有属性之外，还增加了点所属多边形的标识，通过新属性表可确定每口油井所属的行政区划范围，并可进一步统计每个行政区划中油井的数量。所以，点与多边形的叠加实质是判断点与多边形面之间的拓扑包含关系，以确定每个点落在哪个多边形内，其结果是得到关于点集的新属性表。

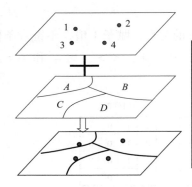

点 号	属性1	属性2	属性3	多边形号
1				A
2				B
3				C
4				D

图 6-10　点与多边形叠加分析

2. 线与多边形的叠加

线与多边形的叠加是确定一个图层上的弧段落在另一图层的哪个多边形内，以便为图层的每条弧段建立新的属性。不同于点目标，一条线往往跨越多个多边形。因此，在叠加过程中需要计算线与多边形边界的交点，在交点处将线目标分割成多条线段，并对线段重新编号，形成一个新的线目标集合及新属性表。在新属性表中，不仅包含原有属性信息，还增加了分割后各线段所属多边形标识。叠置分析后既可确定每条线段位于哪个多边形内，也可统计多边形内指定线段穿过的长度。如图 6-11 所示，将油气管道线图层与行政区划图多边形层相叠加，弧段 1 与多边形边界相交，计算弧段与多边形边界的交点，弧段 1 被分割成两条线段，对弧段重新编号，并建立新的属性表，从属性表中可以确定弧段与多边形的归属关系，从而可以进一步统计不同行政区划内油气管道的里程数。

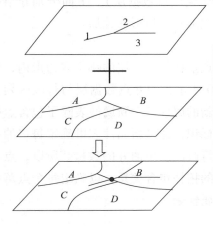

线号	原线号	多边形号
1	1	C
2	1	B
3	2	B
4	3	B

图 6-11　线与多边形叠加分析

3. 多边形与多边形的叠加

多边形叠加将两个或多个多边形图层进行叠加，产生一个新的多边形图层。新图层的多边形是原来各图层多边形相交分割的结果，每个多边形的属性含有原图层各个多边形的所有属性数据。

多边形叠加首先要进行几何相交，即首先求出所有多边形边界线的交点，再根据这些交点重新生成多边形，建立拓扑关系，每个多边形赋予唯一标识码，并判断新生成的多边形分别落在各图层的哪个多边形内，建立新多边形与原多边形的关系。其次，在关系数据库中建立结果层的多边形属性表，将原图层中对应多边形的属性数据，关联到新的多边形属性表中。由此可见，基于矢量的叠加实现起来要比基于栅格的叠加复杂得多。如图 6-12 所示，图层 1 为地貌图层，图层 2 为土壤图层，两个图层相叠加得到四个多边形，并且每个多边形综合了地貌图层和土壤图层的属性。

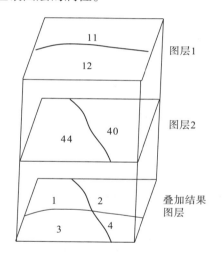

地块ID	地貌类型
11	A
12	B

土壤ID	土壤类型
40	X
44	Y

ID	地块ID	地貌类型	土壤ID	土壤类型
1	11	A	44	Y
2	11	A	40	X
3	12	B	44	Y
4	12	B	40	X

图 6-12　多边形与多边形叠加

多边形与多边形的叠加具有广泛的应用功能，它是空间叠加分析的主要类型。多边形与多边形的的叠加常用的有合并(UNION)、相交(INTERSECT)、擦除(ERASE)、判别(IDENTITY)等方式，如图 6-13～图 6-16 所示。它们的区别在于输出数据层中的要素不同。合并保留两个输入数据层中所有多边形；相交则保留公共区域；擦除是从一个数据层中剔除另一个数据层中的全部区域；判别是将一个层作为模板，而将另一个输入层作为判别图层叠加在它上面，落在模板层边界范围内的要素被保留，而落在模板层边界范围以外的要素都被剪切掉。假设输入图层是村庄，判别图层是林地，判别叠加可以用来判别哪些村庄在林地中。

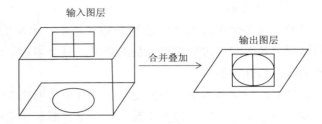

图 6-13　多边形与多边形合并叠加

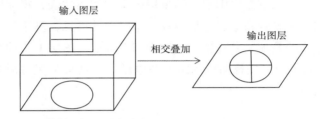

图 6-14　多边形与多边形相交叠加

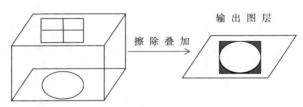

图 6-15　多边形与多边形擦除叠加（阴影部分为输出图层）

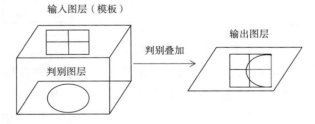

图 6-16 多边形与多边形判别叠加

第四节　缓冲区分析

缓冲区也称为影响区或影响带，它是指地理实体周围一定宽度的区域。那么，缓冲区分析是指在点、线、面实体的周围建立一定宽度的多边形，用以识别这些实体或主体对临近对象的辐射范围或影响度，以便为某项分析或决策提供依据。它是地理信息系统中最重要和最基本的空间分析功能之一。例如，某口井发生井喷，要统计井喷所造成的损失，可以这口井为中心、一定距离为半径建立缓冲区，该缓冲区即为井喷影响范围；在地震带，要按照断裂线的危险等级，绘出围绕每一断裂线的不同宽度的缓冲带，作为警戒线的指示；在油气输送管道周围建立保护区，保护区的范围通过在管道周围建立缓冲区得到。又如，城市道路扩建需要推倒一批临街建筑物，于是要建立一个距道路中心线一定距离的缓冲区，落在缓冲区内的建筑就是必须拆迁的。

(a) 单个点　　　(b) 单个线　　　(c) 单个面

图 6-17　单元素缓冲区分析

图 6-17 显示了单个点、单个线或单个面的缓冲区。如果缓冲目标是多个点（或多个线、多个面），则缓冲分析的结果是各单个点（线、面）的缓冲区的合并，碰撞到一起的多边形将被合并为一个，也就是说，GIS 可以自动处理两个特征的缓冲区重叠的情况，取消由于重叠而落在缓冲区内的弧段（图 6-18）。

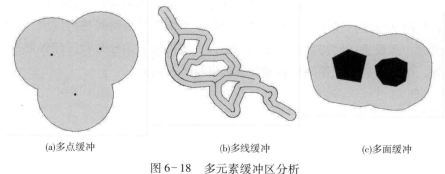

(a)多点缓冲　　　　　　(b)多线缓冲　　　　　　(c)多面缓冲

图 6-18　多元素缓冲区分析

根据地理实体的性质和属性，对其规定不同的缓冲区距离，通常是十分必要的。例如，沿河流两岸绘出的禁止砍伐树木带的宽度应根据河流类型以及两岸土质而定。因此，GIS 系统应有求取可变缓冲区的能力（图 6-19），例如允许用户在属性表中定义一项，作为缓冲区宽度。

图 6-19 可变宽度的缓冲分析

第五节 网络分析

空间网络分析是 GIS 空间分析的重要组成部分。网络是一个由点、线的二元关系构成的系统，通常用来描述某种资源或物质在空间上的运动。城市的道路系统、各类地下管网系统、流域的水网等，都可以用网络来表示，形成各类物质、能量和信息流通的通道。这种面向网络的数据，在 GIS 空间数据中占有较大的比例。网络分析是以网络拓扑关系为基础，综合分析网络空间和属性数据，以数学理论模型为基础，对地理网络、城市基础设施网络等网状事物进行地理分析，并对网络的性能特征进行分析和评价的过程。其根本目的是通过研究网络形态，模拟和分析网络上资源的流动和分配，以实现网络上资源的优化配置。其基本思想在于人类活动总是趋于按一定目标选择达到最佳效果的空间位置。

网络分析的用途很广泛，如公共交通运营线路选择和紧急救援行动线路的选择等，与网络最佳路径选择有关；当估计排水系统在暴雨期间是否溢流及河流是否泛滥时，需要进行网流量分析或负荷估计；城市消防站分布和医疗保健机构的配置等，可以看成是利用网络和相关数据进行资源的分配。

一、基本概念

1. 组成网络的基本元素

空间网络除具有一般网络的边、结点间抽象的拓扑特征之外，还具有 GIS 空间数据的几何定位特征和地理属性特征。各类空间网络虽然形态各异,但是构成网络的基本元素(图6-20)主要包括以下几种。

(1)结点:链的两个端点即为网络的结点,是网络中链与链的连接点,体现了网络的连通关系。

(2)链或弧段:连接两个结点的弧段或路径,是网络中资源运移的通道。

(3)障碍:指资源不能通过的结点,如被破环的桥梁和禁止通行的关口等。

(4)拐角:在网络的结点处,资源运移方向可能改变,从一个链经结点转向另一个链,例如在十字路口禁止车辆左拐,便构成拐角。

(5)中心点:是网络中具有一定容量、能够从链上获取资源或发送资源的结点,如水库属于河网的中心,学校属于路网的中心等。

(6)站点:是网络上资源增加、减少的地方,是分布于网络链上的结点。例如车站、码头等。

这些网络要素分别都有自己的属性项,最主要的属性项有3类:阻碍强度、资源需求量和资源容量。其中,阻碍强度是用于表示资源在网络中流动的费用或阻碍,可以作为网络链、站点和中心点的属性,通常用时间、成本来衡量,如某站点的停留时间、道路的通行费用等。资源需求量是指网络中可被"运输"的资源数量,如沿街道居住的学生人数、某一站点要被运送的货物等。资源容量是指一个中心可以容纳或可以提供的资源总量,如学校可容纳的总人数、停车场所能提供的停车位等。显然,资源容量是中心点的属性。

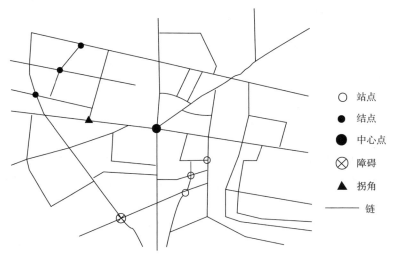

○	站点
●	结点
●	中心点
⊗	障碍
▲	拐角
——	链

图6-20　空间网络的构成元素(据白玲,2000)

2. 网络图论基础

网络分析是 GIS 空间分析的重要组成部分。在网络分析中用到的网络模型是数学模型中离散模型的一部分。分析和解决网络模型的有力工具是图论。

图论中的"图"并不是通常意义下的几何图形或物体的形状图，而是一个以抽象的形式来表达确定的事物，以及事物之间具备或不具备某种特定关系的数学系统。

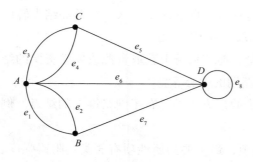

图 6-21 图的构成

由点集合 V 和点与点之间的连线的集合 E 所组成的集合对 (V, E) 称为图，用 $G(V, E)$ 来表示。V 中的元素称为结点，E 中的元素称为边。结点集合 V 与边集合 E 均为有限的图称为有限图。本章只讨论有限图。

在图 6-21 中，结点集合 $V = \{A, B, C, D\}$，边集合为 $E = \{e_1, e_2, e_3, e_4, e_5, e_6, e_7, e_8\}$。连接两个结点间的边可能不止一条，如 e_1，e_2 都连接 A 和 B。连接同一结点的边称为自圈，如 e_8。如不特别声明，本章不讨论具有自圈和多重边的图。

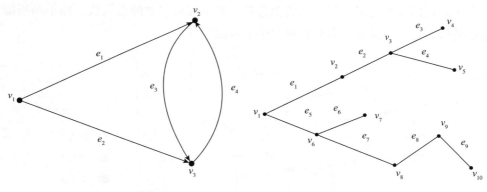

图 6-22 有向图   图 6-23 路和树

如果图中的边是有向的，则称为有向图，如图 6-22 所示。有向图的概念在 GIS 中很容易得到解释，如在城市中由于交通管理的需要，常常需要将一些道路定为单行道。在无向图中，首尾相接的一串边的集合称为路。在有向图中，顺向的首尾相接的一串有向边的集合称为有向路。通常用顺次的结点或边来表示路或有向路。如图 6-23 中，$\{e_1, e_2, e_4\}$ 为一条路，该路也可用 $\{v_1, v_2, v_3, v_5\}$ 来表示。

起点和终点为同一结点的路称为回路(或圈)。如果一个图中,任意两个结点之间都存在一条路,称这种图为连通图。若一个连通图中不存在任何回路,则称为树(图6-23)。由树的定义,可直接得出其具备下列性质。

(1)树中任意两结点之间至多只有一条边。

(2)树中边数比结点数少1。

(3)树中任意去掉一条边,就变成不连通图。

(4)树中任意添一条边,就会构成一个回路。

任意一个连通图,或者是树,或者去掉一些边后形成树,这种树称为这个连通图的生成树。一般来说,一个连通图的生成树可能不止一个。

如果图中任一边 e 都赋一个数,称这种数为该边的权数。赋以权数的图称为赋权图。有向图的各边赋以权数后,成为有向赋权图。赋权图在实际问题中非常有用。根据不同的实际情况,权数的含义可以各不相同。例如,可用权数代表两地之间的实际距离或行车时间,也可用权数代表某工序所需的加工时间等。将赋权有向图 G 中从顶点 V_i 到 V_j 的通道称之为路径,从 V_i 到 V_j 所有边的长度(权值)之和称为路径的长度,从 V_i 到 V_j 的所有路径的长度(权值)最短的路径称为最短路径。在最短路径分析中,我们面临的是有向赋权图。

二、常规网络分析功能

1. 最短路径分析

在路径分析中最典型、最常用的是最短路径的选择。在最短路径的选择中,两点之间的距离可以定义为实际的距离,也可定义为两点间的时间、运费、流量等,换句话说,可定义为使用这条边所需付出的代价。因此,可以对不同的专题内容进行最短路径分析。下面介绍的最短路径搜索的算法是狄克斯特拉(Dijkatra)在1959年提出的,它被认为是最好的算法之一,该算法用于求取从一顶点 S 到 G 中其他全部顶点的最短路径。

网络图中的最短路径应该是一条简单路径,即一条不与自身相交的路径。最短路径搜索的基本依据是:若从点 S 到点 T 有一条最短路径,则 S 到该路径上的任何点的距离都是最短的。该算法的思路是,按路径长度的非递减次序逐一产生最短路径:首先求得长度最短的一条最短路径,再求得长度次短的一条最短路径,依此类推,直到从源点到其他所有顶点之间的最短路径都已求得为止。

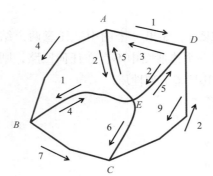

图 6-24 最短路径搜索例子

为了进行最短路径搜索，令 $d(X, Y)$ 表示点 X 到 Y 的距离，如果 X、Y 不直接相邻，则为 ∞。$D(X)$ 表示起始点 S 到 X 的最短距离。在下列搜索算法中，还需假定两点之间的距离不为负。起始点 S 到网络图上其他任意点 T 的最短路径搜索步骤如下。

（1）对起始点 S 作标记，且对所有顶点令 $D(X) = \infty$，$Y = S$。

（2）对所有未作标记的点按下列公式计算距离：

$$D(X) = \min\{D(X), \ d(X, Y) + D(Y)\} \tag{6-2}$$

式中，Y 是最后一个作标记的点。取具有最小值的 $D(X)$，并对 X 作标记，令 $Y = X$。若最小值的 $D(X)$ 为 ∞，则说明 S 到所有未标记的点都没有路，算法终止；否则继续。

（3）如果 Y 等于 T，则已找到 S 到 T 的最短路径，算法终止；否则转到（2）。

例如：对图 6-24，需搜索 A 到 C 的最短路径，则步骤如下。

①对 A 做标记，计算 A 到其余未标记点的距离。

$D(B) = 4$，$D(C) = \infty$，$D(D) = 1$，$D(E) = 2$

最小值为 $D(D) = 1$

②对 D 做标记，按公式计算 $D(B)$、$D(C)$、$D(E)$。

$D(B) = \min\{D(B), \ d(D, B) + D(D)\} = \min\{4, \ \infty + 1\} = 4$

$D(C) = \min\{D(C), \ d(D, C) + D(D)\} = \min\{\infty, \ 9 + 1\} = 10$

$D(E) = \min\{D(E), \ d(D, E) + D(E)\} = \min\{2, \ 2 + 1\} = 2$

最小值为 $D(E) = 2$

③对 E 做标记，计算 $D(B)$、$D(C)$。

$D(B) = \min\{D(B), \ d(E, B) + D(E)\} = \min\{4, \ 1 + 2\} = 3$

$D(C) = \min\{D(C), \ d(E, C) + D(E)\} = \min\{10, \ 6 + 2\} = 8$

最小值为 $D(B) = 3$

④对 B 做标记，计算 $D(C)$。

$D(C) = \min\{D(C), \ d(B, C) + D(B)\} = \min\{8, \ 7 + 3\} = 8$

⑤根据顺序记录的标记点，以及最小值的取值情况，可得到最短路径为 $A \to E \to C$，最短距离为 8。

最短路径分析在实际生活中有广泛的应用，例如通过电脑或手机上的地图软件输入起点和终点进行公交换乘方案规划或驾车出行路径规划，路径规划的结果可以是路径最短、时间最少、收费最少等方案。

2. 资源分配

资源分配就是为网络中的网线和结点寻找最近的（这里的远近是按阻碍强度的大小来确定的）中心（资源发散或汇集地）。例如，资源分配能为城市中的每一条街道上的学生确定最近的学校，为水库提供其供水区等。资源分配模拟资源是如何在中心（学校、消防站、水库等）和它周围的网线（街道、水路等）、结点（交叉路口、汽车中转站等）间流动的。

资源分配根据中心容量以及网线和结点的需求将网线和结点分配给中心，分配是沿最佳路径进行的。当网络元素被分配给某个中心，该中心拥有的资源量就依据网络元素的需求而缩减，当中心的资源耗尽，分配就停止。例如一所学校要依据就近入学的原则来决定应该接收附近那些街道上的学生，这时，可以将街道作为网线构成一个网络，将学校作为一个结点并将其指定为中心，以学校拥有的座位数作为此中心的资源容量，每条街道上的适龄儿童作为相应网线的需求，走过每条街道的时间作为网线的阻碍强度，如此资源分配功能就将从中心出发，依据阻碍强度由近及远地寻找周围的网线并把资源分配给它（也就是把学校的座位分配给相应街道上的儿童），直至被分配网线的需求总和达到学校的座位总数。

用户还可以通过赋给中心的阻碍限度来控制分配的范围。例如，如果限定儿童从学校走回家所需时间不能超过30分钟，就可以将这一时间作为学校对应的中心的阻碍限度，这样，当从中心延伸出去的路径的阻碍值到达这一限度时分配就将停止，即使中心资源尚有剩余。

3. 连通分析

人们常常需要知道从某一结点或网线出发能够到达的全部结点或网线。例如，当地震发生时，救灾指挥部需要知道，把所有被破坏的公路和桥梁考虑在内，救灾物资能否从集散地出发送到每个居民点，如果有若干居民点与物资集散地不在一个连通分量之内，指挥部就不得不采用特殊的救援方式（如派遣直升机）。这一类问题称为连通分量求解。

另一连通分析问题是最少费用连通方案的求解问题。例如，公路部门拟修建足够数量的公路，使某个县的五个镇直接或间接地相互连结，如何使费用最少呢？如果把每一条可能修建的公路作为网线，把相应的预算费用作为网线的耗费，上述问题就转化为求一个网线集合，使全部结点连通且总耗费最少，也就是生成图的极小连通子图。

生成树是图的极小连通子图。一个连通的赋权图 G 可能有很多的生成树。设 T 为图 G 的一个生成树，若把 T 中各边的权数相加，则这个和数称为生成树 T 的权数。在 G 的所有生成树中，权数最小的生成树称为 G 的最小生成树。

构造最小生成树的依据有两条：①在网中选择 $n-1$ 条边，连接网的 n 个顶点；②尽可能选取权值为最小的边。

下面介绍构造最小生成树的克罗斯克尔（Kruskal）算法。该算法是 1956 年提出的，俗称"避圈"法。设图 G 是由 m 个结点构成的连通赋权图，则构造最小生成树的步骤如下。

（1）先把图 G 中的各边按权数从小到大重新排列，并取权数最小的一条边为 T 中的边。

（2）在剩下的边中，按顺序取下一条边。若该边与 T 中已有的边构成回路，则舍去该边，否则选进 T 中。

（3）重复（2），直到有 $m-1$ 条边被选进 T 中，这 $m-1$ 条边就是 G 的最小生成树。

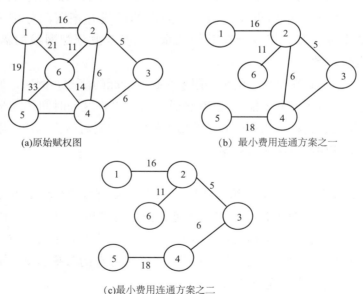

(a)原始赋权图   (b) 最小费用连通方案之一

(c)最小费用连通方案之二

图 6-25   最小费用连通方案

在实际应用中，常有类似在 n 个城市间建立通信线路这样的问题。这可用图来表示，图的顶点表示城市，边表示两城市间的线路，边上所赋的权值表示代价图[图6-25(a)]。对 n 个顶点的图可以建立许多生成树，每一棵树可以是一个通信网。若要使通信网的造价最低，就需要构造图的最小生成树。具体生成过程如下：如图6-25(a)所示的图，图的每条边上标有权数。为了使权数的总和最小，应该从权数最小的边选起，在此，选边(2，3)；去掉该边后，在图中取权数最小的边，此时，可选(2，4)或(3，4)，设取(2，4)；去掉(2，4)边，下一条权数最小的边为(3，4)，但使用边(3，4)后会出现回路，故不可取，应去掉边(3，4)；下一条权数最小的边为(2，6)；依上述方法重复，可形成图6-25(b)所示的最小费用连通方案。如果前面不取(2，4)，而取(3，4)，则形成图6-25(c)所示的最小费用连通方案。

思考题

1. 什么是缓冲区分析？举例说明缓冲区分析的意义。

2. 什么是叠置分析？基于矢量的叠置分析与基于栅格的叠置分析有什么不同？

3. 某油公司根据勘探结果设计钻孔，钻孔位置满足下列条件：①位于圈闭内；②距离公路不超过500m；③距离河流大于1000m；④不在生态环境保护区内。

试根据上述要求回答下列问题：

(1)需要什么空间数据？

(2)如何利用 GIS 空间分析工具进行操作？

参考文献

[1]GOODCHILD M F. Spatial Analysis Using GIS[C]. Fourth International Symposium on Spatial Data Handling, 1990.

[2]李霖. 地理信息系统空间目标查询模型的研究[D]. 武汉：武汉测绘科技大学，1997.

[3]EGENHOFER M J. Why not SQL[J]. International Journal of Geographical Information Science, 1992, 6(2)：71-85.

[4]马林兵，龚健雅. 面向自然语言的空间数据库查询研究[J]. 计算机工程与应用，2003，39(22)：16-19.

[5]刘湘南，黄方，王平，等. GIS 空间分析原理与方法(21 世纪高等院校教材)[M]. 北京：科学出版社，2005：142-147.

[6] 白玲，王家耀. 基于 GIS 的地理网络模型研究 [J]. 信息工程大学学报，2000，1(4):96 - 98.

[7] DIJKSTRA E W. A note on two problems in connexion with graphs[J]. Numerische Mathematik, 1959, 1(1): 269 - 271.

[8] KRUSKAL J B. On the shortest spanning subtree of a graph and the traveling salesman problem [J]. Proceedings of the American Mathematical Society, 1956, 7(1): 48 - 50.

第七章　数字高程模型

在油气勘探开发过程中，有大量的平面图需要绘制。平面图可以分为两大类：一类是离散要素型平面图，如凹隆的分布图、沉积相图等；而另一类则是连续变化的要素，如地形高程、地层顶底埋深、储层孔隙度的空间变化情况、烃源岩 R_o 值的空间变化情况等。对于后一类图，传统的最常用的表现方式是等值线图。随着计算机可视化技术的发展，传统的等值线表示方式已经无法满足实际工作的需求，如地形或地下地质构造的三维表达、管道路线设计过程中开挖土方量的计算、钻孔定位中对于地表坡度的计算、地震测线设计过程中考虑地形起伏及坡度变化等，所有这些工作仅仅依靠等值线图是很难实现的，或者工作量很大。因此，一种新的数字描述地形表面的方法被普遍采用，这就是数字高程模型（DEM，Digital Elevation Model）。

本章，我们将讨论数字高程模型的基本概念、数字高程模型的数据类型与表达方式、数据的获取以及数字高程模型在油气勘探中的应用等。

第一节　DEM 概述

一、DEM 的概念

DEM 是以数字的形式按一定结构组织在一起，表示实际地形特征空间分布的实体地面数字模型，也是地形形状大小和起伏的数字描述。DEM 用一种既方便又准确的方法来表达实际的地表现象，其核心是地形表面特征点的三维坐标数据和一套对地表提供连续描述的算法。最基本的 DEM 是由一系列地面点 x、y 位置及与其相联系的高程 z 所组成，其数学表达式为：

$$z = f(x, y) \tag{7-1}$$

式中，x、y 为地面坐标；z 为该点的高程值。

由式(7-1)可知，显然z值不仅仅可以是地面高程，也可以是其他属性。因此，尽管 DEM 是为了模拟地面起伏而发展起来的，但也可以用来模拟其他二维表面某属性的连续变化特征，如地层的埋深、储层的厚度变化、储层孔隙度的空间变化规律、烃源岩 R_o 的空间变化等。此时的 DEM 也称为数字地形模型(Digital Terrain Model)，简称 DTM。关于 DTM 和 DEM 的含义，国内外不同文献中都存在着不同的理解，一般认为，DTM 包含着地面起伏和属性两个含义，因此 DEM 被看成是 DTM 的一个分支。

除 DEM、DTM 两个术语外，不同国家也采用其他相近的术语。如德国使用 DHM(Digital Height Model)、英国使用 DGM(Digital Ground Model)、美国地质调查局 USGS 使用 DTEM(Digital Terrain Elevation Model)或 DEM 等。这些术语在实质上并没有多大差异，当然使用最广的还是 DEM 和 DTM。另外还有一个与 DEM、DTM 相近的术语，即数字表面模型(DSM，Digital Surface Model)。DSM 与 DEM 区别是很明显的，DSM 是指包含了地表建筑物、桥梁和树木等高度的地面高程模型，而 DEM 只包含了地形的高程信息，并未包含其他地表信息，即 DSM 是在 DEM 的基础上，进一步涵盖了除地面以外的其他地表信息的高程。

二、DEM 的特点

与传统地形图或等值线图相比较，DEM 作为地形表面的一种数字表达形式，具有很多的优点。

(1)表达的多样性。地形数据经过计算机处理后，可产生多种比例尺的地形图、剖面图、立体图、明暗等高线图；通过纹理映射、与遥感影像数据叠加，还可逼真地再现三维地形景观，并可通过飞行模拟浏览地形的局部细节或整体概貌。而常规的地形图一经制作完成后，比例尺是不容易改变的，若要改变比例尺或显示方式，需要大量的手工处理，有些复杂的三维立体图甚至不可改变。

(2)更新的实时性。常规的地图信息的增加、修改都必须进行大量相同工序的重复劳动，劳动强度大并且更新周期长，不利于地形数据的实时更新；而由于 DEM 是数字化的，增加或修改信息只在局部进行，并且由计算机自动完成，可保证地图信息的实时性。

(3)精度的恒定性。常规地图随着时间的推移，图纸将会变形，失掉原有的精度，DEM 采用数字媒介而能保持精度不变。另外，由常规地图用人工方法制作其他种类的图，精度会受到损失。而由 DEM 直接输出，精度可得到控制。

(4)尺度的综合性。较大比例尺、较高分辨率的 DEM 自动覆盖较小比例尺、较低分辨率的 DEM 所包含的内容，如 1m 分辨率的 DEM 自动包含 10m、25m、100m 等较低分辨率 DEM 信息。

（5）易于与其他数据叠加，进行分析。如 DEM 数据与遥感影像叠加，可以产生三维地表景观。

（6）可以生成一些新的变量，如坡度、坡向，用于油气勘探中钻孔井位定位、地震测线的布设等工作的辅助决策。

第二节　DEM 数据来源

广义的 DEM 数据包括两部分信息：平面位置及属性信息。当属性为地表高程时，表示的是地面高程。同时属性信息也可以表示其他的内容，如地层的埋深、储层的厚度、储层孔隙度等，因此，对于不同的 DEM 数据，获取途径也不一样。

一、地面高程数据来源

1. 遥感数据

一直以来，航空摄影测量一直是获取地面高程数据的主要手段，也是 DEM 数据最主要的数据源。如我国 1:1 万，1:2.5 万和 1:5 万的地形图都是采用航空摄影测量方法成图的。目前我国 1:5 万的地形图已经实现了中国陆地国土的全覆盖。

随着遥感技术的不断发展，航天遥感已经成为获取 DEM 数据的有效有手段，其中干涉雷达和 LiDAR（Light Detection and Ranging）则是目前获取高精度、高分辨率 DEM 数据的最好的方法。如由 NASA（The National Aeronautics and Space Administration）和 NGA（The National Geospatial‑Intelligence Agency）等部门联合开展的 SRTM（The Shuttle Radar Topography Mission）计划，获取了北纬 60° 至南纬 56° 之间，覆盖地球 80% 以上陆地表面的 DEM 数据，数据分为 90m 和 30m 两种，目前可以免费获取。

2. 地形图

地形图是 DEM 的另一个主要的数据源。几乎世界上所有国家都有地形图，尽管数据质量、覆盖范围不同，但是为 DEM 提供了丰富的数据源。通过手扶跟踪数字化或屏幕数字化对地形图中的要素（如等高线）进行数字化处理，从而得到所需的 DEM 数据。

除了上述两种途径外，对于小规模、小范围的数据获取，可以通过 GPS、全站仪进行野外测量获取。但都不是主要的方法。

二、属性数据获取方法

相对于地面高程数据，在油气勘探中用得更多的是另外一类数据，如地层的顶底深度、储层的厚度、储层的孔渗参数平面分布特征、R_o 的空间分布等。这类数据在数据处理与可视化等方面与高程数据有很多相似之处，但数据的获取方法却是不一样的。储层的孔渗参数等也可以通过岩芯分析结合测录井资料获取。如果有等值线数据，也可以通过手扶数字化仪或屏幕数字化得到 DEM 数据。

第三节　DEM 数据分布特征

由于数据观测方法和获得途径不同，DEM 数据分布规律、数据特征有明显的差异，对后续的数据处理也有重要的影响。DEM 数据按其空间分布特征可分成两类：规则格网分布数据和不规则分布数据。

一、规则格网分布数据

所谓规则格网分布数据就是把 DEM 覆盖区划分成为规则网格，每个网格大小和形状都相同，用相应矩阵元素的行列号来实现网格点的二维地理空间定位，第三维为特性值，可以是高程或属性。网格大小代表数据精度，例如地质勘探可在小范围内布置规则格网测点［图 7-1（a）］，使用仪器测定重力或磁场强度等数据。由第二章的栅格数据结构内容可知，对于规则格网来说，仅用 z 的矩阵数据便可以描述地理属性，其对应的平面坐标位置数据则隐含其中，用公式表示如下：

$$DEM = \{z_{i,j}\} \tag{7-2}$$

式中，$i = 1, 2, 3, \cdots, m$；$j = 1, 2, 3, \cdots, n$；m、n 分别为矩阵的行列数。规则格网 DEM 数据不仅数据量小，而且便于管理和检索，更适合于空间数据分析处理。

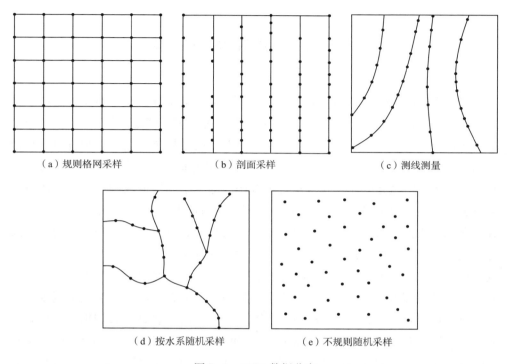

<table>
<tr><td>（a）规则格网采样</td><td>（b）剖面采样</td><td>（c）测线测量</td></tr>
<tr><td>（d）按水系随机采样</td><td>（e）不规则随机采样</td><td></td></tr>
</table>

图7-1　DEM数据分布

二、不规则分布数据

由于受观测手段的限制，无法得到所有地理位置上的观测场值，一般也不可能按规则网获取数据，因此实际工作中最常用的是不规则分布的数据。例如二维地震勘探中通常布设多条测线，以获取有关地层构造数据［图7-1（b）］；航测一般沿测线观测，沿测线的测点密度远大于测线间隔的密度，并且测线也并不是等间距的直线［图7-1（c）］；地球化学分散流数据常按一定的采样密度沿水系随机采样［图7-1（d）］；更多的数据，如气象、水文以及其他地理抽样调查等呈不规则分布［图7-1（e）］。

对于不规则分布的数据，每个离散数据的记录必须使用3项数据，分别记录其平面坐标值x、y和特性值z，用公式表示如下：

$$DEM = \{x_i, y_i, z_i\} \tag{7-3}$$

式中，$i = 1, 2, 3, \cdots, n$，n为采样点的数量。

第四节　DEM 表示方法

采集 DEM 数据的目的是研究其数据特征和空间分布规律。例如，通过二维地震勘探，可以获得某地层的顶面埋深数据，从而认识该地层的空间分布特征，确定构造位置等。而由二维地震勘探剖面所获得的数据是一组不规则分布的离散数据集，如何对这组数据进行合理表达，才能更好地认识地层的空间分布特征，常用的一种方法就是绘制地层埋深等值线图。除了绘制等值线图外，是否还有其他方法，这就涉及 DEM 数据的表示方法问题。所谓 DEM 的表示方法，是指利用数学和计算机技术对地形表面或其他属性进行科学、真实地描述和直观的表达及可视化，以便于更好地认识其空间变化规律。DEM 的表示方法可以分为两大类：数学拟合方法和图形方法。DEM 的数学拟合方法，是指利用连续的三维函数，通过整体或局部拟合方法，将复杂表面整体拟合，或者分成正方形或不规则形状的小块进行拟合。该方法在 DEM 中较少应用。目前普遍采用的是 DEM 图形表示方法，常用的有等值线法、规则格网方法和不规则三角形方法。如图 7-2 所示为同一地区地表高程的不同表示方法。由于大家对于等值线表示方法比较熟悉，本节重点介绍规则格网和不规则三角网表示方法。

（a）等值线法

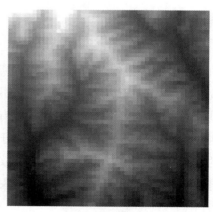

(b)规则格网

图 7-2　DEM 数据的图形表示方法

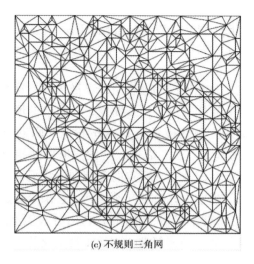

(c) 不规则三角网

图 7-2　DEM 数据的图形表示方法（续）

一、规则格网（GRID）

正方形、正三角形以及正六边形都是规则格网，理论上都可以用来表示地形表面。但是由于正方形形状简单、层次性强，可以无限次地被分割，同时，DEM 对应的是高程矩阵，非常便于计算机存储和处理，因此基于正方形的规则格网是目前最常用的表示方法。一般不加说明，DEM 的数据都是用正方形格网进行表示。

所谓 DEM 的规则格网表示方法，是指将研究区域进行格网划分，把连续的地理空间离散为互不覆盖的正方形格网，然后对网格单元附加相应的属性信息。将空间对象进行格网划分后，简化了对象的空间变化描述。从数据结构来看，规则格网是一个通常的二维矩阵结构，因此结构简单，基于该结构的算法多且较成熟，计算机处理也非常方便、效率高。另外规则格网数据有利于计算等高线、坡度、坡向、山地阴影、自动描绘流域轮廓等。但是这种表示方法也存在一些缺点，主要有以下两个方面：①由于网格大小固定，在地形简单的地区存在大量冗余数据；②如果不改变格网大小，无法适用于起伏复杂程度不同的地区。当格网过于粗略时，不能精确表示地形的关键特征，如山峰、洼坑、隘口、山脊、山谷线等，从而给地貌分析带来一些问题，而不规则三角网表示方法则可以在一定程度上解决这一问题。

二、不规则三角网(TIN，Triangulated Irregular Network)

1. TIN 特点

所谓 TIN 表示方法，是把连续的地理空间离散为互不覆盖的不规则的三角形网。三角形网由不规则分布的数据点连接而成，三角形的形状和大小取决于不规则分布的观测点。不规则三角网最早由 Peuker 和他的同事(1978)设计，目前已经成为一种 DEM 表示的基本方法。显然，与正方形格网相比，不规则三角网能够随地形起伏变化的复杂性而改变采样点的密度和决定采样点的位置，因而能克服地形起伏不大的地区产生数据冗余的问题，利用它来绘制三维立体图具有较好的显示效果。同时还能按地形特征点如山脊、山谷及其他重要地形特征获得 DEM 数据。但是，TIN 的数据结构复杂，不便于规范化管理，难与栅格数据进行联合分析。

2. 狄洛尼(Delaunay)三角网

由于不规则三角网是根据不规则的数据点连接而成。显而易见，同一种数据点的分布有不同的三角形连接方法，如图 7-3 所示。那么，什么样的三角网才适合于地面高程的表达呢？

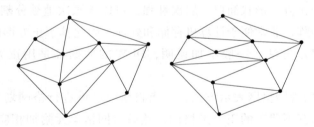

图 7-3 同一数据点分布不同的三角网连接方法

实践表明，不规则三角网必须满足 3 个基本要求：① 唯一性。所建立的三角网必须是唯一的，这样的三角形网才具有可比性和可操作性；②三角形几何形状力求最佳，即每个三角形尽量接近等边三角形；③ 保证最邻近的点构成三角形，即三角形的边长之和最小。

狄洛尼三角网则是满足上述条件的三角网。狄洛尼三角网为相互邻接且互不重叠的三角形的集合，且每一个三角形的外接圆内不包含其他的点。实践表明，在所有可能的三角网中，狄洛尼三角网在地形拟合方面表现最为出色，因此常常被用于 TIN 的生成。

与狄洛尼三角网对偶的图称为维诺图或沃罗诺伊图(Voronoi Diagram)，由对应维诺多边形共边的点连接而成。狄洛尼三角形由3个相邻点连接而成，这3个相邻点对应维诺多边形有一个公共的顶点，此顶点同时也是狄洛尼三角形外接圆的圆心。图7-4描述了平面上16个点的狄洛尼三角网以及维诺图的对偶。

3. 泰森多边形

以狄洛尼三角形为基础，作这些三角形各边的垂直平分线，每一离散点周围的若干条垂直平分线相交组成的多边形，称为泰森多边形（Thiessen Polygon）。从几何学上看，泰森多边形是狄洛尼三角网的对偶图（图7-4）。泰森多边形的概念最早由德国数学家狄利克雷（Dirichlet G. L.）于1850年首先提出，在此基础上俄国数学家沃罗诺伊（Voronoi G. F.）建立了一种空间分割算法；随后美国气象学家泰森（Thiessen

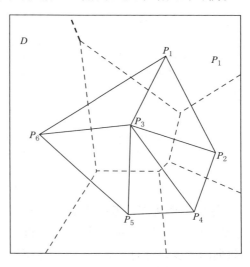

图7-4　狄洛尼三角网(实线)与泰森多边形(虚线)

A. H.）把该算法用于气象研究而得到广泛应用。因此泰森多边形又称为沃罗诺伊图（Voronoi Diagram）或狄利克雷镶嵌（Dirichlet Tessellation）。泰森多边形在自然科学、工程领域有广泛的应用。在插值方法中用到的最临近方法，就是基于泰森多边形。

泰森多边形具有3个特征：①每个多边形区域内仅含一个离散点数据；②每个多边形区域内的点到相应离散点的距离最近；③位于多边形区域边上的点到其两边的离散点的距离相等。

由于狄洛尼三角网与泰森多边形具有对偶关系，因此由泰森多边形很容易得到狄洛尼三角网。同样，由狄洛尼三角网也可以方便地得到与之对偶的泰森多边形。

第五节　数据的网格化和空间插值算法

一、网格化的概念

数据的网格化，是指将离散的不规则的 DEM 数据经空间插值方法转换为规则格网 DEM 数据的过程，即生成 Grid。所谓空间插值，就是用离散的观测点值去估算未知格网点值的过程(图 7-5)。数据的网格化在石油地质成图中有非常广泛的应用。

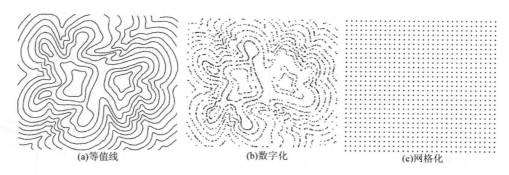

(a)等值线 (b)数字化 (c)网格化

图 7-5 网格化过程示例图

数据的网格化需要考虑两个方面的问题：一是网格的尺寸。网格的尺寸大小首先取决于原始数据的采样密度，同时网格大小又关系到派生数据，即网格化后的数据的密度，并直接影响成图的精度。网格过小，则相邻格网点数值差异微小，不仅不会提高 DEM 精度，反而产生冗余数据。网格过大则丢失了一些特征信息，特别是局部信息。一般情况下，网格点密度由采样点的密度决定，即网格点数宜大于或接近采样点数，一般不超过采样点数的 2 倍。二是插值的算法。目前有很多的插值算法，对同一数据，不同的插值算法结果不一样。因此实际工作中要根据实际数据设计和选用适宜的插值算法，使原始数据中包括的属性特征能够无明显损失地传递到内插计算模型中。下面简要介绍一些常用的插值算法。

二、空间插值算法

1. 移动平均法

所谓移动平均法，是以计算点为中心，搜索某一半径范围内的采样点，并求得这些采样点的加权平均值作为计算点的值(图 7-6)。搜索的范围称为窗口，窗口的形状可以是方形或圆形。圆形比较合理，但方形更便于计算机处理。逐格移动窗口逐点逐行计算直到覆盖全区，就得到了网格化的数据点图。选用大小不同的窗口，可以实现数据的分解，大窗口使区域趋势成分比重增大，小窗口则可突出一些局部异常。

移动平均法计算平均值可采用算术平均值、众数或其他加权平均数，而距离平方倒数加权法则是其中较常用的一种平均方法，其主要原理是某点的估计值与周围已知点值的距离平方倒数成一定关系，以空间位置的加权平均来计算。

设平面上分布一系列离散点，已知其坐标和属性值为 x_i、y_i、z_i($i = 1$，2，$\cdots$，n)，$P(x, y)$ 为任一格网点，根据周围离散点的属性值，通过距离加权插值求 P 点的值 $P(z)$。显然，P 点周围的

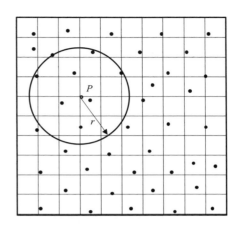

图 7-6　移动平均算法示意图

点因分布位置的差异，对 $P(z)$ 的影响也不一样，离 P 点距离越远，对 $P(x, y)$ 的影响也越小，因此，我们可以采用一个与距离有关的量作为权系数来进行加权平均，称这个系数为权函数 W_i。实践证明，当 W_i 为距离倒数时是较优的选择，因此有：

$$P(z) = \frac{\sum\limits_{i=1}^{n} w_i \cdot z_i}{\sum\limits_{i=1}^{n} w_i} \tag{7-4}$$

$$W_i = \frac{1}{d_i^2} \tag{7-5}$$

式中，d_i 为离散点至 P 点的距离，$d_i = (x - x_i)^2 + (y - y_i)^2$

2. 趋势面拟合法

趋势面拟合技术是利用数学曲面来模拟属性在空间上的分布及变化趋势的一种数学方法，实质上是通过多元回归分析，运用最小二乘法原理对数据点进行拟合，模拟属性要素在空间上的分布规律及变化趋势。

设在二维空间有 n 个测量点，每一个点有三个观测值 x_i、y_i、z_i($i = 1$，2，$\cdots$，n)，其中 x_i、y_i 为观测点的地理坐标，z_i 为该点的属性值。以空间坐标 X、Y 为独立自变量，Z 为因变量，构建二元回归方程，实质上就是用一个多项式来拟合一个曲面，如：

一次多项式：

$$Z = b_0 + b_1 X + b_2 Y \tag{7-6}$$

或二次多项式：

$$Z = b_0 + b_1 X + b_2 Y + b_3 X^2 + b_4 XY + b_5 Y^2 \tag{7-7}$$

式中，b_0、b_1、b_2、b_3、b_4、b_5 为待求的多项式系数，用最小二乘方法可以求得。设有 n 个采样点，其上的观测值为 $z_i (i = 1, 2, \cdots, n)$，由式（7-7）求得的对应点的估计值为 $\hat{z}_i$，当 z_i 和 $\hat{z}_i$ 的离差平方和最小时，便可以求得上述未知系数，同时满足式（7-8）的回归方程也是最优的拟合方程：

$$\sum_{i=1}^{n} (\hat{z}_i - z_i)^2 = \min \tag{7-8}$$

理论上，只要有足够多的观测数据，可以进行三次、四次甚至更多高阶次的拟合。但在实际工作中，多项式的阶次并非越高越好，一般只用到二次，超过三次的多项式常常会导致解的奇异，而且计算也更复杂。

3. **样条插值方法**

样条（spline）是指富有弹性的细木条或薄钢条，是工程绘图人员将一些指定点连接成一条不规则的光滑曲线所使用的工具。这种样条用数学方法来表示，便称为样条函数，实质上是一种特殊的低阶多项式。对于曲面，也同样可以用样条函数的方法进行拟合。即将数据平面分成若干单元，在每一单元上用低阶多项式构造一个局部曲面，对单元内的数据点进行最佳拟合，并使由局部曲面组成的整个表面连续。常用的样条函数有三次样条函数、五次样条函数等。

三次样条函数插值用双三次多项式对局部曲面进行拟合，以便寻找一个通过所控制点的弯曲最小的光滑曲面，平面上任一点 (x, y) 的值可由式（7-9）得出：

$$f(x,y) = \sum_{u=0}^{3} \sum_{v=0}^{3} a_{uv}(x - x_i)^u (y - y_i)^v \tag{7-9}$$

五次样条函数插值由 Akima 在 1978 年提出，也称为 Akima 样条插值法。该方法将 xoy 平面分割为三角形格网，各三角形以 3 个数据点在 (x, y) 平面上的投影点为顶点，三角形内的某点 (x, y) 的值 $f(x, y)$ 用公式（7-10）内插得出：

$$f(x,y) = \sum_{u=0}^{5} \sum_{v=0}^{5-u} a_{uv}(x - x_i)^u (y - y_i)^v \tag{7-10}$$

式（7-9）、式（7-10）中，u，v 为多项式的次数；a_{uv} 为多项式对应的系数，也是样条插值中要解决的关键问题；x_i、y_i 为已知点。三次样条插值函数有 16 个未知数，五次样条插值函数有 21 个未知数，可通过样条插值需要满足的条件，即已知点的值、样条间的值、一阶和二阶偏导连续等条件求得所需的系数。

4. 径向基函数插值方法

所谓径向基函数(Radial Basis Function)是指一个取值仅仅依赖于离原点距离远近的实值函数。常用的径向基函数有：

多元二次函数：$\qquad \phi(r) = (r^2 + c^2)^{\frac{1}{2}}$ $\qquad\qquad$ (7-11)

逆多元二次函数：$\qquad \phi(r) = (r^2 + c^2)^{-\frac{1}{2}}$ $\qquad\qquad$ (7-12)

薄板样条函数：$\qquad\quad \phi(r) = r^2 \lg r$ $\qquad\qquad\qquad$ (7-13)

高斯函数：$\qquad\qquad \phi(r) = e^{-\alpha r^2}$ $\qquad\qquad\qquad$ (7-14)

式中，$r = \| x - x_i \|$，是一个与距离有关的量；c 为形状参数。根据径向基函数可构建插值函数，其一般形式如式(7-15)所示：

$$z(x) = a + bx + \sum_{j=0}^{n-1} w_j \phi(\| x - x_j \|) \qquad\qquad (7-15)$$

式中，a、b、w_j 为待定系数，共有 $n + 1 + D$（D 表示空间维数）个未知数，根据式(7-16)来求取：

$$\begin{cases} z_i^* = a + bx_i + \sum_{j=0}^{n-1} w_j \phi(x_i - x_j) \\[2mm] \sum_{j=0}^{n-1} w_j = 0 \\[2mm] \sum_{j=0}^{n-1} w_j x_j = 0 \end{cases} \qquad\qquad (7-16)$$

式中，b、x、x_i 均为 D 维向量；$i = 0, 1, \cdots, n-1$。

对于二维曲面，给定平面上的 n 个点 (x_i, y_i)，则薄板样条函数可定义如式(7-17)所示：

$$f(x,y) = a_0 + a_1 x + a_2 y + \frac{1}{2} \sum_{i=0}^{n-1} w_i r_i^2 \lg r_i \qquad\qquad (7-17)$$

式中，$r_i^2 = (x - x_i)^2 + (y - y_i)^2$，$w_i$ 由式(7-18)求得：

$$\sum_{i=1}^{n-1} w_i = \sum_{i=1}^{n-1} w_i x_i = \sum_{i=1}^{n-1} w_i y_i = 0 \qquad\qquad (7-18)$$

薄板样条函数为一光滑函数，其一阶偏导连续，而且得到的插值曲面通过原始点。构建薄板样条函数至少需要 7 个已知点。

5. 克立金插值方法

克立金法实质上也是径向基函数的一种，其径向基函数为高斯函数。由于该方法在地质统计学中具有重要意义，因而作为一种单独的方法进行研究。克立金法最初是由南非地质学家克立金(Krige D. G.)提出的计算金矿储量的方法，后来法国学者马特隆(Matheron G.)对克立金法进行了详细的研究，并使之公式化和合理化，从而成为一种重要的插值方法，奠定了地质统计学的基础。

克立金法的基本原理是根据空间中相邻点变量的值，考虑变量的空间自相关性，运用区域化变量的空间特征并利用变差函数来估计某一点变量的值。区域化变量的空间特征由变差函数来描述。

变差函数为区域变量 $Z(x)$ 的增量平方的数学期望，即区域化变量增量的方差，其通式为：

$$\gamma(x, h) = \frac{1}{2} \mathrm{VAR}[Z(x) - Z(x + h)] \qquad (7-19)$$

式中，VAR 为方差。对于研究区内任一点 x，其估计值 $Z^*(x)$ 可以通过该域影响范围内几个有效信息值 $Z(x_i)$ 的线性组合得到，即：

$$Z^*(x) = \sum_{i=1}^{n} w_i Z(x_i) \qquad (7-20)$$

式中，x_i 为样本点的空间位置；$Z(x_i)$ 为该点的观测值；$Z^*(x)$ 为空间 x 处的估计值；w_i 为权系数，表示各空间样本点的观测值 $Z(x_i)$ 对估计值的贡献程度。给定 x 周边的 n 个值 $Z(x_i)$ ($i=1, 2, \cdots, n$)，则权系数 w_i ($i=1, 2, \cdots, n$) 可以根据克立金估值 $Z^*(x)$ 的要求满足无偏和最优两个条件，从而求得。

1) 无偏估计

所有估计域的实际值与预测值之间的偏差的平均值为零，即：

$$E[Z(x) - Z^*(x)] = 0 \qquad (7-21)$$

2) 最优估计

估计域的估计值与真实值之间的方差最小，即：

$$E[Z(x) - Z^*(x)]^2 = \min \qquad (7-22)$$

要在无偏条件下估计方差最小，求条件极值，可以得到下列方程组：

$$\begin{cases} \dfrac{\partial}{\partial w_i} \{ E[Z(x) - Z^*(x)]^2 \} = 0 \\ \displaystyle\sum_{i=1}^{n} w_i = 0 \end{cases} \qquad (7-23)$$

解方程组(7-23)，便可以求得权系数 w_i，再运用式(7-20)便可以求得空间中某一点的估算值。这方面的文献很多，如果需要了解克立金插值方法的详细推导过程，可以参看有关的文献。

6. 其他插值方法

上述插值方法既可以用于非规则分布点，也可以用于规则分布点的空间数据插值。如果原始数据是规则的格网数据，如遥感影像数据、网格化的 DEM 数据等，当需要对这类数据进行加密或抽稀时，常用最邻近法、双线性内插法以及三次卷积内插法。

三、网格化插值方法选择

同一数据，不同的插值方法，结果存在一定的差异，如图 7-7 所示。因此在选择插值方法时，需要考虑数据特征。实际工作中选择插值方法可以遵循以下原则。

遥感数据是按影像方式记录的栅格数据，内插放大或重采样时，常用矩形网格内插法，如最邻近点法、双线性插值法或三次卷积内插法。

地球物理数据，特别是位场数据，是典型的空间连续型数据。一般多用样条函数插值方法，使生成的曲面具有连续的二阶导数和最小的平方曲率。三次样条插值比较适合高频成分较多的场，也可以用最小二乘曲面拟合法和距离反比加权法。

一些资料的测线间距大于探测目标的埋深，形成欠采样资料。当测线与场源地质体不垂直时，常规插值常常形成虚假孤立异常，这时可用方向增强插值的方法弥补采样的缺陷。在对水系沉积物或分散流数据加权插值时，可考虑沿水系的方向给予较大的权。对测线与目标地质体走向不垂直时的数据，可选取长矩形插值窗口，矩形的长边平行于地质体走向并同时加大走向方向各点的权重。

化探异常数据具有较强的随机性和采样点稀疏不规则的特点，因此网格化估值方法常用滑动平均法、距离平方倒数法和克立金法。

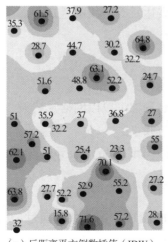 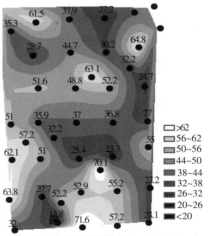

（a）反距离平方倒数插值（IDW）　　（b）自然邻近插值（Natural Neighbor）

图 7-7　同一数据不同插值方法计算结果对比

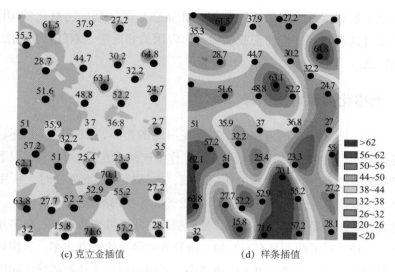

(c) 克立金插值　　　　　　　　(d) 样条插值

图7-7　同一数据不同插值方法计算结果对比(续)

第六节　DEM 的应用

　　数字高程模型在油气勘探开发过程中有许多用途,如地形图、构造图的数字存储;油气管道设计中计算挖填土石方量;计算坡度、坡向图以帮助地貌分析,在地震勘探中布设测线及布钻位置的优化中进行辅助决策;地表形态、地下地质体的三维可视化;各种连续地质变量的表面表达及等值线的生成等。下面简要介绍一些 DEM 在油气勘探中的主要应用。

一、地质图件的数字存储与绘制

　　除地形表面数据外,其他各种连续型的变量都可以以网格形式及 TIN 形式存储,用于不同的制图软件。便于数据的存储与共享。

　　基于 DEM 数据可以根据需要产生不同的图形产品,如等值线图、剖面图、晕渲图、三维图等。

　　1. 等值线图

　　等值线图(contour)是连续型变量最常用的图形表达形式。通过 DEM 的网格矩阵数据很容易得到等值线图。等值线图的表现形式有两种(图7-8):一种是传统的等高线形式,即用特殊的算法把二维平面上相同数值的点连成线;另一种是等值线色斑图方法，即把网格矩阵中各网格的值由小到大分成不同的层次，然后用不同的颜色或灰度输出每一层，这类等值线与传统地形图上的等高线不同，它是变量区间，或者可以看作某种精度的等高带，而不是单一的线。与等高线相比，这种方式可以更好地表现变量某一区间值的空间分布规律，因此目前多数软件基本都是以这种方式成图。

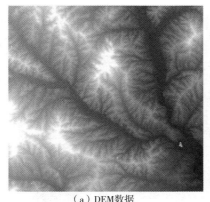

（a）DEM数据 　　　　　　　　　　　　（b）等值线色斑图

图 7-8　由 DEM 数据得到的等值线色斑图

2. 剖面图

剖面是一个假想的、沿某一方向的垂面与地形表面相交所得到的一个面，并延伸其地表与海拔零平面之间的部分。研究地形剖面，可以研究区域的地貌形态、轮廓形状、地势变化、地质构造等。

剖面图的绘制也是在 DEM 格网上进行的。假设要求绘制过 A、B 两点的剖面，其原理是：首先内插出 A、B 两点的高程值，然后求出 AB 连线与 DEM 格网的所有交点，插值出各交点的坐标和高程；最后以各点的高程和距始点的距离为纵横坐标绘制剖面图。

3. 晕渲图

晕渲法（Hill Shading）是地图上表示地貌的一种方法，它依据光源的位置（直照或斜照）和地势起伏，应用阴影原理，以深浅不同的色调或不同的颜色在陡坡或背光坡涂绘阴影，来表现地形的立体起伏，也叫"阴影立体法"（图 7-9）。这种方法缺乏数量概念，不能表示高度和实际起伏情况，但立体感强，富有表现力，通俗易懂，因此成为一种重要的表示地形起伏的方法。早期的晕渲法采用人工方法绘制，但费用太高，而且晕渲的质量和精度很大程度上取决于制图工作者的主观意识和技巧。

有了 DEM 数据，利用计算机制图技术，地貌晕渲便能自动、精确地实现，实现方法也比较简单。首先是根据 DEM 数据计算坡度和坡向，然后将坡向数据与光源方向比较，向光源的斜坡得到浅色调灰度值，反方向的斜坡得到深色调灰度值，介于中间坡向的斜坡得到中间灰度值。灰度值的大小则按坡度进一步确定，不同区域灰度的计算可采用公式法或查表法求得。

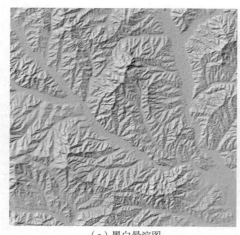

（a）黑白晕渲图　　　　　　　　　　　（b）彩色晕渲图

图 7-9　DEM 数据的晕渲图

4. 三维图

利用 DEM 数据可实现真实的三维地形表述［图 7-10(a)］，把 DEM 数据与地表景观数据(如遥感影像数据)融合，可实现地表景观的三维可视化［图 7-10(b)］。

(a)DEM三维显示　　　　　　　　　　(b)地表景观三维可视化

图 7-10　DEM 数据的三维可视化

二、通视性分析

所谓通视性分析(Viewshed Analysis)是指以某一点为观察点,研究某一区域通视情况的地形分析,即确定该观察点与研究区域中点与点之间相互通视的能力。简单地说,就是判断实际地表上的两点是否相互可见。

确定地表景观中点与点之间相互通视的能力,对军事活动、微波通讯网的规划及娱乐场所和风景旅游点的研究和规划都是十分重要的。按传统的等高线图来确定通视情况非常困难,而数字高程模型的建立为通视分析提供了极为方便的基础,能方便地算出一个观察点所看到的各个部分。

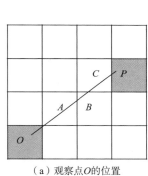
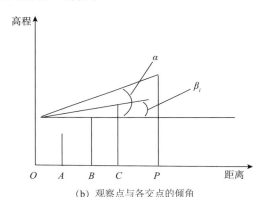

（a）观察点O的位置 （b）观察点与各交点的倾角

图 7-11 通视性分析示意图

以格网 DEM 为例,如图 7-11(a)所示,$O(x_0, y_0, z_0)$ 为观察点,$P(x_P, y_P, z_P)$ 为某一格网点,OP 与格网的交点为 A、B、C,则可绘出 OP 的剖面图,如图 7-11(b)所示。OP 的倾角 α 可由式(7-24)计算出:

$$\tan\alpha = \frac{z_P - z_0}{\sqrt{(x_P - x_0)^2 + (y_P - y_0)^2}} \qquad (7-24)$$

观察点与各交点的倾角 $\beta_i (i = A, B, C)$ 可由式(7-25)计算出:

$$\tan\beta_i = \frac{z_i - z_0}{\sqrt{(x_i - x_0)^2 + (y_i - y_0)^2}} \quad (i = A, B, C) \qquad (7-25)$$

若 $\tan\alpha > \max(\tan\beta_i, i = A, B, C)$,则 OP 通视,否则不通视。图 7-12 所示为根据给定观察点得到的对应的通视范围。

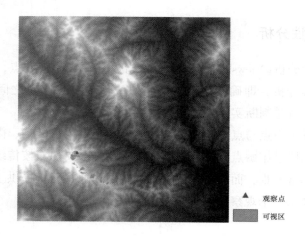

图 7-12　观察点及对应的可视区

　　由于 DEM 数据中通常没有包括地面物体的高度(如树林、建筑物)等特征，因此需对得到的结果需进行仔细地检查、判读才能最后确定通视情况。有些分析目的要求把物体的高度加入 DEM 数据中，以便更精确地计算通视范围。

三、地形因子分析

　　地形因子包括斜坡因子(坡度、坡向、坡度变化率、坡向变化率等)、面积因子(表面积、投影面积、剖面积)、体积因子(山体体积、挖填体积)和面元因子(相对高差、粗糙度、凹凸系数、高程变异等)等，常用的有坡度、坡向、粗糙度、高程变异等。

　　1. 坡度与坡向

　　1)坡度图

　　地表面某点的坡度(slope)表示地表面在该点的倾斜程度，是指过该点的切平面与水平面的夹角，在数值上等于过该点的地表微分单元的法矢量 $\vec{n}$ 与 z 轴的夹角(如图 7-13 所示)，即：

$$Slope = \arccos(\frac{\overrightarrow{zn}}{|\vec{z}||\vec{n}|}) \qquad (7-26)$$

　　地面坡度实质是一个微分的概念，地面上任一点的坡度是地表曲面函数 $z = f(x, y)$ 在东西、南北方向上的高程变化率。实际进行坡度提取时，常采用简化的差分公式：

$$Slope = \arctan\sqrt{(\frac{\mathrm{d}z}{\mathrm{d}x})^2 + (\frac{\mathrm{d}z}{\mathrm{d}y})^2} \qquad (7-27)$$

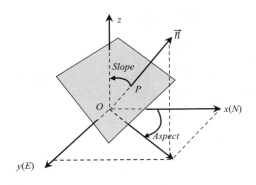

图 7-13　地面上某点坡度坡向示意图
（x 方向为正北方向，y 方向为正东方向）

式中，dz/dx、dz/dy 分别为 x 方向、y 方向的高程变化率。拟合曲面法是解求坡度的最常用的方法。拟合曲面法，一般采用二次曲面，即在 3×3 的 DEM 栅格分析窗口中（图 7-14）进行，每个栅格中心为一个高程值，分析窗口在 DEM 数据矩阵中连续移动完成整个区域的计算工作。常用的计算 dz/dx、dz/dy 的方法是三阶反距离平方权，如 ArcGIS 采用的就是这种计算方法。如图 7-14 所示，为一个 $3 \times$

3 的 DEM 栅格，格网中的 $a \sim i$ 为该格网对应的高程值，则中心单元的 dz/dx、dz/dy 计算方法为：

$$\frac{\mathrm{d}z}{\mathrm{d}x} = \frac{(c + 2f + i) - (a + 2d + g)}{8\Delta x}$$

$$\frac{\mathrm{d}z}{\mathrm{d}y} = \frac{(g + 2h + i) - (a + 2b + c)}{8\Delta y} \tag{7-28}$$

式中，Δx、Δy 分别为 x、y 方向的网格间距。计算结果以图形方式进行显示。

2）坡向图

坡向（aspect）是指地表面上一点的切平面的法线矢量 $\vec{n}$ 在水平面的投影 $\vec{n}_{xoy}$ 与过该点的正北方向的夹角（如图 7-15 所示，x 轴为正北方向）。其数学表达公式为：

$$A = \arctan\left(\frac{\mathrm{d}z}{\mathrm{d}y}\bigg/\frac{\mathrm{d}z}{\mathrm{d}x}\right) \tag{7-29}$$

对于地面任何一点来说，坡向表征了该点高程值改变量的最大变化方向。在输出的坡向数据

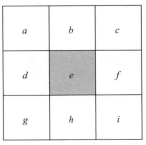

图 7-14　计算 dz/dx、dz/dy 的 3×3 窗口示意图

中，坡向值有如下规定：正北方向为 0°，顺时针方向计算，取值范围为 0°～ 360°。由于式 7-29 求出的坡向有与 x 轴正向和 x 轴负向夹角之分，此时就要根据 dz/dx、dz/dy 的符号来进一步确定坡向值，确定方法如式（7-30）所示：

$$A = \begin{cases} 90 + \arctan\left(\dfrac{dz}{dy}\bigg/\dfrac{dz}{dx}\right) & \left(\dfrac{dz}{dx} > 0\right) \\[2mm] 270 + \arctan\left(\dfrac{dz}{dy}\bigg/\dfrac{dz}{dx}\right) & \left(\dfrac{dz}{dx} < 0\right) \\[2mm] 180 & \left(\dfrac{dz}{dx} = 0, \quad \dfrac{dz}{dy} < 0\right) \\[2mm] 0 & \left(\dfrac{dz}{dx} = 0, \quad \dfrac{dz}{dy} > 0\right) \end{cases} \qquad (7-30)$$

采用这种方法求取的坡向分级比较详细，但实际应用中往往需要给予归并，如在 ArcGIS 中，通常把坡向综合成 9 种：平缓坡（ −1 ）、北坡（0°～22.5°、337.5°～360°）、东北坡（22.5°～67.5°）、东坡（67.5°～112.5°）、东南坡（112.5°～157.5°）、南坡（157.5°～202.5°）、西南坡（202.5°～247.5°）、西坡（247.5°～292.5°）、西北坡（292.5°～337.5°）。图 7−15 为图 7−8（a）的 DEM 数据得到的坡度图和坡向图。

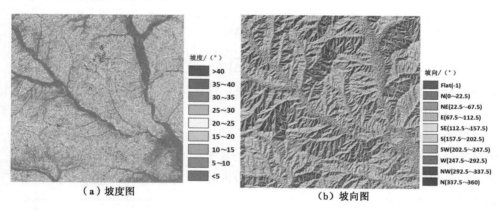

（a）坡度图　　　　　　　　　　　　（b）坡向图

图 7−15　DEM 数据得到的坡度和坡向图

2. 地形粗糙度

地形粗糙度（Terrain Roughness 或 Topographic Roughness）表示地面高程的起伏程度，一般定义为地表单元的曲面面积 $S_{曲面}$ 与其在水平面上的投影面积 $S_{水平}$ 之比。用数学公式表达为：

$$R = \frac{S_{曲面}}{S_{水平}} \qquad (7-31)$$

地形粗糙度能够反映地形的起伏变化和侵蚀程度，在地质构造研究中具有很重要的意义。计算地形粗糙度的算法不下十种，常用的有基于高程和基于坡度的计算方法，现简要介绍如下。

1）基于高程的计算方法

研究区高程变化越大，地形也越粗糙。因此高程的变化量是衡量地形粗糙度的一个有效量度，目前常用的方法有 3 种。

第一种方法是高程标准离差法，即计算某点与周围 n 个点的高程差的均值，即：

$$R_i = \frac{\frac{1}{n}\sum_{j=1}^{n} z_j - z_i}{n} \qquad (7-32)$$

式中，z_i 表示第 i 个待求单元的高程值；z_j 表示第个 j 单元周围 n 个单元的高程值；R_i 表示第 i 个单元的粗糙度。

第二种方法是采用高程的均方差来表示地面高程的起伏程度，高程的均方差也称为高程变异。一般用某点及周围 8 个点的高程值来求该点的高程变异值，计算公式为：

$$H = \frac{1}{3}\sqrt{\sum_{i=0}^{8}\left(z_i - \frac{1}{9}\sum_{j=0}^{8} z_j\right)^2} \qquad (7-33)$$

第三种方法称为地形粗糙指数（TRI，Terrain Roughness Index）法，即计算某点与周围 8 个点的高程差的均值，即：

$$R_i = \frac{\sum_{j=1}^{8}(z_j - z_i)}{8} \qquad (7-34)$$

2）基于坡度的计算方法

地形越粗糙的区域，坡度变化越大，因此采用坡度也可以衡量地形的粗糙度。常用的方法有以下两种。

（1）坡度极差法：$SV = S_{max} - S_{min}$。给定一窗口（窗口半径 > 100m），窗口内高程的最大值和最小值之差即为窗口内高程极差。

（2）面积比法。用地形表面的三维面积 A_{3D} 与二维面积 A_{2D} 比值来衡量地形粗糙度。首先根据 DEM 数据求得坡度值，进而可求得每一个网格的三维面积：

$$A_{3D} = \frac{A_{2D}}{\cos(Slope)} \qquad (7-35)$$

根据式（7-35）计算出研究区的三维总面积，则有：

$$R = \frac{\sum\limits_{i=1}^{N} A_{3D_i}}{\sum\limits_{i=1}^{N} A_{2D_i}} \tag{7-36}$$

利用式(7-36)可计算出某区域总的地形粗糙度。

同样，运用上述原理也可求得每一网格的地形粗糙度。当分析窗口为 3×3 时，粗糙度的近似公式为：

$$R = \frac{1}{\cos(Slope)} \tag{7-37}$$

图 7-16 为根据式(7-37)，由 DEM 数据[图 7-8(a)]得到的地形粗糙度分布图。

图 7-16　根据 DEM 计算地形粗糙度

四、地形特征分析

地形特征分析是指地形特征点、线、面的提取，并进而通过基本要素的组合进行地表形态分析。下面简要介绍地形特征点和特征线的提取方法。

1. 地形特征点提取

地形特征点主要包括山顶点(peak)、凹陷点(pit)、脊点(ridge)、谷点(channel)、鞍点(pass)，平地点(plane)等，可以通过等值线(杨广义等，2010；袁江红等，2009)或格网 DEM 数据来提取。相对来说，格网 DEM 数据处理更简单些。从原理上讲，可以分为基于地形表面几何形态分析和地形表面流水物理模拟分析方法两大类（张尧等，2013）。

　　基于地形表面几何形态的分析方法，是假设地形表面 $z = f(x, y)$ 为一连续光滑的曲面。当任意地形点为山脊点或山谷点时，该点一定是 $f(x, y)$ 曲面上的一个局部极值点。其他地形特征点也可以用 x 方向和 y 方向上关于高程 z 的二阶导数的正负组合关系来判断（表 7-1）。表 7-1 中，$\partial^2 z/\partial^2 x$，$\partial^2 z/\partial^2 y$ 的值可以利用差分方法得到。首先根据式（7-28）计算出每一格网的 dz/dx 和 dz/dy 值，如图 7-17 所示，后可运用式（7-38）计算出 $\partial^2 z/\partial^2 x$、$\partial^2 z/\partial^2 y$ 的值。因此该判断方法十分适合规则格网 DEM 数据。但是由于真实地表与数学表面的差别，利用该方法在 DEM 上提取特征点，常产生伪特征点。

表 7-1　地形特征点类型的判断表

名称	定　义	领域高程关系
山顶点（peak）	指在局部区域内海拔高程的极大值点，表现为在各方向上都为凸起	$\dfrac{\partial^2 z}{\partial x^2} < 0,\quad \dfrac{\partial^2 z}{\partial y^2} < 0$
凹陷点（pit）	指在局部区域内海拔高程的极小值点，表现为在各方向上都为凹陷	$\dfrac{\partial^2 z}{\partial x^2} > 0,\quad \dfrac{\partial^2 z}{\partial y^2} > 0$
脊点（ridge）	指在两个相互正交的方向上，一个方向凸起，而另一个方向没有凹凸性变化的点	$\dfrac{\partial^2 z}{\partial x^2} < 0, \dfrac{\partial^2 z}{\partial y^2} = 0$ 或 $\dfrac{\partial^2 z}{\partial x^2} = 0, \dfrac{\partial^2 z}{\partial y^2} < 0$
谷点（channel）	指在两个相互正交的方向上，一个方向凹陷，而另一个方向没有凹凸性变化的点	$\dfrac{\partial^2 z}{\partial x^2} > 0, \dfrac{\partial^2 z}{\partial y^2} = 0$ 或 $\dfrac{\partial^2 z}{\partial x^2} = 0, \dfrac{\partial^2 z}{\partial y^2} > 0$
鞍点（pass）	指在两个相互正交的方向上，一个方向凸起，而另一个方向凹陷的点	$\dfrac{\partial^2 z}{\partial x^2} < 0, \dfrac{\partial^2 z}{\partial y^2} > 0$ 或 $\dfrac{\partial^2 z}{\partial x^2} > 0, \dfrac{\partial^2 z}{\partial y^2} < 0$
平地点（plane）	指在局部区域内各方向上都没有凹凸性变化的点	$\dfrac{\partial^2 z}{\partial x^2} = 0, \dfrac{\partial^2 z}{\partial y^2} = 0$

（a）dz/dx 的值　　　　（b）dz/dy 的值

图 7-17　3×3 窗口 dz/dx、dz/dy 值分布

$$\frac{\partial^2 z}{\partial x^2} = \frac{(c'_x + 2f'_x + i'_x) - (a'_x + 2d_x + g'_x)}{8\Delta x}$$

$$\frac{\partial^2 z}{\partial y^2} = \frac{(g'_x + 2h'_x + i'_x) - (a'_x + 2b'_x + c'_x)}{8\Delta y}$$

(7-38)

另外，对于规则格网 DEM 数据，还可以通过移动窗口极值与原 DEM 数据的对比来求得山顶点与谷点的分布。即首先求出 3×3 或更大的窗口内的极值，并利用移动窗口形成一幅极值分布图，然后把极值分布图与原 DEM 图相减，则 0 值对应的栅格即为山顶点或谷点。图 7-18 为利用该方法得到的山顶点分布图。

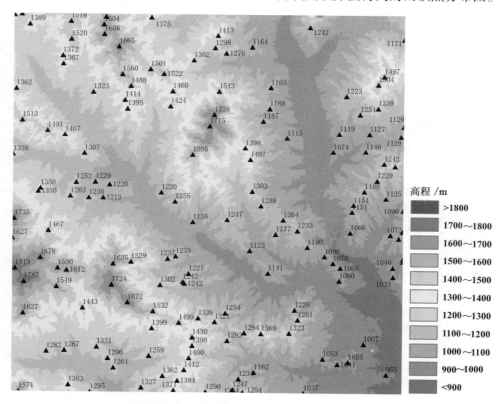

图 7-18　根据 DEM 数据得到的山顶点分布

利用地形表面流水物理模拟分析方法提取地形特征点的基本原理，是根据地形自然表面的水流总是沿着最陡的方向从高处流向低处，并在下游不断汇集，由于脊点的水流是不累积的，因此，理论上讲脊点的汇水量应为 0。这样，首先逐一计算出 DEM 中每个格网点的汇水量，汇水量小于某一阈值的点即为脊点。然后把正负地形倒过来，按同样方法可以求得谷点(Tribe, 1992；郭万钦等，2011)。

2. 地形特征线提取

地形特征线又叫地性线，包括山脊线和山谷线。山脊线和山谷线构成了地形起伏变化的分界线（骨架线），揭示了地貌形态的本质，在 DEM 生成、地貌综合、流域分析、水文分析、河系自动生成等研究中具有重要作用，因此对于地形地貌研究具有重要的意义。地形特征线的提取方法有很多，既可以通过等高线提取（郭庆胜等，2008；张尧等，2013），也可以通过 DEM 数据提取（朱庆等，2004；周毅等，2007；原立峰等，2008；韦金丽等，2012；刘淑琼、邹时林，2015）。从算法原理上讲，与地形特征点提取算法一样，也可以分为基于地形表面几何形态分析和地形表面流水物理模拟分析方法两大类，具体算法可以参考相关文献（汤国安等，2005）。由于 ArcGIS 具有强大的地形表面分析功能和水文分析功能，运用表面曲率功能及水文分析模块，都可以提取出山脊线和山谷线（图7-19）。

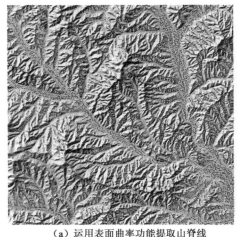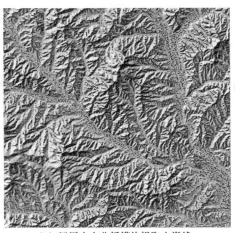

（a）运用表面曲率功能提取山脊线　　　　（b）运用水文分析模块提取山脊线

图7-19　运用 ArcGIS 表面曲率功能及水文分析模块提取山脊线

思考题

1. 什么是数字高程模型，数字高程模型有什么特点？

2. 举例说明油气勘探数据中哪些数据可以归为 DEM 范畴。

3. 比较 DEM 中规则格网和 TIN 两种表示方式的特点。

4. 什么是空间插值，有哪些常用的插值方法，各有何优缺点？

5. 什么是坡度和坡向？下图所示为某一地形等高线的数字栅格图，如果要利用这个数据计算出该地形的坡度及坡向分布，如何处理？简述其处理流程。

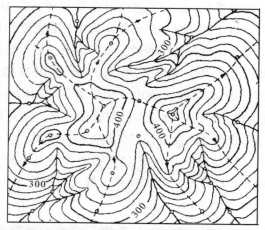

6. 假设你手中有两幅纸质图，分别为某地层的上顶面和下底面的等深图，现需要通过这两幅图得到该地层的厚度等值线图，如何实现？

7. 下图为一油藏构造图，某同学需要根据图中给出的条件，运用 GIS 空间分析方法求该油藏的总体积。试说明其基本的流程思路(不需要具体操作)。

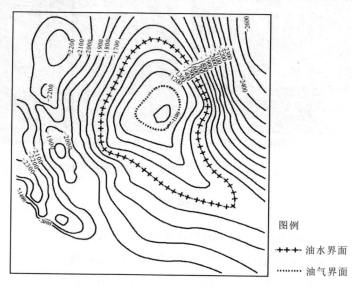

图例

+++ 油水界面

······· 油气界面

8. 简述 DEM 在油气勘探中的可能应用。

参考文献

[1]TRIBE A. Automated recognition of valley lines and drainage networks from grid digital elevation models：a review and a new method［J］. Journal of hydrology，1992(1－4)：263－293.

[2]郭庆胜，杨族桥，冯科. 基于等高线提取地形特征线的研究[J]. 武汉大学学报(信息科学版)，2008(03)：253－256，301.

[3]李志林，朱庆. 数字高程模型[M]. 武汉：武汉大学出版社，2001：248.

[4]刘淑琼，邹时林. 基于格网 DEM 的地形特征线提取方法比较[J]. 测绘与空间地理信息，2015 (2)：85－86.

[5]汤国安，刘学军，闾国年. 数字高程模型及地学分析的原理与方法[M]. 北京：科学出版社，2005：411.

[6]韦金丽，王国波，凌子燕. 基于高分辨率 DEM 的地形特征提取与分析[J]. 测绘与空间地理信息，2012(01)：33－36.

[7]杨广义，张小朋，王利伟，等. 基于通视与 D－P 算法相结合的地形特征点提取方法[J]. 测绘科学，2010(01)：83－84.

[8]袁江红，欧建良，查正军. 等值线 DEM 地形特征点提取与分类[J]. 现代测绘，2009(3)：3－6.

[9]原立峰，李发源，张海涛. 基于栅格 DEM 的地形特征提取与分析[J]. 测绘科学，2008(6)：86－88.

[10]张尧，樊红，李玉娥. 一种基于等高线的地形特征线提取方法[J]. 测绘学报，2013(4)：574－580.

[11]周毅，汤国安，张婷，等. 基于格网 DEM 线状分析窗口的地形特征线快速提取方法[J]. 测绘通报，2007(10)：67－69.

[12]朱庆，赵杰，钟正，等. 基于规则格网 DEM 的地形特征提取算法[J]. 测绘学报，2004(1)：77－82.

第八章　空间数据可视化与制图

如果说数据是油气勘探工作的灵魂，那么图件就是沟通灵魂的桥梁。油气勘探领域有海量的空间数据，如何高效、准确地把这些空间数据以容易理解的方式呈现给石油地质人员用于决策，是空间数据可视化的一个重要内容，在油气勘探开发中有重要的意义。作为空间数据集成与管理的平台，GIS 同时也具有强大的空间数据二维、三维可视化功能。本章简要介绍空间数据可视化的基本概念、石油天然气地质图件类别、地图设计等内容，并以 ArcGIS 10.2 为例，简单说明如何设计并制作一幅地图。

第一节　空间数据可视化

数据可视化是科学数据可视化（Scientific Data Visualization）或科学计算可视化（Visualization in Scientific Computing）的简称，其含义是指如何把科学数据转换成能帮助科学家或工程技术人员理解的可视信息的计算方法或处理技术。美国计算机科学家 Bruce（1987）最早给出了科学可视化的目标和范围，即利用计算机图形学来创建视觉图像，帮助人们理解科学技术概念或结果的那些错综复杂而又往往规模庞大的数字表现形式。随着计算机软、硬件的快速发展以及计算机图形学的发展，科学数据可视化技术越来越先进，图像越来越逼真，已经成为科学研究一个不可或缺的重要组成部分。在油气勘探中，数据的可视化更是数据处理中的一个极其重要的环节，是勘探决策的基础。数据可视化分为二维和三维可视化，我们常用的地图就是数据二维可视化最主要的表现形式，也是油气勘探中最重要的一类图件。由于油气藏都位于地下，因此对油气藏数据进行三维显示，可以更逼真地展示地质体的空间分布，已经成为油气勘探空间数据可视化的一个重要手段。

一、地图及其分类

1. 地图的概念

关于地图的概念，由于理解及应用的角度不同，加上制图技术的进步，不同时期、不同行业、不同文献有不同的定义。如国际地图学协会（ICA）把地图定义为对地理现实世界的表现或抽象，以视觉的、数字的或触觉的方式表现地理信息的工具。祁向前等（2012）将地图定义为遵循一定的数学法则，将客体（一般指地球，也包括其他星体）上的地理信息通过科学的概括，并运用符号系统表示在一定载体上的图形，以传递它们的数量和质量在时间与空间上的分布规律和发展变化。总的来说地图就是依据一定的数学法则，使用制图语言，通过制图综合，在一定的载体上表达地球（或其他天体）上各种事物的空间分布、联系及时间上的发展变化状态的图形。

无论哪种定义，都反映了地图具有如下基本特征。

（1）地图是地理信息的载体。通过地图，使得地理信息能被积累、复制、组合、传递，还能被使用者根据自身的需要加以理解、提取及应用。

（2）地图是按一定的数学法则产生的图形，具有可量测性，能反映空间拓扑关系。数学法则包含地图投影、地图比例尺和地图定向三个方面，从而可以反映实体的位置。空间拓扑关系则能够准确地反映实体之间的空间关系。

（3）使用特定的符号系统，即地图语言来表示客观实体。地图语言包括地图符号和地图注记两部分。地图应该具有完整的符号系统，地图表现的客体主要是地球。地球上具有数量极其庞大的自然与社会经济现象的信息。只有透过完整的符号系统，才能准确地表达这种现象。

（4）地图必须经过科学概括。缩小了的地图不可能表示地球上所有现象，只能根据地图的用途表示某些主要内容。而且随着比例尺的缩小，所表示的制图对象在图上变得愈来愈小。为了保持图形的清晰易读，必须舍去和概括一些次要部分，保留和突出主要的、本质的特征。这种经过分类、简化、夸张和符号化，从地理信息形成地图信息的过程，就是地图的概括。

2. 地图的分类

随着社会的发展，空间数据量增长迅速，编制和应用地图的部门和学科也越来越多，同时制图设备和制图软件发展迅速，使得地图类型与品种也日益增多。地图的分类有很多，最常用的有按照地图比例尺、制图区域范围、地图内容及存储介质等几个方面进行分类（张荣群等，2005；祁向前等，2012）。

1）按比例尺分类

地图比例尺的大小决定地图内容详细程度、地图的制图范围以及地图量测的精度。按地图比例尺分类，地图可分为大比例尺地图、中比例尺地图和小比例尺地图 3 种。

（1）大比例尺地图。1∶10 万及更大比例尺的地图。主要有 1∶10 万、1∶5 万、1∶2.5 万、1∶1 万、1∶5000 等。它详尽而精确地表示地面的地形和地物或某种专题要素。大比例尺地图一般是在实测或实地调查的基础上编制而成的。作为专业详细调查使用，可进行图上量算或者作为编制中小比例尺地图的基础资料。

（2）中比例尺地图。介于 1∶10 万和 1∶100 万之间的地图，如 1∶25 万、1∶50 万等。它表示的内容比较简要，由大比例尺地图或根据卫星图像经过地图概括编制而成，可供专业普查使用。

（3）小比例尺地图。1∶100 万及更小比例尺的地图，如 1∶100 万、1∶150 万、1∶250 万、1∶400 万、1∶600 万、1∶1000 万、1∶2000 万等。这种地图随着比例尺的缩小，内容概括程度增大，几何精度相对降低，用以表示制图区域的总体特点。

需要注意的是，按照地图比例尺的划分只是一种相对的习惯用法，对于不同的使用对象，有不同的分法。

2）按内容（主题）分类

地图按内容或主题可分为普通地图和专题地图两大类。

（1）普通地图。普通地图是指以相对平衡的详细程度全面表示地面上主要的自然和社会经济现象的地图，能比较完整地反映出制图区域的地理特征，包括水系、地形、地貌、土质、植被、居民地、交通网、境界线等。

（2）专题地图。专题地图是根据专业的需要，突出反映一种或几种主题要素的地图，其中，作为主题的要素表示得很详细，其他的要素则围绕表达主题的需要，作为地理基础概略表示。如地质图、沉积相图、矿产分布图等。

3）按制图区域分类

地图按制图区域分类时，可以按自然区和行政区两方面划分。按自然区域可划分为世界地图、半球地图（如东半球地图、西半球地图）、大陆地图（如亚洲地图、欧洲地图）、大洋地图（如太平洋地图、大西洋地图）、盆地地图、流域地图（如黄河流域地图）等。按行政区划分为国家地图、省地图、市地图、县地图等。

4）按存储介质分类

地图按存储介质可分为纸质地图、胶片地图、丝绸地图、数字地图（光盘地图、电子地图、网络地图）等。

二、石油天然气地质图件

石油天然气地质图是一类专门用于石油天然气勘探开发的专题地图。按照我国石油天然气地质编图规范，石油天然气地质图件可以分为三大类：平面图、剖面图和柱状图。平面图（Plane Map）是表达石油天然气地质信息平面变化的图件；剖面图（Section Diagram）则是沿地球表面一条线切开的断面上，表达石油天然气地质信息变化的图件，如构造剖面图、油气藏剖面图等；柱状图（Column Diagram）是表达垂直地层走向的铅垂地层剖面中的地层、构造、岩石岩性、颜色、油气显示和沉积相等信息随深度变化的图件。我们这里讲的专题地图，是针对平面图而言的。

作为专题地图，石油天然气地质图件有其特殊的地图要素。所谓地图要素，也称为图元，是组成图件的各种符号，包括图形、图标（或符号）和注记。根据空间数据的类型，可以把这些要素分为两大类，即离散型和连续型。离散型要素主要包括：地理类（居民地、境界、单位所在地、水系、地形地貌、交通），构造类（断层、区域和局部构造界线、褶皱构造地质体系），油气田、油气藏类别（油气储量类别、含油气水边界），井位和井类别（探井类别、井类别、油气显示类别），岩石类别（沉积岩、岩浆岩、变质岩及其颜色），地层类别（地层单位、侵入岩地质时代），沉积相类别（陆相、海陆过渡相、海相、物源方向）等；连续型要素是指在空间上连续变化的各类参数，通常以等值线的方式进行表达，如地层的顶底埋深、储层物性参数的空间分布、烃源岩 R_o 的空间分布、储层厚度的空间变化等。

三、计算机地图制图

1. 计算机地图制图的概念

计算机地图制图又称机助地图制图或数字地图制图，它是以传统的地图制图原理为基础，以计算机及其外围设备为工具，采用数据库技术和图形数据处理方法，实现地图信息的采集、存储、处理、显示和绘图。与传统的地图制图相比，计算机地图制图具有易于编辑和更新、提高绘图速度和精度、容量大且易于存储、丰富的地图品种以及便于信息共享等优越性（艾自兴等，2005），因此计算机地图制图已经成为油气勘探制图领域最重要的方法。

2. 常用的计算机制图软件

计算机制图软件种类很多，各有特征。总体来说，大致可以分以下几类。

1）专业制图软件

在地图制图中用的较多的专业制图软件有 AutoCAD、MicroStation 和 Corel-DRAW 等。

AutoCAD 是由美国 Autodesk 公司于 1982 年最早推出的计算机辅助设计（CAD，Computer Aided Design）软件，经过不断完善和发展，已经成为 CAD 领域使用非常广泛的绘图工具。在 CAD 领域与 AutoCAD 齐名的另一套软件是 MicroStation，其第一个版本由 Bentley 兄弟在 1986 年开发完成。AutoCAD、MicroStation 软件在加工制造业、建筑业、美工等多个领域获得了广泛的应用。

在石油地质领域，CorelDRAW 是比较常用的绘图工具。CorelDRAW 软件是加拿大 Corel 公司推出的集矢量图形绘制、文字编辑和印刷排版于一体的制图软件。在矢量图形制作方面有很大的优势：①具有灵活的位图图像导入功能、强大的图层和对象管理功能、强大的绘线和曲线编辑功能和面填充功能；②具有丰富的文字注记和编辑功能；③具有方便的图例符号建库和调用功能，可以根据实际需求有针对性地开发地图符号库；④图形文件数据量小。尽管 CorelDRAW 软件在图形编辑、设计和表达上功能强大，但在地图制图方面仍然存在着局限性。由于无法建立目标之间有效的空间关系，通常按照图形对象来组织地图目标的结构，缺乏更有效的描述和管理机制，在数据采集、编辑过程中往往存在步骤重复、操作烦琐的情况，难以提高地图制图的自动化程度。

2）等值线绘图软件

Sufer 软件是这类软件的典型代表，在石油行业有广泛的应用。这类软件具有一定的数据处理能力，可以把离散的不规则数据进行网格化并成图，同时该软件还提供脚本语言，可以进行简单的编程，实现某些特定目的，但这类软件功能比较单一。

3）石油数据处理、综合解释与成图软件

油气勘探行业有很多的专业软件，这些软件都具有一定的制图功能，但制图功能相对较弱，而且专业性很强。

4）地理信息系统类软件

这类软件主要有两类：一类主要用于石油地质制图，常用的有 Geomap，

Double Fox 等，另一类就是工具型 GIS 软件，如 ArcGIS、MapGIS 等。作为集空间数据输入、存储、处理、管理与可视化为一体的综合平台，GIS 软件拥有强大的制图功能。与前面 3 类软件相比，利用 GIS 制图有很大的优势。主要表现在以下几个方面。

(1)通用性强。基于 GIS 平台可以制作不同类型的平面图。既可以绘制离散要素的平面图，如井位分布、沉积相图等，也可以根据提供的数据绘制等值线图。既支持矢量数据，也支持栅格数据，同时可以混合成图。

(2)强大的图层和对象管理能力。GIS 平台把空间实体分成点、线和面类进行管理，操作方便，管理简单。

(3)除了制图功能外，还具有海量数据管理、空间分析等功能，在图形编辑、打印输出、数据格式支持、拓扑运算等方面具有较大优势。

(4)标注灵活。由于 GIS 平台把空间数据和属性数据统一管理，对空间对象的标注非常灵活，可以在同一个底图下根据需要标注不同的内容。同时，由于 GIS 平台一般都提供脚本语言，可以方便地实现一些特殊的标注，如上下标、分式、产状等。

第二节　地图的分幅与编号

中国国家基本地形图有 8 种，比例尺由小到大依次为：1：100 万、1：50 万、1：25 万、1：10 万、1：5 万、1：2.5 万、1：1 万、1：5000。为了便于管理使用地图，需要将各种比例尺地图进行统一的分幅和编号。

一、地图的分幅与编号

分幅是指用图廓线把制图区分割成更小的区域，图廓线圈定的范围成为单独图幅，图幅之间沿图廓线相互拼接。分幅方法有两种：一种是按经纬线分幅的梯形分幅（又称为国际分幅或经纬线分幅）法，另一种是按坐标格网分幅的矩形分幅法。

梯形分幅的图廓线由经线和纬线组成，大多数情况下表现为上下图廓为曲线的梯形。梯形分幅是当前世界各国地形图和小比例尺分幅地图所采用的主要分幅形式。其主要优点是每个图幅都有明确的地理位置概念，因此适用于大区域范围（全国、大洲、全世界）的地图分幅。其主要缺点是经纬线被描绘成曲线时，图幅拼接不便。

矩形分幅的图廓线由矩形的坐标格网组成，相邻图幅间的图廓线都是直线，矩形的大小根据图纸规格、用户使用的方便程度以及编图的需要确定。挂图、地图集和专题地图多用这种分幅方式。矩形分幅主要优点是图幅之间结合紧密，便于拼接使用。其主要缺点是整个制图区域只能一次投影完成。

所谓地图编号是按一定方法为每个图幅做上数码标记，便于查询和管理。常见的编号方式有行列式编号法和自然序数编号法。行列式编号法是将区域分为行和列，分别用字母或数字表示行号和列号，一个行号和一个列号标定一个唯一的图幅。自然序数编号法则将图幅按从左向右、自上而下的自然序数编号。

二、我国地图的分幅与编号

我国8种基础比例尺地图中，1:100万地图采用国际统一的分幅和编号，即自赤道向北或向南分别按纬差4°分成横列，各列依次用A，B，…，V表示，南半球加S，北半球加N，由于我国领土全在北半球，N字省略。自经度180°开始起算，自西向东按经差6°分成纵行，各行依次用1，2，…，60表示(图8-1)。每一幅图的编号由其所在的行列号决定。例如，北京十三陵水库区某点的经纬度分别为116°15′20″E、40°15′30″N，则所在的1:100万比例尺图的图号为K-50。对于大于或等于1:50万的地形图，以1992年12月我国颁布的《GB/T 13989-1992国家基本比例尺地形图分幅和编号》为界，有新旧两种分幅方法。

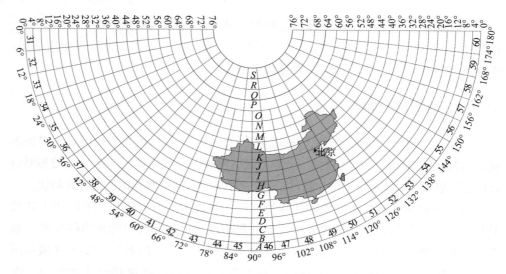

图8-1　中国陆域在1:100万地图分幅(北半球)中的位置

1. 旧的地形图分幅及编号方法(1993 年 3 月前)

旧的地形图分幅方法如图 8-2 所示。即由 1:100 万地图派生出 1:50 万、1:25 万、1:10 万 3 种比例尺地图；在 1:10 万地图基础上派生 1:5 万、1:1 万两种比例尺地图；1:5 万、1:1 万又分别派生出 1:2.5 万和 1:5000。编号则采用自然序数编号，如图 8-3 所示。

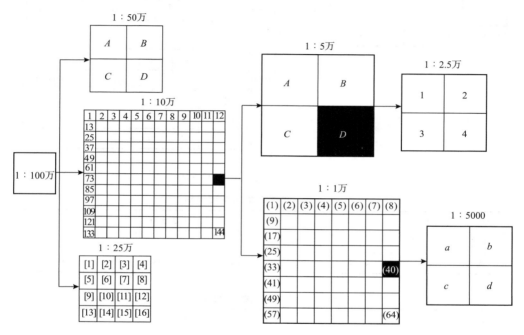

图 8-2　中国旧的地形图分幅方法

2. 新的地形图分幅及编号方法(1993 年 3 月施行)

1992 年 12 月，我国颁布了《GB/T 13989 – 1992 国家基本比例尺地形图分幅和编号》新标准，1993 年 3 月开始实施。按照这一标准，新系统下地图分幅方法没有作任何变动，但编号方法有了较大变化，即统一采用行列式编号法。所有比例尺的图幅编号均由 10 位数构成，构成方法见表 8-1 及表 8-2。表 8-3 列出了十三陵水库区某点(116°15′20″E，40°15′30″N)所在区域在不同比例尺新旧两种图幅编号的对比情况。详细的转换方法可以查看相关文献(刘宏林，1998；王腾军等，2004；陈天立等，2011。)

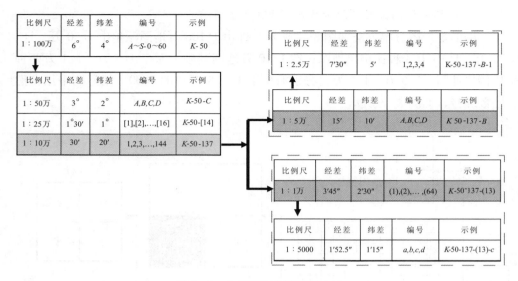

图 8-3 中国旧地形图编号方法

表 8-1 我国基本比例尺代码

比例尺	1:50 万	1:25 万	1:10 万	1:5 万	1:2.5 万	1:1 万	1:5000
代码	B	C	D	E	F	G	H
行列数	2×2	4×4	12×12	24×24	48×48	96×96	192×192

表 8-2 新地形图编号构成方法

位数	1	2	3	4	5	6	7	8	9	10
代码	1:100 万 图幅行号	1:100 万 图幅列号		比例尺代码		图幅行号			图幅列号	

表 8-3 十三陵水库某点(116°15′20″E,40°15′30″N)不同比例尺下新旧图幅编号

比例尺	经差	纬差	行列数	旧分幅编号	新分幅编号
1:100 万	6°	4°	1×1	K-50	K50
1:50 万	3°	2°	2×2	K-50-C	K50B002001
1:25 万	1°30′	1°	4×4	K-50-[14]	K50C004002
1:10 万	30′	20′	12×12	K-50-137	K50D012005
1:5 万	15′	10′	24×24	K-50-137-B	K50E023010
1:2.5 万	7′30″	5′	48×48	K-50-137-B-1	K50F045020
1:1 万	3′45″	2′30″	96×96	K-50-137-(13)	K50G090037
1:5000	1′52.5″	1′15″	192×192	K-50-137-(13)-c	K50H180073

第三节　地图设计与制图

地图是二维可视化最主要的表现形式，也是油气勘探中最重要的图件。一幅好的地图应该简明、清晰易认，即只看图、图名、图例等要素就可以理解图意。因此地图的设计就显得尤为重要。一般来说，在地图的设计过程中，主要应该考虑以下几个方面：符号的运用、图面配置和内容安排。

一、地图符号

地图符号是具有空间特征的一种符号，是地图的图解语言。广义的地图符号是指表示地表各种事物现象的线划图形、色彩、数学语言和注记的总和。狭义的地图符号是指在图上表示制图对象空间分布、数量、质量等特征的标志、信息载体，包括线划符号、色彩和注记。

1. 符号和符号设计

地图符号包括形状、大小、方向、纹理、图案、密度、结构、颜色和位置。形状表征了图上要素类别。根据空间实体的特征，地图符号的形状分为点状、线状和面状 3 类，每一类又根据其大小、方向、纹理、图案、密度、结构、颜色和位置来表达图上数据之间的数量差别。不同国家、地区或石油公司都会有自己的符号标准，如表 8-4 所示为部分空间对象在中国石油、Shell 及 USGS 标准下的符号表示。

表 8-4　同一空间对象在中国石油、Shell、USGS 标准下的符号表示

要素类型	空间对象	中国石油标准	Shell 标准	USGS 标准
点	省会			
	首都			
	油田			
	气田			
	海洋			
线	国界线			
	油管			
	气管			
面	含油气盆地			

对于石油天然气地质图件，不同空间对象的符号参见《SY/T 5615 - 2004 石油天然气地质编图规范及图式》，制图中应该严格按照规范所要求的符号进行设计。

由于各专业领域的符号体系不一样，而 GIS 是一个通用的平台，不可能包括所有专业的符号体系，在这种情况下，就必须设计符号，构建符号库。GIS 平台一般都提供地图符号设计模块，因此可以以各专业制图规范为基础，运用 GIS 软件提供的符号设计模块设计制图所需的各种符号。如图 8-4 所示为运用 ArcGIS 提供的符号设计模块设计的部分点、线符号。

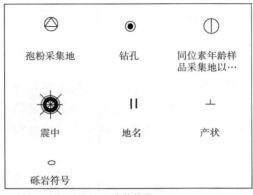

(a) 点状符号

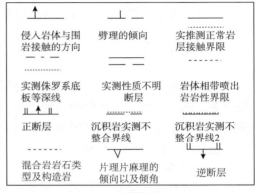

(b) 线状符号

图 8-4　根据 ArcGIS 符号设计模块设计的部分点状和线状符号

2. 色彩的运用

地图中色彩的运用简化了图形符号系统、丰富了地图内容、提高了地图内容表现的科学性、改善了地图语言的视觉效果、提高了地图的审美价值，因此色彩的运用在地图设计中具有非常重要的意义。

地图制作中色彩的运用首先必须理解色彩的 3 个属性，即色相（hue）、明度（亮度）（lightness）和饱和度（彩度、鲜艳度、纯度）（saturation）。色相是组成一种颜色的光的主波长，决定了对象的颜色。明度是指色彩的明暗程度，明度越大，则色彩越鲜艳。饱和度是指色彩的纯净程度。当一个颜色的本身色素含量达到极限时，就显得十分鲜艳、纯净，而完全饱和的颜色就为纯色。

在制图中，颜色的定量描述通常有两种方法：基于色相、饱和度和明度的 HSL 表示方法和基于红绿蓝三原色的 RGB 表示方法。在 HSL 表示中，H 值取 0 ~ 360，颜色由红色过渡到紫色，S、L 的取值区间为[0, 1]；RGB 表示中，R、G、B 的取值为[0, 1]。两种表示方法可以相互转换。利用这两种表示方法，可以知道某种颜色的 HSL 或 RGB 值，从而达到颜色定量描述的目的。在计算机制图中，为了制图方便，H、S、L及R、G、B一般不按上述方法取值，而是根据计算机色彩的表现能力对它们进行量化。如24位的真彩显示中，R、G、B都量化成0~255，这样，若R=0、G=0、B=0，则颜色为黑色，若R=255、G=255、B=255，则颜色为白色，若R=255、G=0、B=0，则颜色为红色。任意给定一组R、G、B值，便可以得到一种颜色。

在地图色彩的运用中，如果有规范，则需要严格按照规范中的色彩进行布色，如果没有规范，也需要遵循一定的原则。在长期的研究实践中，制图人员总结出一系列的习惯用色，并已约定俗成，数据表达中，要充分考虑这种习惯和专业背景。比如，在石油地质图件，凸起、高值区常用暖色调，凹陷、低值区为冷色调。如图8-5所示为某储层的厚度分布。图8-5(a)是常用的用色方法，图8-5(b)则不合适。

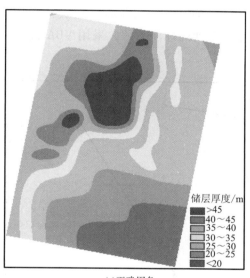

(a)正确用色　　　　　　　　　　　　　　　(b)不正确用色

图8-5　色彩的正确运用

3. 空间对象的标注

除了符号、颜色外，为了增加图件的可读性，还需要用一定的文字或者注记来标记制图要素，如盆地名称、钻孔名称等。字体或注记也有类型、大小之分。在中国石油地质图编图规范中对字体类型、大小也有明确规定。但实际制图过程中，由于图的用途不一样，字体大小可能会有一定的变化，需要综合考虑可读性、协调性和传统习惯性。地图上文字或标注的摆放一般遵循以下规则：点状要素的名称放在其点状符号的右上方；线状要素的名称应以条块状与该要素走向平行；面状要素的名称应放在能指明其面积范围的地方。总的原则是文字摆放的位置应能显示其所标识空间要素的位置和范围。

空间对象的标注合适与否，是影响地图美观的一个重要因素，特别是制图要素过多时，要素的重叠、位置上的冲突常常使得标注的可读性、协调性和平衡性矛盾突出。在 ArcGIS 中，有专门的智能标注模块（Maplex Label Engine）用于对空间对象的自动标注，可以根据需要选择合适的标注方式。但是仍然无法完全实现自动标注，需要对标注结果进行调整才能得到一个较理想的结果。如图 8-6 所示，图 8-6(a) 为 ArcGIS 自动标注的结果，图中有些钻孔的标注重叠在一起，无法阅读，需要进行适当调整，图 8-6(b) 为调整后的标注。

由于 GIS 把空间对象与属性数据统一管理，因此，可以根据需要标注任何一种或多种属性数据，结合 GIS 软件提供的脚本语言，则可以实现各种比较复杂的标注。如 ArcGIS 支持 VBA、Python 以及 Java 3 种脚本，可根据需要灵活运用。下面结合 ArcGIS 介绍几种在地质制图中经常用到的标注方法，采用 VBA 或 Python 语言作为脚本语言。

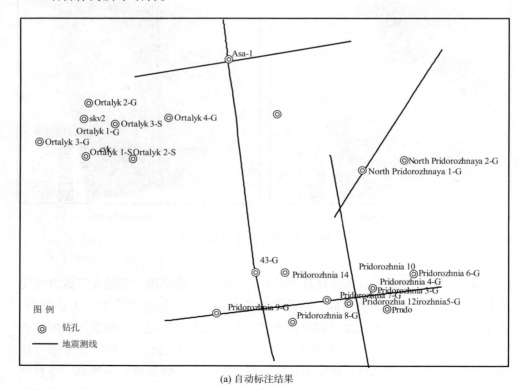

(a) 自动标注结果

图 8-6 空间对象的标注与调整

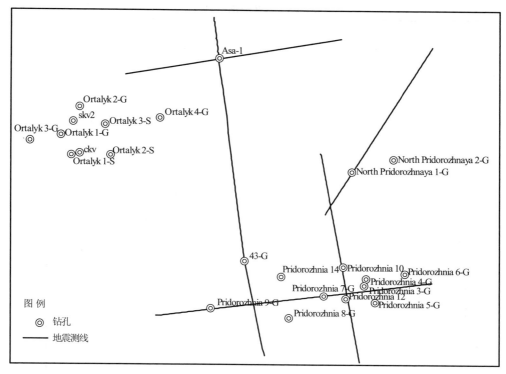

(b) 调整后的标注结果

图 8-6 空间对象的标注与调整(续)

1)多个属性的简单标注

最简单的标注是对空间对象的某个属性进行标注,如标注钻孔名称等。但实际制图中可能需要标注两个甚至更多个属性。如除标注钻孔名称外,还需要标注钻孔深度或者钻孔的试油试气情况等。如表 8-5 所示为部分钻孔的属性信息。可以根据需要同时标注井号、开钻日期、设计井深等。标注方法可以采用如下简单的表达式:

$$
\begin{array}{ll}
\text{Python:} & [\text{井号}] + "/" + [\text{设计井深}] \\
\text{VBA:} & [\text{井号}] \& "/" \& [\text{设计井深}]
\end{array}
\qquad (8-1)
$$

式中,"井号"、"设计井深"分别为需要标注的属性字段名称。标注结果如图 8-7 所示。按照类似的方法,可以对其他属性进行标注。

表8-5　钻孔属性信息表

FID	Shape *	井号	开钻日期	转盘面海拔/m	设计井深/m
0	Point	TGTR－6	2014/11/27	252.2	3200
1	Point	TMSK－1	2014/10/22	259.5	2960
2	Point	PRDS－18	2014/9/19	210.2	2100
3	Point	ASSA－2	2014/8/28	250.2	2900
4	Point	KNDK－6	2014/11/28	295	2180
5	Point	TGTR－8	2015/3/2	0	3100
6	Point	SK1017	2016/11/7	210.34	2206
7	Point	SK1012	2016/11/23	266	3040
8	Point	SK1018	2017/1/31	251	2125

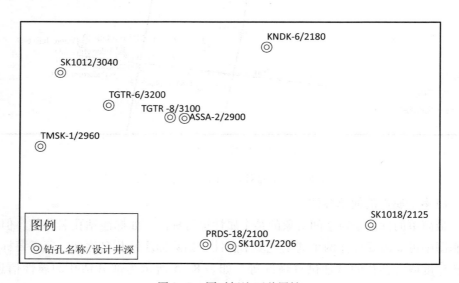

图8-7　同时标注两种属性

2）分式的标注

在地质图中有时两个属性不是简单的排列，而是需要以分式的形式进行标注。其表达方式如下：

Python："＜UND＞" ＋ ［分子］ ＋ "＜/UND＞" ＋"\n" ＋［分母］

VBA："＜UND＞" & ［分子］ & "＜/UND＞" & vbNewLine & ［分母］

(8-2)

式中，"＜UND＞"…"＜/UND＞"是一对格式标签，表示对位于其中的字符串进行下标线标注，需要标注的内容应该放在这一对标签中；"\n"和"vbNewLine"分别表示 Python 和 VBA 中的另起一行；"分母"字段名对应的是分母的内容，标注结果如图 8-8（a）所示。这种标注简单，但由于是以分子的字符串长度为标准，因此，当分母比分子的字符串长度要长的话，效果不好。此时，需要稍微复杂的编程来实现，实现方式有多种。以下是其中一种实现方式的 Python 和 VBA 编程，结果如图 8-8（b）所示：

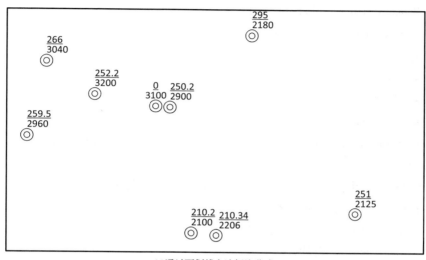

(a)通过下划线方法标注分式

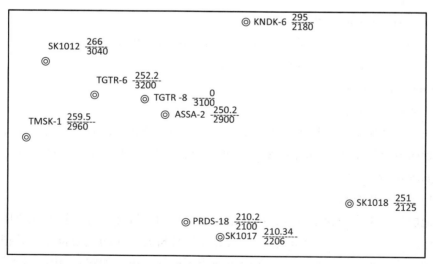

(b)分式的复杂标注结果

图 8-8　不同方法分式标注结果

Python：

```
def FindLabel（［井号］，［转盘面海拔］，［设计井深］）：
    ns = len（［井号］）+2
    max = len（［转盘面海拔］）
    if max < len（［设计井深］）：
        max = len（［设计井深］）
    sp = "    "
    sp = sp * ns
    s = " -"
    s = s * (max * 2 -2)
    return sp +［转盘面海拔］+ ' \ n' + s + ' \ n' + sp +［设计井深］
```

VBA：

```
Function FindLabel（［井号］，［转盘面海拔］，［设计井深］）
    max = len（［转盘面海拔］）
    if max < len（［设计井深］）then
        max = len（［设计井深］）
    end if
    s = string(len(［井号］) * 2 +4," ")
    FindLabel = s&［转盘面海拔］& vbnewline&［井号］&"    "& string(max *
2 -1," -") & vbnewline &s&［设计井深］
End - Function
```

3）数据的图形标注

在石油地质图中，某些空间对象可能涉及到统计数据，有时需要把统计数据以柱状图或饼图的方式标注出来，以便于对比，如钻井的日产油量、日产气量等，如图8-9所示。

4）上下标的标注

地层符号常常包含上下标，因此带有上下标的字符标注也是石油地质图常见的标注形式。要进行上下标的标注，首先需要分析要标注的地层符号，并把需要标注的内容按正文、上标、下标等分解成为不同的字段，如图8-10（a）所示。图中"text1"字段代表正文1，"down"、"up"字段分别代表下标和上标，"text2"字段代表正文2。标注的VBA和Python表达式如下：

VBA：$[text1]$ &" _{" & $[down]$ &"}" &
" ^{" & $[up]$ &"}" & $[text2]$

Python：$[text1]$ +" _{" + $[down]$ +"}" +
" ^{" + $[up]$ +"}" + $[text2]$

$$(8-3)$$

式中，" _{"…"}"、" ^{"…"}"为格式标签，分别表示把位于其中的字符串标注为下标和上标。图 8-10(b)为标注结果。

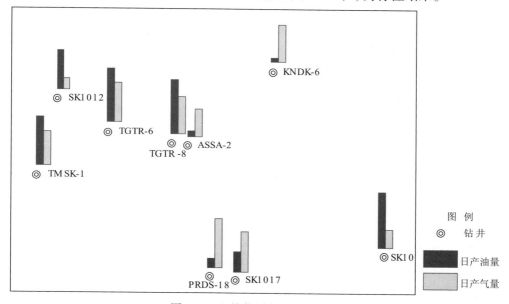

图 8-9　以柱状图方式标注数据

OBJECTID *	text1	down	up	text2
1	Q	3	al	
2	J	3		b
3	Q	4	al	
4	J	3		b
5	C-P	ms		
6	E	q		
7	J	2		f
8	E	q		
9	J	3		b
10	Q	3	al	
11	J	3		b
12	J	2		f
13	E	q		
14	J	3		b
15	E	q		
16	Q	4	al	
17	J	3		b
18	E	q		
19	Q	3	al	
20	E	q		
21	E	q		
22	Q	3	al	
23	Q	4	l-al	

(a)上下标属性

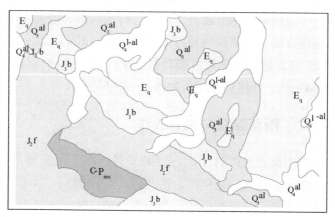

(b)标注结果

图 8-10　地层标注结果

5）产状要素的标注

在标注地层产状时，除标注地层的倾角外，其倾向符号"⊥"还需要根据倾向值进行旋转。这就需要根据倾向值对符号"⊥"进行旋转操作，如图8-11（a）所示为地层的产状要素，图8-11（b）为标注的结果。

观察点	倾向/（°）	倾角/（°）
1	48	30
2	39	30
3	172	20
4	55	40
5	49	30
6	75	18
7	178	18
8	43	7
9	3	10
10	222	0
11	25	32
12	20	22

（a）地层产状要素

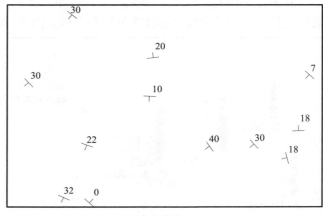

（b）标注结果

图8-11　地层产状标注结果

6）等值线的标注

等值线标注的时候，需要在标注有等值线的地方断开。运用ArcMap提供的智能标注引擎可以对等值线进行灵活标注，包括设置等值线值的标注位置、标注密度等，但等值线值处无法自动断开，如图8-12（a）所示为标注的结果。为了在标注等值线值的地方断开，需要进行进一步的处理。基本思路是：首先按照等值线标注方法对等值线进行标注，如图8-12（a）所示；然后把标注转化为注记（annotation），再把注记做成模罩（mask），最后用模罩对等值线图层进行掩模处理（masking），最终标注结果如图8-12（b）所示。

二、图面配置与内容安排

图面配置是指对图面内容的安排。在一幅完整的地图上，图面内容包括图廓、图名、图例、比例尺、指北针、制图时间、坐标系统、主图、副图、符号、注记、颜色、背景等内容。图面配置的目的应该是主题突出、图面均衡、层次清晰、易于阅读。为了规范制图，不同行业有相应的制图规范，并且对图面的配置有具体的要求，因此制图过程中应该按制图规范进行图面配置。如果没有规范，

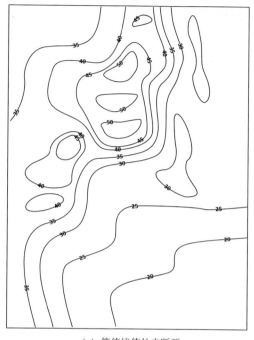
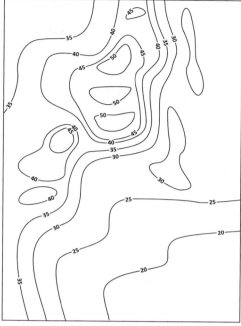

（a）等值线值处未断开　　　　　　　（b）等值线值处断开

图 8-12　等值线标注结果

可以参考以下几点原则安排制图内容。

1. 主图与副图

主图是地图图幅的主体，应占有突出位置及较大的图面空间。在区域空间上，要突出主区与邻区是图形与背景的关系，增强主图区域的视觉对比度。主图的方向一般按惯例定为上北下南。副图是补充说明主图内容不足的地图，如主图位置示意图、内容补充图等。一些区域范围较小的单幅地图，用图者难以明白该区域所处的地理位置，需要在主图的适当位置配上主图位置示意图（图 8-13）。如主图为地震剖面反演结果，副图为地震剖面的平面展布图；主图为某区块地质图，副图为该区块所在的盆地；主图为盆地，副图为盆地所在的行政区等。

2. 图名

组成图名有 3 个要素：区域、主题和时间。图名是展示地图主题最直观的形式，应当突出、醒目，同时要尽可能简练、确切。图名一般可放在图廓外的北上方，或图廓内以横排或竖排的形式放在左上、右上的位置。

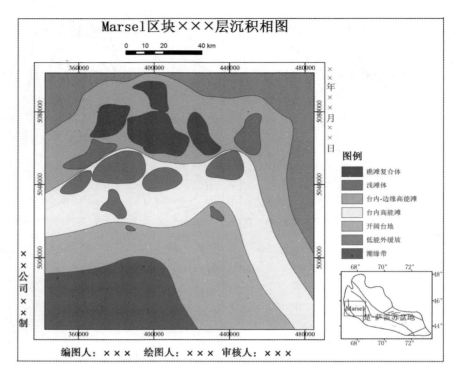

图 8-13　图面配置与内容设计示意图

3. 图例

图例应尽可能地集中在一起。只有当图例符号的数量很大，集中安置会影响主图的表示及整体效果时，才可将图例分成几部分，并按读图习惯，从左到右有序排列。为了图面配置的合理与平衡，有时还需要对图例的位置、大小、图例符号的排列方式、密度、注记字体等进行调节。

4. 比例尺

地图的比例尺一般安置在图名或图例的下方。比例尺有直线比例尺和文字比例尺两种表示方式，如图 8-14 所示，以直线比

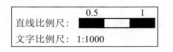

图 8-14　比例尺的两种表示方式

例尺的形式最为有效、实用。特别是电子地图中，由于地图可以任意放大、缩小，直线比例尺形式的优势更加突出。而对于一些小比例尺地图，由于此时地图所要表达的主要是专题要素的宏观分布规律，空间对象间的实际距离已经不重要，也不需要进行距离方面的量算，这种情况下可以将比例尺省略。

5. 坐标网

坐标及坐标网是地质图的一个重要内容。示意图或者有些专题图出于保密的原因，不会标注坐标及坐标网，一般的地质图都需要标注坐标。坐标网的标注有3种形式：经纬网、方里网和参考网。如图8-15所示。用得最多是经纬网和方里网。一般来说，比例尺大于1:20万（含1:20万）的地图，宜绘方里网，同时将经纬网短线绘在内外图廓之间；比例尺小于1:20万（不含1:20万）的地图宜绘经纬网。方里网在大幅挂图上标注"＋"交叉点，分幅图以实线描绘。黑白图分别用虚线和实线标注经纬网与方里网，彩色图分别用蓝色和钢灰色（RGB:180，180，180）标注经纬网和方里网。

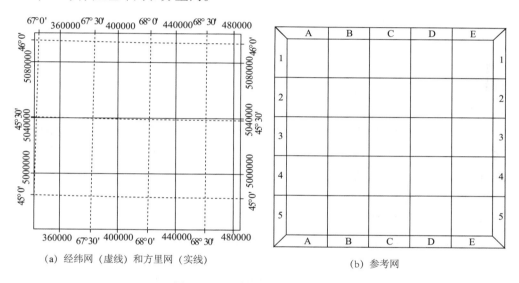

(a) 经纬网（虚线）和方里网（实线）　　　　(b) 参考网

图8-15　坐标网的三种标注形式

6. 图廓

单幅地图一般都以图框作为制图的区域范围。挂图的外图廓形状比较复杂，桌面用图的图廓都比较简练，有的就以两根内细外粗的平行黑线显示内外图廓。有的在图廓上表示有经纬度分划注记，有的为检索而设置了纵横方格的刻度分划。

7. 其他内容

除上述内容外，地图中还会根据实际情况添加其他内容，如统计图表、文字、剖面图或柱状图等，这些内容在图面组成中只占次要地位，数量不可过多，所占幅面不宜太大。图8-13为图面配置与内容设计的一个示意图。

三、制图

地图内容设计好后，便可以进行制图了。在 ArcGIS 中，制图过程实际上是制作一个地图模板，并以名为 *.mxd 的文件格式保存。地图模板可以将配置好的地图信息保存，然后可以通过地图模板对地图数据进行管理和批量制图。假设用于制图的数据已经保存在 Geodatabase 空间数据库中，则地图文档的创建主要包括以下几方面内容。

（1）创建数据框。一个数据框对应一幅地图。如果除主图外还有副图，例如中国行政区划图中常见的南海诸岛，或盆地图中盆地的位置等，就需要创建多个数据框。数据框创建好后，再定义好数据框范围及出图比例尺、出图大小等。

（2）添加地图图层。地图图层对应的是 Shapefile 格式的文件，因此添加地图图层就是把地图内容对应的 Shapefile 文件添加到数据框中。需要注意的是，由于最上面的图层会盖住下面的图层，因此图层的叠放次序要正确，否则某些图层显示不出来。一般的顺序是从上到下为点图层、线图层和面图层。面图层要注意包含关系，被包含的图层要放在包含的图层之上，如油气田图层应该放在盆地图层之上。一个要素类可以包含多个图层，同一个要素类的图层显示内容可根据需要进行限定，例如在构造图层中只显示一、二级构造。

（3）图层要素符号化（symbology）。即对不同类别的空间对象以特定的样式进行显示。如果样式库中没有需要的样式，则需要创建样式。

（4）地图要素标注。根据需要对每一类要素进行标注。

（5）添加坐标网。根据需要添加经纬网和方里网。

（6）添加图外要素。图外要素包括图名、图例、比例尺、指北针等要素。需要注意的是，添加图外要素要在地图布局视图（Layout View）中完成。

地图文档构建好后，可以用于类似数据的制图，从而节约制图时间。设计好的地图可以以位图（BMP、JPG、TIFF、TIF、PNG 等格式）、PDF 、AI、EPS 格式输出，也可以直接打印。

第四节　数据驱动制图

一幅地图制作好后，从制图本身来说已经完成，但随之而来的问题是：如果数据更新了，地图能否自动更新？如果有批量的数据，能否利用已经制作好的地图作为模板，批量成图，从而减少重复劳动？比如，要制作我国的盆地图集，由于每个盆地的属性是一样的，制作的图例也是一样的，因此一个盆地图做好后，其他盆地图就是重复劳动了。如果能够把制作好的盆地图作为模版，对所有盆地批量成图，将大大减少制图工作量。面对这些问题，一种称为数据驱动制图（Data Driven Cartography）的技术应运而生。数据驱动制图技术最早由 ESRI 公司提出，并在 ArcGIS 中实现。关于数据驱动制图，目前还没有一个明确的定义，也有不同的说法，如规则驱动制图、属性驱动制图（彭岩等，2013）、数据库驱动制图（尹章才等，2007；梁晓燕等，2013；袁森林、张瑞，2016）、空间数据库与制图一体化（王蓉等，2014）等。无论哪种说法，其核心都是指通过数据本身的特点，给数据以规则，围绕数据驱动制图引擎实现制图自动化。

数据驱动制图的优势是不言而喻的。目前我国石油公司各种数据提交的方式正在向 GIS 格式靠拢，或者已经采用 GIS 数据格式标准。基于 GIS 构建空间数据库，不仅便于空间数据的管理，也为数据驱动制图打下了很好的基础。我国测绘部门已经开始把数据驱动技术用于实际制图（梁晓燕等，2013；袁森林、张瑞，2016）。2010 年，Rand McNally 公司完全基于商用 GIS 软件出版了第 22 版《古德世界地图集（Goode's World Atlas）》；美国威斯康星制图公司基于美国无缝数据库制作了美国道路图集，并获得 ESRI 公司颁发的特殊成就奖；同样，USGS 也基于 GIS 制作了全美国的《地形图集（Topographic Maps）》（Veregin，2010）。因此，基于空间数据库和 GIS，是未来地图制图的发展趋势。

思考题

1. 中国 8 种基础比例尺地图是哪些？所采用的投影分别是什么？
2. 除地形图外，你还用到过哪些专题地图？
3. 你用过哪些绘图软件，各有什么特点？
4. 简述基于 ArcGIS 绘制一幅地质图的基本流程。

参考文献

［1］石油地质勘探专业标准化委员会. SY/T 5615－2004 石油天然气地质编图规范及图式［S］. 北京：石油工业出版社，2004.

［2］VEREGIN H. GIS and Geo－enabled Cartography［J］. Cartography and Geographic Information Science，2011（38）：286－288.

［3］艾自兴，龙毅．计算机地图制图［M］．武汉：武汉大学出版社，2005：210.

［4］陈天立，赵建勋，洪源．国家基本比例尺地形图新旧图幅编号转换［J］．四川兵工学报，2011（5）：153－154.

［5］梁晓燕，宁方辉，黄忠刚．数据库驱动的专题海图快速制图研究［J］．海洋测绘，2013（3）：63－65.

［6］刘宏林．国家基本比例尺地形图新旧图幅编号变换公式及其应用［J］．测绘通报，1998（8）：35－36.

［7］彭岩，高源鸿，康来成，等．基于 ArcGIS 的属性驱动可视化成图技术应用初探［J］，测绘与空间地理信息，2013（12）：201－203.

［8］祁向前，胡晋山，鲍勇，等．地图学原理［M］．武汉：武汉大学出版社，2012：254.

［9］王蓉，何红梅，严晓斌．GIS 数据与制图数据一体化方法研究与实现［J］．测绘与空间地理信息，2014（9）：142－143.

［10］王腾军，杨建华，翟荷．国家基本比例尺地形图新旧图幅编号自动互换的实现［J］．测绘技术装备，2004（3）：23－24.

［11］尹章才，李霖，黄茂军．地理数据库驱动的地图表达机制研究［J］．测绘科学，2007（1）：32－35.

［12］袁森林，张瑞．数据库驱动的地形图快速制图技术探究［J］．现代测绘，2016（11）：51－56.

［13］张荣群，袁勘省，王英杰．现代地图学基础［M］．北京：中国农业大学出版社，2005：277.

第九章　遥感与全球导航卫星系统

遥感（RS，Remote Sensing）、全球导航卫星系统（GNSS，Global Navigation Satellite System）与 GIS 密不可分。三者分工不同，又联系紧密，人们常常把 RS、GNSS 和 GIS 合称为 3S 技术。遥感为快速获取地面信息提供了可靠的手段，GNSS 为地面定位和导航提供了保证，而 GIS 则为数据集成与分析提供了很好的平台，因此把 RS、GNSS 及 GIS 集成在一块，可以成为空间数据获取、管理与分析的理想平台。本章简要介绍 RS、GNSS 的基本原理以及在油气勘探中的应用，介绍 3S 集成的基本概念和常用的集成方法。

第一节　遥　　感

一、遥感的概念

从字面上理解，遥感就是遥远的感知，指的是一种远离被测目标，在不与目标直接接触的情况下，通过传感器把目标物的物理特征记录下来，通过分析以揭示目标的特征及其变化的技术。按照这个定义，应用地球物理中的重、磁、电及地震勘探都属于遥感的范畴。一般我们所说的遥感，都是狭义的概念，只针对电磁波而言，即只记录目标物的电磁波特征。地球表面上任何物体都会反射和发射电磁波，而且不同的物体具有反射或发射不同波长的电磁波的特性。遥感就是根据这个原理来探测目标物反射和发射电磁波的能力，获取目标信息，以达到远距离识别目标的目的。

遥感具有空间视域范围大、时效性强且周期成像、探测波段宽（除可见光外，还有紫外、红外、微波）、数据客观等特点，在油气勘探开发中有广泛的应用。特别是随着遥感影像空间分辨率和波谱分辨率的提高，其应用范围越来越广。

遥感按传感器工作原理可以分为被动遥感和主动遥感两大类。被动遥感是指遥感器记录物体自身的辐射或物体的反射能，主动遥感则是遥感器提供额外的光源，光传输到地表或物体表面，然后接收来自地表或物体的回射。如我们常用的照相机，白天记录的是来自太阳的辐射能，是被动遥感，而到了晚上，需要用闪光灯，则又是主动遥感。雷达就是主动遥感的代表。

二、电磁辐射与电磁波谱

任何绝对温度大于 0 的物体都会辐射电磁波并释放能量。物体辐射能量大小与物体的温度和波长有关。对于绝对黑体（blackbody），这种关系可以用普朗克（Planck）公式来描述：

$$M_\lambda(\lambda, T) = \frac{2\pi h c^2}{\lambda^5(e^{\frac{hc}{\lambda kT}} - 1)} \tag{9-1}$$

式中，c 为真空中的光速；k 为玻尔兹曼常数，k $= 1.38 \times 10^{-23}$ J/K；h 为普朗克常数，h $= 6.63 \times 10^{-34}$ J·s；M 为辐射出射度；T 为绝对温度。

图 9-1 展示了物体辐射能量大小与物体的温度和波长的关系。由图可以看出，温度越高，物体辐射的能量也越大，而且最强辐射对应的波长也越短。对于绝对黑体，其最强辐射对应的波长与黑体绝对温度 T 成反比，这种关系可用维恩位移定律（Wien's Displacement Law）来描述：

$$\lambda_{max} T = b \tag{9-2}$$

式中，λ_{max} 为某温度 T 条件下最强辐射对应的波长；b 为常数，b $= 2.898 \times 10^{-3} m \cdot K$。

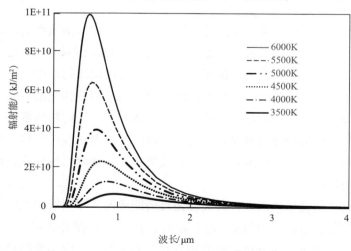

图 9-1 黑体辐射能与温度和波长的关系

　　根据维恩位移定律，随着物体温度逐渐升高，其辐射的电磁波的最强辐射波长逐渐变短。太阳表面温度大约为 6000K，最强辐射波长大约为 $0.48\mu m$，而地球表面温度大约为 300K，其最强辐射波长大约为 $9.6\mu m$。因此根据物体发光的颜色，可大致判断其温度的相对高低，如蓝色火焰比红色火焰温度高就是这个道理。

　　把 γ 射线、X 射线、紫外线、可见光、红外线和无线电波（微波、短波、中波、长波和超长波等）在真空中按照波长或频率递增或递减顺序排列，便构成电磁波谱（图 9-2）。在遥感中，常用波段有可见光、近红外、短波红外、热红外及微波，如表 9-1 所示。由图 9-2 可知，我们眼睛能感知的电磁波谱区间是很有限的。

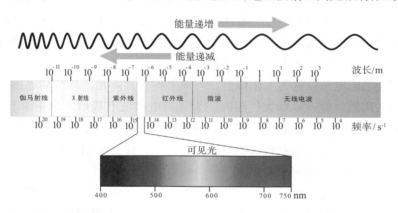

图 9-2　电磁波谱（底图来源 https://sites.google.com/site/chempendix/em-spectrum）

表 9-1　遥感中常用的电磁波段

名称		波长范围	主要特征及用途
紫外线		$10nm\sim0.4\mu m$	$0.3\sim0.4\mu m$ 的紫外线可以用于遥感。其荧光特征可用于找矿，另外紫外遥感可用于海面原油探测
可见光		$0.4\sim0.7\mu m$	摄影遥感波段
红外线	近红外	$0.7\sim1.3\mu m$	$0.7\sim0.9\mu m$ 波段可以摄影成像，是区分植被最主要的波段
	短波红外	$1.3\sim3\mu m$	地质遥感
	中红外	$3\sim8\mu m$	目前用得不多
	热红外	$8\sim14\mu m$	用于探测热目标，如火山、电站、工业废水排泄，反演地表温度，区别不同的岩石
	远红外	$14\mu m\sim1mm$	目前用得不多
微波（雷达波）		$0.1\sim100cm$	雷达遥感。可以穿透云雾，对海面原油泄漏敏感

三、物体与电磁波的相互作用

电磁辐射是能量传输的一种方式，当电磁波照射物体时，电磁波与物体发生相互作用，使电磁波的强度、波长、方向、偏振、相位等都会发生变化，不同的物体发生的变化也存在差异，而且遥感器能够记录这种变化，通过研究这种变化，便可以揭示物体的性质。物体与电磁波的相互作用主要有：①透射作用。即电磁波能够穿过物体并在物体内部传输。当电磁波穿过密度不同的物体时，其速度会发生变化，通过与真空中的速度进行比较，可以研究物体内部的性质。②吸收作用。物体吸收某些波长的电磁波，并转化为物体的内能。③发射作用。正如前面所说，任何大于绝对温度的物体都会向外发射电磁波，发射的电磁波的能量大小与物体的温度及发射的波长有关。④散射作用。当电磁波照射到物体表面时，电磁波传播方向发生改变。⑤反射作用。

太阳发出的电磁波称为太阳辐射，习惯上称为太阳光，是被动遥感主要的辐射源。当太阳辐射穿过地球大气层时，大气对电磁波有吸收、散射和反射作用。当太阳光到达地表时，地表物体对太阳辐射有吸收和反射作用。地球本身也向外辐射电磁波。下面以太阳和地球的电磁辐射为例，简要介绍这几种作用。

1. 大气对太阳辐射的吸收作用

太阳辐射穿过大气层时，大气分子对电磁波的某些波段有吸收作用，吸收作用使辐射能量变成分子的内能，造成这些波段的太阳辐射到达地面时强度衰减；吸收作用越强的波段，辐射强度衰减越大，严重影响传感器对电磁辐射的探测。某些波段的电磁波甚至完全不能通过大气层，形成了电磁波的某些吸收带。主要吸收带有：①水：$0.94\,\mu m$、$1.38\,\mu m$、$1.86\,\mu m$、$2.5\sim3.0\,\mu m$、$3.24\,\mu m$、$5\sim7\,\mu m$、$7.13\,\mu m$、$24\,\mu m$ 以上（微波）；②二氧化碳：$2.8\,\mu m$、$4.3\,\mu m$；③臭氧：$0.2\sim0.32\,\mu m$、$0.6\,\mu m$、$9.6\,\mu m$；④氧气：$0.2\,\mu m$、$0.6\,\mu m$、$0.76\,\mu m$。

2. 大气对太阳辐射的散射作用

大气对电磁辐射的散射作用强弱与电磁波波长和大气中颗粒粒径的相对大小有关。蓝色的天空、白雾都是大气对不同波长的太阳辐射选择性散射的结果。大气对太阳辐射的散射作用使在原传播方向上的辐射强度减弱，增加了向其他各个方向的辐射。有一部分光直接被遥感器接收，从而增加了信号中的噪声成分，造成遥感图像质量下降。因此大气散射是影响遥感质量的一个重要因素。

3. 物体对太阳辐射的反射作用

当太阳光穿过大气时，气体、尘埃反射作用很小，反射现象主要发生在云层顶部。而且各个波段均受到不同程度的影响,严重地削弱了电磁波强度。因此,如果不是专门研究云层,应尽量选择无云的天气接收遥感信号。

当太阳光到达地表时,地表物体反射太阳光。在可见光与近红外波段,地表物体自身的辐射几乎等于零。因此,遥感器所接收的可见光与近红外波段电磁辐射,主要以地球反射太阳辐射为主。物体反射太阳光的能力与物体本身的性质、表面状况、波长及入射角等因素有关。在遥感中,常用反射率来衡量物体反射太阳辐射的能力。反射率是指反射能量 P_ρ 与总入射能量 P_0 的百分比:

$$\rho = (P_\rho / P_0) \times 100\% \tag{9-3}$$

反射率随波长变化的曲线称为反射波谱曲线。不同地物、同种地物在不同的内部和外部条件下反射波谱曲线不同,因此了解地物的反射波谱特征,是被动遥感影像处理和解释的基础。下面简要介绍植被、水体、裸露土壤、矿物及岩石的反射波谱特征。

1)植被

植被的反射波谱曲线与植物叶绿素的含量、植物含水量以及植物的细胞结构有关,其曲线特征表现为"一峰一谷一边",如图9-3所示。即位于 $0.4 \sim 0.7\mu m$ 间有一个小的反射峰,峰值位于绿色波段($0.55\mu m$)。在红色波段,受植物叶绿素含量影响,形成一个吸收谷,随后在 $0.7\mu m$ 处反射率迅速增大,形成一陡边,称为红边。在近红外区($0.76 \sim 1.3\mu m$)为高反射。另外在 $1.3 \sim 2.5\mu m$ 区间,由于受植物含水量影响,吸收率增加,反射率下降,形成几个低谷。

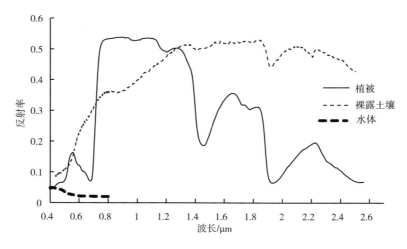

图9-3 典型地物反射波谱曲线

2）土壤

土壤表面反射光谱曲线比较平滑，没有明显的峰谷（图9-3）。一般情况下，土质越细反射率越高，有机质含量越低反射率越高，土壤含水量越低反射率越高。

3）水体

水体在蓝绿光波段有一定的反射，在其他波段吸收都很强，在近红外波段吸收更强（图9-3）。图9-4为Landsat 8 OLI不同波段的影像。图9-4（a）为似真彩影像，图中绿色为健康的植被，黑色部分为水体，紫（红）色为裸露的土壤。由图9-4（b）可知，在近红外波段（0.845~0.885μm），由于植被的反射率比土壤要大，因此绿色健康的植被显示为亮色。而在短红外波段（1.56~1.66μm），由于土壤的反射率比植被要大，因此土壤的色调比植被更亮些[图9-4（c）]。对于水体，都显现黑色。根据图9-3的曲线特征，非常容易理解遥感影像的这种色调变化。

（a）OLI RGB 752　　　　　　（b）OLI B5　　　　　　（c）OLI B6

图9-4　水体、植被及土壤在Landsat 8 OLI不同波段的表现

4）矿物

矿物的反射波谱特征不仅与光源能量强度、矿物表面几何状况、粒度有关，更主要的是取决于被照矿物的结构、成分，不同矿物会形成特有的特征谱带。图9-5为羟基离子和碳酸根离子矿物的反射波谱特征曲线。由图9-5（a）可知，阳起石的强吸收带位于2.315μm，高岭石的吸收谱带为2.165μm和2.205μm，白云母的吸收谱带在2.192~2.225μm之间以及2.355μm，金云母的吸收谱带在2.38~2.39μm之间。碳酸根离子在近红外和短波红外区间一般有5个特征谱带，即1.9μm、2.0μm、2.16μm、2.35μm和2.55μm，后两个谱带十分清晰。碳酸盐岩在地壳表面分布十分广泛，尤其在我国南方的一些碳酸盐岩地区（湖南、贵州、广西等地区）。碳酸盐岩中最为普通的矿物有方解石（$CaCO_3$）、菱铁矿（$FeCO_3$）、白云石（$CaMgCO_3$）等，其反射波谱特征曲线如图9-5（b）所示。由图可见在2.35μm和2.55μm处明显的吸收谷。

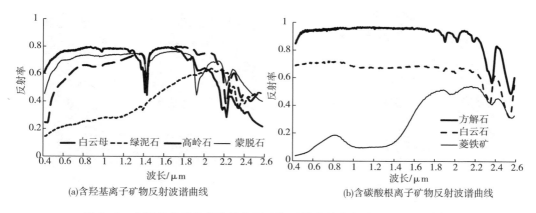

(a)含羟基离子矿物反射波谱曲线　　　　(b)含碳酸根离子矿物反射波谱曲线

图 9-5　含羟基离子和碳酸根离子矿物反射波谱曲线(据 ENVI 波谱库)

5)岩石

岩石反射光谱因矿物成分、矿物含量、风化程度、含水状况、颗粒大小、表面光滑度、色泽等而异，无统一特征(图 9-6)。

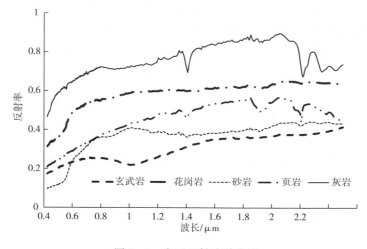

图 9-6　岩石反射波谱曲线

4. 地表自身热辐射与发射波谱特征

地球不仅会反射太阳光，同时，地球本身也会向外辐射电磁波。根据维恩位移定律可知，地球自身辐射的电磁波主要集中在波长较长的部分，即 $8\mu m$ 以上的热红外区域。地表物体自身的热辐射能力由物体的发射率、温度、波长决定，其中受温度的影响最大。在热红外影像中，温度高的物体呈亮色，而温度低的物体则呈暗色。如图 9-7 所示为白天和晚上水体在热红外影像上的表现。

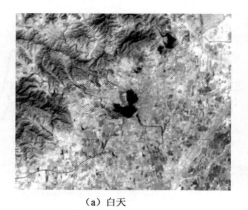

（a）白天 　　　　　　　　　　　　（b）夜晚

图 9-7　ASTER 白天及夜晚 热红外影像（10.95～11.65μm）对比

当温度一定时，地表物体自身的辐射能力与物体的发射率和波长有关。所谓发射率是指实际物体某一波长的辐射能与相同温度条件下同一波长黑体辐射能的比值。当温度一定时，物体的发射率随波长变化而变化，这种变化规律可用发射波谱曲线来描述。发射波谱曲线与地面物体的类型、物体的组成和温度、表面粗糙度等物理特性有关，因此不同地面物体发射波谱曲线的形态特征不一样，根据这一特征，可以识别地表物体。尤其是在夜间，太阳辐射消失后，地面发出的能量以发射光谱为主，探测其红外辐射及微波辐射并与同样温度条件下的比辐射率（发射率）曲线比较，是识别地物的重要方法之一。图 9-8 显示了不同岩石的发射率曲线。由图可知，不同岩石在热红外波段的发射特征是不一样的，如玄武岩，在 6～7μm 处的发射率比砂岩或页岩都要高，而在 8～9μm 处的发射率则相对要低，因此利用这两个波段特征，可以很容易地识别玄武岩的分布。

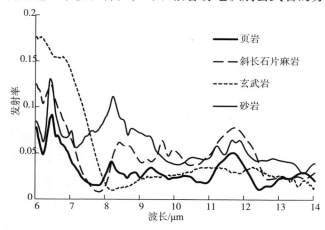

图 9-8　不同岩石的发射率曲线

四、遥感影像的分辨率

1. 遥感平台

遥感平台指放置传感器的运载工具。遥感平台按高度及载体的不同可分为地面平台、航空平台和航天平台 3 种。而应用范围最广、提供产品最丰富的，则是航天平台，即卫星。表 9 – 2 是目前常用的卫星平台。

表 9 – 2　目前常用的卫星平台

卫星系列	卫星名称	所属国家或组织	首次发射时间
气象卫星	NOAA 系列	美国	1970 年
	GMS 系列	日本	1977 年
	FY – 1	中国	1988 年
雷达卫星	SEASAT 卫星	美国	1978 年
	MOS	日本	1987 年
	ERS	欧空局	1991 年
	RADARSAT	加拿大	1995 年
	GF – 3	中国	2016 年
陆地资源卫星	Landsat 系列	美国	1972 年
	SPOT 系列	欧洲	1986 年
	IKONOS	美国	1999 年
	Quickbird	美国	2001 年
	CBERS 系列	中国、巴西	1997 年
	Worldview 系列	美国	2007 年
	Geoeye	美国	2008 年
	高分系列	中国	2013 年

2. 遥感影像的分辨率

遥感影像的分辨率是遥感实际应用中的一个重要概念，是衡量遥感数据质量的重要指标。包括空间分辨率、光谱分辨率、辐射分辨率和时间分辨率 4 种。

1）空间分辨率（Spatial Resolution）

空间分辨率是指遥感图像中一个像元（pixel）所代表的实际物体的大小。值越小表示空间分辨率越高。在航空遥感中，有时也用瞬时视场角（IFOV，Instantaneous Field of View）来表示空间分辨率。指的是传感器的张角及瞬时视域，又称角分辨率。像元大小与角分辨率的关系为：

$$像元大小 = 平台高度 \times 角分辨率（弧度）\tag{9-4}$$

不同空间分辨率的影像有不同的用途。如 IKONOS、Quickbird、GF – 2 等卫星，影像的空间分辨率达1m，在1m空间分辨率的影像上可识别汽车、道路、油气设施、树、露头等。SPOT影像的空间分辨率可达10m，在这种影像上可识别大型露头、土地边界、建筑物、道路等。TM影像的空间分辨率可达30m，可用于确定森林、农田、城市中心、城郊以及大型工厂，也可以用于识别区域地质构造。空间分辨率越高，覆盖相同区域的遥感影像所占用的存储空间越大，处理时间也越长，获取影像的成本也越高，因此在实际工作中，应该视具体需要选择空间分辨率合适的影像。图9-9为不同空间分辨率的遥感影像。

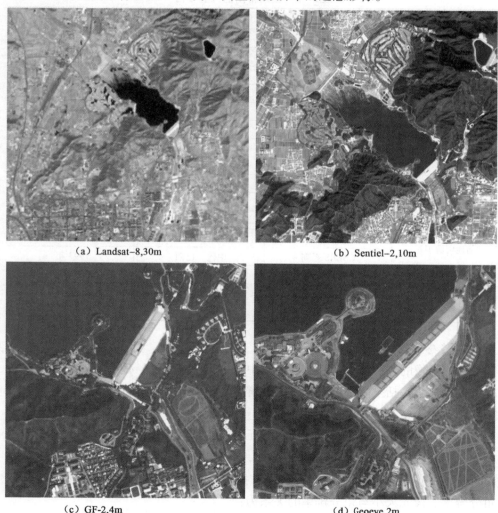

（a）Landsat-8,30m　　　　　　　　（b）Sentiel-2,10m

（c）GF-2,4m　　　　　　　　（d）Geoeye,2m

图9-9　不同空间分辨率的遥感影像

［（a）为1:1；（b）、（c）、（d）按2:1压缩］

2）光谱分辨率（Spectral Resolution）

遥感影像的光谱分辨率指传感器能分辨的最小波长间隔，间隔越小，分辨率越高，提供的波谱信息也越丰富。如图9-10所示，当光谱分辨率达到 2nm 时，反射波谱曲线的细节就展现出来了。由于不同矿物反射波谱特征不同，通过高光谱测量，可以识别出不同的矿物。如高光谱岩芯编录，利用的就是这一原理。

3）辐射分辨率（Radiometric Resolution）

辐射分辨率是传感器接收光谱信号时，能分辨的最小辐射差。在遥感图像上把影像从最暗到最亮分成 M 级，并令 $M = 2^k$，k 为二进位数（bit），称 k 为像元的辐射量化级或辐射分辨率。如 TM 影像为 256 级，由于 $256 = 2^8$，则该影像的辐射分辨率为 8 bit。遥感影像的辐射分辨率越高，越能表现出不同物体的差异。

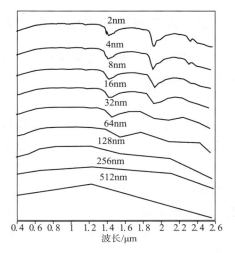

图9-10　海泡石不同分辨率的反射波谱曲线

4）时间分辨率（Temporal Resolution）

时间分辨率是指对同一目标进行重复探测时，相邻两次探测的时间间隔或重访周期，它能提供地物动态变化的信息，可用来对地物的变化进行监测。

表9-3 所示为常用遥感器的 4 种分辨率对比。

表9-3　常用遥感器的4种分辨率

平台（传感器）	空间分辨率/ m	波谱分辨率（波段数）/nm	时间分辨率/ d	辐射分辨率/ bit
Landsat（TM）	15, 30	60~100(7)	16	8
SPOT	10, 20	60~100(4)	26	8
Quickbird	0.61, 2.44	60~100(4)	1~6	11
IKONOS	1, 4	60~100(4)	1.5~2.9	11
Geoeye	0.5, 2	60~100(4)	2~3	11
GF-2	1, 4	60	5, 69	10
MODIS	250~1000	50~100(36)	1~2	12
Hyperion	30	10(220)	16	16

注：表中空间分辨率分别为全色和多波段影像的空间分辨率。

五、遥感在石油行业中的应用

遥感技术在石油工业领域有广泛的应用。下面简要介绍遥感技术在油气勘探开发、原油泄漏、管道设计、岩芯高光谱成像方面的应用。

1. 遥感制图

遥感影像地图是一种以遥感影像和一定的地图符号来表现制图对象地理空间分布和环境状况的地图。在遥感影像地图中，图面内容要素主要由影像构成，辅助以一定地图符号来表现或说明制图对象。与普通地图相比，影像地图具有丰富的地面信息，内容层次分明，图面清晰易读，充分表现出影像与地图的双重优势。同时把遥感影像与 DEM 融合在一起，可以制作三维遥感影像地图，地图更逼真。另外，遥感影像可以作为底图，用于管道施工、地震测线布设时的辅助决策。

2. 遥感油气勘探

遥感方法用于油气勘探已有多年历史，并逐步形成了间接和直接油气勘探两大类方法。间接方法主要是寻找有利的油气构造，直接方法则是通过高光谱遥感直接探测油气的微渗漏位置。20 世纪 70 年代初，随着陆地卫星（Landsat）MSS 影像的成功获取，有研究者尝试通过卫星遥感方法进行油气勘探（Lintz，1972）。20 世纪 70 年代末，Chevron 公司通过 MSS 影像分析，在南苏丹成功地找到了先前未发现的沉积盆地，后来又运用 MSS 影像在新几内亚发现了油气构造（Floyd，1988）。在中国运用遥感方法开展油气勘探始于 20 世纪 80 年代初，Bailey 运用 Landsat 影像在柴达木盆地开展与油气勘探相关的研究（Bailey、Patrick，1982）。Halbouty（1980）对当时世界各地 15 个大型油气田的遥感影像分析研究，结果表明所研究的大多数油气田在遥感影像上都有较好的异常反映。

石油地质学研究表明，全世界大多数的油气藏都存在烃微渗漏现象（Donald 和 Burson，1999）。所谓烃的微渗漏，是指烃从油气藏中垂直或近于垂直方向向地表运移的现象。地震勘探方法在寻找圈闭及储层构形方面无疑是最有效的方法。但是由于地质条件复杂多变，很多情况下地震方法无法确认圈闭的含油气性。而通过烃的微渗漏研究则可以有效地解决这一问题。如 Schumacher（2011）统计了 2700 多个勘探井的资料，这些井有的位于前期盆地，有的位于成熟盆地，既有陆上的，也有海上的，而且地质条件也变化多样，目标层的深度从 300 m 到 4900m，涵盖各种圈闭类型。这些井所在区域都开展了烃微渗漏测量。结果表明，所有打在目标区与微渗漏异常有关的井，82% 有商业发现，而与微渗漏异常无关的井，只有 11% 有商业发现。可见确定烃的微渗漏位置及其空间分布，对于油气勘探具有非常重要的意义（Michael，2005）。

20 世纪 70 年代末，美国 NASA 和 Geosat 合作开展了一个长达 7 年的研究，并在美国 3 个典型油区开展了油气蚀变信息遥感图像提取试验研究，确认了遥感技术在微渗漏识别中的可行性。但是，由于早期的遥感数据空间分辨率和光谱分辨率较低，使得这一方法的有效性受到严重限制。近年来高光谱遥感技术发展迅速，特别是由美国 HJW Geospatial 公司于 1998 年开展的以高光谱找油为主题的 HGS98（Geosat's Hyperspectral Group Shoot 1998）计划，在美国南加利福尼亚地区开展了系统的研究，取得了一些重要成果（James，2001）。

在国内，中国石油勘探开发研究院开展了"辽东湾海洋油气高光谱遥感探测方法"项目研究。这是国内首次运用高光谱遥感方法进行海洋油气勘探的尝试。该项目结合试验研究区选择与数据获取，从 Hyperion 影像数据的定量化处理、室内与野外油膜光谱实验及有最佳谱段选择、海面甚薄油膜信息提取分析技术、海上理化数据采集与验证等 5 个方面进行了系统地综合研究、分析与验证，建立了辽东湾海面烃微渗漏油膜信息的高光谱遥感检测模式。

3. 高光谱岩芯编录

油气勘探钻井过程中，要采集大量的岩芯，对岩芯的观察、描述与化学分析可以获得许多与油气勘探开发密切相关的数据。同时由于岩芯采集量大，定量研究岩芯的矿物成分、化学成分成本高、效率低，因此大量宝贵的岩芯多是采用定性的方法进行描述。而通过高光谱岩芯编录，既可以获取岩芯的影像，同时又可以获取高光谱曲线，并利用高光谱曲线快速确定岩芯的岩性、矿物成分甚至化学成分，构建高光谱岩芯库，大大简化数据测量过程，提高工作效率，为油气勘探开发提供一种新的数据分析手段，因而具有广阔的应用前景（Kruse，1996；Huntington 等，2011；Littlefield 等，2012）。

4. 原油泄漏遥感探测

原油泄漏会对海洋环境造成严重的影响。据国际油轮防污联盟（ITOPF，The International Tanker Owners Pollution Federation Limited）统计，从 1970 年到 2015 年间，有记录的原油泄漏总量达到 572×10^4 t。尽管近年来原油泄漏的次数和数量已经大幅减少，但原油泄漏量仍然不少。如 2016 年至少有一次大的泄油事故（>700t）被记录，全年总的泄油量接近 6000t。每一次原油泄漏事件发生后，公众、媒体监督机构常常会关注原油泄漏的位置及扩散情况，同时，原油清污人员也需要快速掌握原油泄漏的位置。遥感技术在快速确定原油泄漏的位置及扩散情况方面发挥着越来越重要的作用。

无论是光学遥感还是雷达遥感，都可以用于海上原油泄漏的探测。其原理主要有以下几个方面（Merv、Carl，2014）：①即使非常薄的油层（< 0.1μm），在紫外区间也有较高的反射率；②在近红外波段，油层有较高的反射率；③在热红外（8～14μm）影像中，厚的油层表现为热异常，中等厚度油层表现为冷异常，而薄油层则没有异常；④油层的后向散射系数比海水要小，因而在雷达影像中，油层常常表现为暗色，而没有油层的地方为亮色。基于这些认识，通过单波段或多波段遥感影像解释，可以确定原油泄漏的位置。如图9-11为Envisat ASAR雷达影像探测到的2011年8月渤海湾原油泄漏及扩散情况。

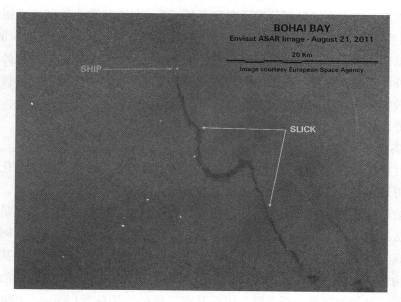

图9-11　Envisat ASAR雷达影像显示渤海湾原油泄漏及扩散情况（据 https://skytruth.org/）

5. 遥感技术用于油气管线工程设计

长距离输油输气管道经过的地区多，地理、地貌、地质情况变化大。在工程勘察、设计、施工及运营管理中涉及的点多、线长，灾害地质的类别众多，制约选线的环境因素非常复杂，而且长输管道经过地区的经济发展参差不齐，基础设施的建设水平差异很大。在常规的油气管道选线定线中，一般是借助中大比例尺的地形图，但是地形图只能表明地物的几何信息，且地形图的时效性常常滞后很多，在一些地貌条件恶劣的地区，可能连中大比例尺地形图都不完整。另外，管道沿线地质灾害类型及多发情况也无法从地形图得到。而遥感技术，作为一种经济、快速、有效的方法，可以在节省投入、灾害预防和减少野外工作量等方面提供技术保障（申晋利等，2014）。利用遥感图像可以对沿线地理、地貌及地质条件有一个清晰的把握，通过遥感解释可以识别沿线区大的断裂带、地质灾害易发区、裸露岩石的长度、岩层种类、河流穿越点，从而可以在室内确定施工的难易，并最终选择合理路线（肖德仁，2003）。实践证明，遥感技术在管道选线的可行性研究阶段、初步设计阶段以及施工图阶段（刘丽、万仕平，2010）都可发挥巨大的作用。

从20世纪80年代中期开始，我国就开展了应用遥感技术进行长距离油气管道选线研究，并在90年代的陕京管线、内蒙古至山东的天然气管线获得了良好的应用效果（朱小鸽，1997）。在中俄输气管道工程、涩北—西宁—兰州输气管道工程、兰州—成都—重庆输油管道工程以及忠县—武汉输气管道工程等项目中都获得了广泛的应用（肖德仁，2003）。在西气东输管道工程中，遥感技术更是得到了深入、系统的应用。西气东输天然气管道跨越八省一市，沿线经过多种不同的地质条件、地理地貌。随着经济的快速增长，很多地区已发生了巨大的变化，尤其是较发达的东部地区。在项目设计与选线过程中，设计部门运用 TM 及 SPOT 影像，制作和编制了西气东输管道全线遥感影像图及地理地貌、地质条件综合解译图，整理统计了全线各类重要信息，分析指出沿线重点地段及应注意的工程问题，既直观展示了全线概貌，又提供了系统的沿线基础资料；并在重点地段进行了多方案线路比选，提出了积极的比选意见，缩小了比选范围，为最终方案的确定提供了更充分的科学依据，同时对于西气东输总体投资节省费用850万元以上（王冰怀等，2004）。

除了管道选线以外，遥感技术在油气管道维护中也有重要的应用。油气管道泄漏对管道安全运行危害很大。但是大范围的管网监测不但费时、费力，而且很难满足时效性要求。利用热红外遥感可以对管道泄漏进行监测。由于管道输送介质比周围土壤温度高。在热红外影像上，管道会呈现亮色调。正常情况下，这种亮色调呈规则的线状。管道发生泄漏时，由于油品从泄漏点流出并扩散，在漏点周围会形成一个圆形区域，从而可以准确定位管道的泄漏点（支焕等，2011）。另外，遥感技术可以对管道沿线地质灾害易发区进行快速评价（马凤山等，2008；王世洪等，2009）。无人机的广泛应用更是为管道维护提供了一种先进手段（高姣姣等，2010；李器宇等，2014；张刚、雷晓云，2017）。

第二节　全球导航卫星系统

一、全球导航卫星系统概况

1. 全球导航卫星系统的发展

前面说到，人类的信息中 80% 以上与空间位置有关，位置信息在人类信息传输中有非常重要的意义。如何快速准确地确定空间对象的位置，一直是测量学家需要解决的问题。1957 年 10 月 4 日，苏联将第一颗人造地球卫星送入了轨道，开启了太空时代。人造地球卫星的升空，引起了广泛关注。美国霍普金斯大学的 George Weiffenbach 和 William Guier 博士在观测卫星发射的无线电信号时，发现多普勒频移与卫星运动轨迹之间存在着十分密切的关系，于是设想在已知地面站通过测量卫星信号多普勒频移来确定卫星的位置。试验证明该方法可行，并取得了巨大的成功。同在该校工作的两位科学家（Frank McClure 和 Richard Kershner）根据这个试验结果提出设想，如果将上述步骤颠倒过来也应当成立，即如果已知卫星在轨道上的瞬时精确位置，通过测量卫星信号中的多普勒频移，也可以测出地面观测点所在的地理位置。根据这一设想，美国海军与霍普金斯大学合作，研制并产生了第一代卫星导航系统——美国海军导航卫星系统（NNSS，Navy Navigation Satellite System），又称子午仪系统。在此基础上逐渐发展成为全球定位系统，即 GPS，从而开启了卫星导航定位系统的新时代。随后，俄罗斯卫星导航系统——GLONASS、欧洲卫星导航系统——Galileo 以及中国的北斗卫星导航系统也逐渐发展起来。

全球导航卫星系统（GNSS），是指利用卫星信号可以在全球范围内实现全天候、连续、实时的三维导航定位系统。相对于经典的测量技术，全球卫星导航定位技术具有节省测量工作的经费和时间、定位精度高、能提供三维坐标、操作简便、全天候作业的优点，已经成为现代测量及导航定位的必备手段。尽管 GNSS 最初是为了军事目的而产生的，但由于比传统测量方法有无可比拟的优势，它早已突破了军事应用的界限，渗透到更为广阔的民用领域中，在海、陆、航空领域发挥着越来越重要的作用。特别是移动智能设备的兴起与快速发展，使 GNSS 成为人们日常生活中不可缺少的定位与导航手段。

2. 全球导航卫星系统的构成

一般来说，GNSS 由三大部分组成，即空间部分、地面控制部分和用户部分。

（1）空间部分。GNSS 的空间部分是由 24 颗以上的卫星组成一个星座。这些卫星均匀分布在不同的轨道上绕地球运行，以保证在地球任何地方至少有 4 颗卫星可供观测。每颗 GNSS 工作卫星都发出用于导航定位的信号。

（2）地面控制部分。GNSS 的地面控制部分由分布在全球的由若干个跟踪站所组成的监控系统所构成，包括主控站、监控站和注入站。其作用是对 GNSS 卫星进行观测、计算相关参数并注入到卫星中、对卫星进行控制、向卫星发布指令等。

（3）用户部分。由 GNSS 接收机、数据处理软件等所组成。它的作用是接收 GNSS 卫星所发出的信号，利用这些信号进行导航定位工作。

3. 全球四大导航卫星系统

全球导航卫星系统目前有 4 个：美国的 GPS、俄罗斯的 GLONASS、欧洲的 Galileo 以及中国的北斗。其中目前最为成熟、应用最广的是美国的 GPS，因此一段时期以来，人们常常把全球导航卫星系统等同于 GPS。随着其他 3 个系统的快速发展，这种状况将发生改变。表 9-4 大致列出了这 4 种系统的基本情况。到 2020 年左右，这四大卫星导航系统将全部投入使用，到时全球用于导航的卫星数目将超过 100 颗。可视卫星数量的增加，必然能够在全球获得更好的卫星位置几何关系，这对提高系统的定位精度以及改善系统的完好性、连续性和可用性有着十分重要的意义。对用户来说，多系统、多频信号的兼容接收机的研制已经成为不可逆转的趋势。由表 9-4 可知，4 个系统的载波频率、调制方式、坐标系统和时间系统等方面都存在差异，加上星座配置也不一样，这些都增加了系统兼容和互操作的复杂度。但是，多系统的兼容是一个趋势。目前我国的不少移动设备都能兼容 GPS 和北斗，随着四大导航系统的不断完善，同时兼容 4 个系统的移动设备也将得到越来越广泛的应用。

表 9-4 全球四大导航卫星系统的基本参数

名称	国家或地区	始建时间	卫星数量/颗	轨道数量/个	轨道倾角/(°)	主控站/个	监控站/个	注入站/个	功能	定位精度/m	卫星信号接入方式	坐标系统	时间系统	运行状况
GPS	美国	1978年	24	6	55	1	6	4	定位，授时，测速	12	码分多址	WGS84	GPST	在轨卫星 24 颗
GLONASS	俄罗斯	1982年	24	3	64.8	1	11	3	定位，授时，测速	10	频分多址	PZ-90	UTC	1995 年共发射 24 颗卫星，之后未及时补充，直到 2010 年才补全到 24 颗

续表

名称	国家或地区	始建时间	卫星数量/颗	轨道数量/个	轨道倾角/(°)	主控站/个	监控站/个	注入站/个	功能	定位精度/m	卫星信号接入方式	坐标系统	时间系统	运行状况
Galileo	欧洲	2005年	30	3	56	2	34	10	定位，授时，测速	15	码分多址	GTRF	GST	截止到2016年年底共发射18颗卫星，预计2020年可以完成全部发射
北斗（Beidou II）	中国	2007年	35	6	55	1	30	2	定位，授时，测速，短文	10	码分多址	CGCS 2000	BDT	2020年覆盖全球

二、全球导航卫星系统的定位原理

GNSS 定位的方法有多种，但不管用哪种方法，都必须获取 GNSS 卫星和用户接收机天线之间的距离（或距离差），根据已知的卫星瞬时坐标，通过求解观测方程来确定用户接收机的点位，即观测站的位置。其实质是测量学中的空间距离后方交会，如图 9-12 所示。理论上，只要测定的距离准确，有 3 颗卫星就可以准确确定接收机的位置。由于信号从遥远的卫星经大气层到达接收机，测量距离难免会受各种误差的影响，所以，接收机测出的距离并非真实距离，而是包含有误差的伪距。因此，还需要增加一颗卫星，即通过 4 颗卫星进行定位。

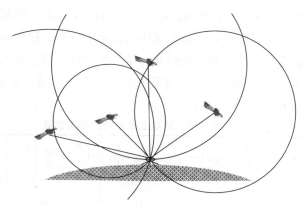

图 9-12　GNSS 的定位原理示意图

假设在 1 个观测站上，有 4 个独立的卫星距离观测量。又假设 t 时刻在地面待测点上安置 GNSS 接收机，测定出 GNSS 信号到达接收机的时间为 Δt，再加上接收机所接收到的卫星星历等其他数据，可以确定以下 4 个方程式：

$$\begin{cases} [(x_1-x)^2 + (y_1-y)^2 + (z_1-z)^2]^{\frac{1}{2}} + c(V_{t1}-V_{t0}) = d_1 \\ [(x_2-x)^2 + (y_2-y)^2 + (z_2-z)^2]^{\frac{1}{2}} + c(V_{t2}-V_{t0}) = d_2 \\ [(x_3-x)^2 + (y_3-y)^2 + (z_3-z)^2]^{\frac{1}{2}} + c(V_{t3}-V_{t0}) = d_3 \\ [(x_4-x)^2 + (y_4-y)^2 + (z_4-z)^2]^{\frac{1}{2}} + c(V_{t4}-V_{t0}) = d_4 \end{cases} \tag{9-5}$$

式中，x、y、z 为待测点坐标；V_{t0} 为接收机的钟差，为未知参数；$d_i = c\Delta t_i(i=1，2，3，4)$，分别为卫星 i 到接收机之间的距离；Δt_i 分别为卫星 i 的信号到达接收机所经历的时间；x_i、y_i、z_i 为卫星 i 在 t 时刻的空间直角坐标；V_{ti} 为卫星钟的钟差，c 为光速。由式（9-5）即可解算出待测点的坐标 x、y、z 和接收机的钟差 V_{t0}。

三、全球导航卫星系统定位的误差来源

GNSS 测量误差来源大体上可分为 3 类：与 GNSS 卫星有关的误差、与 GNSS 卫星信号传播有关的误差以及与 GNSS 信号接收机有关的误差。

1. 与 GNSS 卫星有关的误差

这类误差主要包括卫星星历误差和卫星钟误差。两者都是系统误差。在 GNSS 测量作业中，可通过一定的方法消除或者削弱其影响，也可采用某种数学模型对其进行改正。

卫星星历误差又称为卫星的轨道误差，是指卫星星历给出的卫星空间位置与卫星实际位置间的偏差。根据星历误差对距离不太远的两个测站的影响基本相同的特点，采用在两个或多个测站上观测同一颗卫星所得同步观测量求差的方法，可消除大部分星历误差的影响。

卫星钟差是指卫星钟及接收机钟时间不精确同步引起的误差。由于卫星的空间位置是随时间变化的，而 GNSS 又是以精密测时为基础的，GNSS 卫星均配备高精度的原子钟(铷钟和铯钟)。GNSS 信号接收机一般设有高精度石英钟，但误差不可能完全消除。而 1ms 钟差引起的等效距离误差是 300km，显然远远不能满足定位的精度要求。

2. 与 GNSS 卫星信号传播有关的误差

卫星信号传播误差包括信号穿过地球上空电离层和对流层时所产生的误差，以及信号到达地面时产生反射信号而引起的多路径干扰误差。

当电磁波信号穿过电离层时，信号的路径会产生弯曲，信号传播速度发生变

化，当电磁波穿过对流层时，受大气折射的影响，传播速度也会发生改变。另外，接收机天线除直接收到卫星的信号外，还有可能收到经天线周围物体反射的卫星信号，两种信号叠加将会引起天线相位中心位置的变化，即所谓的多路径效应。

3. 与 GNSS 信号接收机有关的误差

在 GNSS 定位测量中，与用户接收设备有关的误差主要包括：观测误差、接收机钟差、天线相位中心偏移误差等。

观测误差主要是指仪器硬、软件对 GNSS 信号的分辨率误差。观测误差属偶然误差，适当增加观测量可明显地减弱其影响。接收机钟差与卫星钟差道理一样，也是因接收机钟与卫星钟之间时间不能精确同步而引起的误差。消除接收机钟差的方法，通常是将接收机钟差改正数作为未知参数，在数据处理时与测站坐标一起解算。

四、全球导航卫星系统的定位方法分类

GNSS 卫星定位方法可从接收机天线所处的状态、是否具有参考基准来划分。从接收机天线所处的状态来看，卫星定位可分为静态定位和动态定位。静态定位是指在定位过程中，接收机天线（观测站）的位置相对于周围地面点而言，处于静止状态；而动态定位则是指接收机天线处于运动状态，定位结果是连续变化的。从接收机定位是否具有参考基准来看，卫星定位可分为单点定位（绝对定位）和相对定位。单点定位是利用 GNSS 独立确定用户接收机天线在某一坐标系中的绝对位置；相对定位则是若干台接收机同步跟踪相同卫星信号来确定待定点的相对位置。这两类定位方式可以进行组合，因此实际上有 4 种定位方式，即静态绝对定位、静态相对定位、动态绝对定位、动态相对定位。其中在工程、测绘领域应用最广泛的是静态相对定位和动态相对定位。

1. 静态绝对定位（单点定位）

静态绝对定位是在接收机天线处于静止状态下，以卫星与观测站之间的距离（距离差）观测量为基础，直接确定观测站在某一坐标系下的绝对坐标的一种定位方法（图 9-12）。由于定位仅需使用一台接收机，具有速度快、灵活方便、且无多值性问题等优点，可广泛用于低精度测量和导航。

2. 静态相对定位

静态相对定位是将 GNSS 接收机安置在不同的观测站上，保持各接收机固定不动，同步观测相同的 4 颗以上 GNSS 卫星，以确定各观测站在某坐标系中的相

对位置(图 9-13)。在两个或多个观测站同步观测相同卫星的情况下,卫星轨道误差、卫星钟差、接收机钟差、电离层折射误差和对流层折射误差等,随时间变化缓慢,而且与距离和路径相关性很强,通过求差的方法可以消除或削弱公共误差和绝大部分传播延迟误差,从而显著提高系统的定位精度。静态相对定位可以达到很高的精度,但定位观测时间较长。在跟踪 4 颗卫星的情况下,通常要观测 1~3 小时,甚至观测更长的时间。这种定位方法是目前 GNSS 定位中精度最高的一种方法,广泛应用于大地测量、精密工程测量、地球动力学研究等领域。

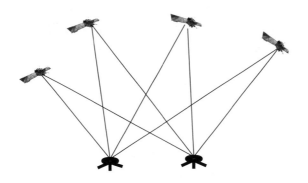

图 9-13 静态相对定位示意图

3. 动态绝对定位(单点动态定位)

动态绝对定位是在接收机天线处于运动状态下,确定接收机天线中心位置定位的方法。由于接收机天线处于运动状态,天线中心坐标是一个连续变化量,因此确定每一瞬间坐标的观测方程只有较少的多余观测(甚至没有多余观测),且绝对定位一般利用测距码伪距作为观测量,因此其定位精度较低。通常这种定位方法只用于精度要求不高的飞机、船舶以及陆地车辆等运动载体的导航。

4. 动态相对定位(差分定位)

动态相对定位是用两台 GNSS 接收机,将一台接收机安置在基准站上固定不动,另一台接收机安置在运动的载体上,两台接收机同步观测相同的卫星,通过在观测值之间求差,以消除具有相关性的误差,提高定位精度(图 9-14)。运动点位置是通过确定该点相对基准站的位置来测定的,这种定位方法也叫差分定位。差分定位在小区域范围内(<20km)可达厘米级精度,是一种快速且高精度的定位方法。

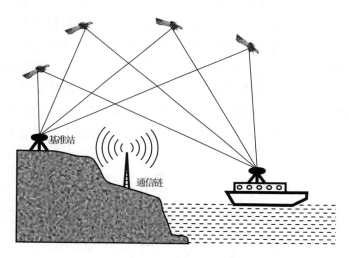

图9-14　动态相对测量示意图

　　按照作用范围不同，差分定位可分为单基准站差分（简称单站差分）和具有多个基准站的区域差分两类。单站差分系统结构和算法简单，技术上也比较成熟，主要用于小范围的差分定位工作；对于较大的范围，则应采用区域差分技术。无论哪种差分定位，其基本工作原理均是由基准站发送误差改正数，用户站接收改正数，并用以对其测量结果进行改正，以获得精确的定位结果。

五、国家高精度 GNSS 网

　　传统大地测量采用的坐标系统是一种非地心的参考基准，并不是严格意义下的地心坐标系，另外其大地坐标系统是由二维水平坐标系统与正高加大地水准面差距所构成的垂直坐标系合成的，因此不是严格意义下的三维参考系。而且传统大地坐标系统是一种静态坐标参考基准，忽略了地极的变化、地球自转速度的变化、地球表面不同块体间的相对运动与变化等，因此静态的坐标参考基准，随着时间的推移，其误差越来越大。

　　为了建立基于空间技术的现代大地测量参考系统，需要建立地心大地坐标参考系统，而应用最广精度最高的是国际地球自转服务（ITRS，International Earth Rotation Service）组织建立的国际地球参考框架（ITRF，International Terrestrial Reference Frame）。由于 ITRF 是全球坐标参考框架，其框架点的密度不能满足我国区域大地测量的应用要求。因此，需要通过高精度的 GNSS 测量建立区域性的与ITRF 框架一致的三维地心坐标参考基准，即高精度 GNSS 网。

我国于 1992 年建立了在 ITRF 坐标框架下的国家高精度 A 级 GNSS 网。1996 年又对 A 级 GNSS 网进行复测，进一步提高了 A 级 GNSS 网的精度。A 级 GNSS 网由 30 个主点和 22 个副点组成，均匀地分布在中国大陆地区。随后又建立了覆盖全国的国家高精度 B 级 GNSS。B 级 GNSS 网由 818 个点组成，其中大部分重合了原天文大地网的天文点、三角点或重力点。

国家高精度 A、B 级 GNSS 网构成了我国现代大地测量和基础测绘的基本框架。通过求得 A、B 级 GNSS 网与天文大地网之间的转换参数，可建立起地心参考框架和我国国家坐标的数学转换关系。同时，通过对 A、B 级 GNSS 网加密，可建立地区性 C、D、E 级 GNSS 大地控制网。

第三节　3S 集成

一、3S 集成概况

所谓"3S"是指遥感（RS，Remote Sensing）、地理信息系统（GIS，Geographic Information System）与全球导航卫星系统（GNSS，Global Navigation Satellite System），由于这 3 种技术关系密切，且其英文缩写最后一个字母都是"S"，人们习惯将这 3 种技术合称为 3S 技术，但这种称呼在国内用得比较多。在国外，与 3S 技术对应的有一个专门的术语"Geomatics"，中文为"地球空间信息学"。国际标准化组织以及其他国际机构也采用了这个术语。也有一些机构，特别是美国，偏向于用"Geospatial Technology"，即"地球空间技术"。无论哪种称呼，指的都是以 GNSS、GIS、RS 以及计算机技术为主要技术，用于采集、量测、分析、存储、管理、显示、传播和应用与地理空间分布有关的数据的一门综合性科学，并构成了数字地球的基础。GNSS、GIS、RS 三者之间的相互作用形成了"一个大脑（GIS），两只眼睛（RS、GNSS）"的构架。三者之间既各有侧重，同时又功能互补，关系密切。GNSS 为 GIS 提供位置信息，RS 为 GIS 提供或更新空间对象的属性信息，GIS 则把空间对象的几何信息和属性信息进行集成与空间分析，为科学决策提供依据。

关于 3S 集成，目前还没有一个确定的定义。国内有关 3S 集成的文献最早见刊于 1995 年（王国良，1995）。1997 年李德仁对 3S 集成做了一个比较系统的阐述。随后，给出了 3S 集成的定义，即"把 GPS、RS 和 GIS 三种对地观测技术有机地集成在一起，通过在线的连接、实时的处理，以实现对目标的定位、侦察、制导、跟踪、测量等实时作业的技术"（李德仁、关泽群，2002）。

二、3S 集成方法

不同的学科，对 3S 集成有不同的理解。从目前发表的文献看，对 3S 集成的理解，大多是指把这 3 种技术联合起来应用，真正意义上的 3S 集成并不多。目前比较常用的是 3S 中的两两集成，如 GIS + GNSS、GIS + RS、GNSS + GIS 等。下面简要介绍这几种集成方法。

1. GNSS 与 GIS 集成

GNSS 与 GIS 集成目前最为成熟，使用也最广泛。GNSS 实时提供空间定位，GIS 提供空间分析与可视化等（图 9-15），其应用主要有以下几个方面。

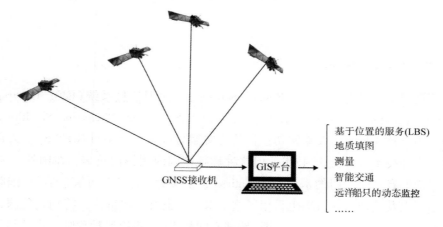

图 9-15　GNSS 与 GIS 集成示意图

（1）定位。主要用于户外动态定位及信息获取，诸如旅游探险、地质填图等。通过将 GNSS 与 GIS 集成，可以实时地显示 GNSS 接收机所在位置及运动轨迹，进而可以利用 GIS 提供的空间检索功能得到定位点周围的信息，从而实现决策支持。特别是智能移动设备的出现，使得基于位置的服务（LBS）不断延伸。

（2）测量。主要应用于土地管理、城市规划等领域，利用 GNSS 和 GIS 的集成可以测量区域的面积或者路径的长度，该过程类似于利用数字化仪进行数据录入，需要跟踪多边形边界或路径采集抽样后的顶点坐标，并将坐标数据通过 GIS 记录，然后计算相关的面积或长度数据。

（3）监控导航。用于车辆船只的动态监控，在接收到车辆船只发回的位置数据后，监控中心可以确定车船的运行轨迹，进而利用 GIS 空间分析工具判断其运行是否正常，如是否偏离预定的路线、速度是否异常等。在出现异常时监控中心可以提出相应的处理措施，其中包括向车船发布导航指令等。

2. RS 与 GIS 的集成

RS 和 GIS 关系非常紧密。遥感数据是 GIS 的重要信息来源，而 GIS 则可以作为遥感图像解译的强有力的辅助工具。从数据处理角度讲，它们有许多共性的地方，比如 RS 和 GIS 都涉及栅格数据的处理，但侧重点不一样。遥感图像处理的目的是为了提取各种专题信息，与 GIS 中的栅格空间分析有较大的差异。目前 GIS 软件（如 ArcGIS）有一些简单的遥感影像处理功能，同时，遥感影像处理软件（如 ENVI）也提供一些简单的矢量数据处理功能，但完全一体化的软件平台并不多见，实际工作中更多的是把两个平台结合起来，通过数据的互操作实现两种数据的集成。具体应用主要有以下两个方面。

（1）GIS 为遥感影像处理和解译提供辅助工具。例如，在图像分类中，通过 GIS 选择感兴趣区用于监督分类训练区的训练以及分类精度的计算（杨艳青、柴旭荣，2015；洪宇等，2016），或者运用 GIS 空间分析方法对遥感解释结果进行进一步的分析（刘蕾等，2015）。

（2）遥感数据作为 GIS 的数据来源。各种自然灾害或地质灾害常常引起地形、地貌、土地利用/覆盖状态发生变化。随着我国经济的快速发展，基础设施建设也日新月异，这些变化需要在 GIS 数据库中及时更新。而遥感则提供了廉价、准确、实时的数据来源。运用遥感影像可以快速、准确地提取区域的边界（如水陆边界）（毕京佳等，2016；洪宇等，2016）以及线形地物（如道路等）（李强等，2015），其结果可以用于更新现有的 GIS 数据库。另外，通过遥感影像还可以提取 DEM 数据。

3. RS 和 GNSS 的集成

不论摄影测量还是航天遥感，首先都需要解决对地定位问题。在没有 GNSS 以前，无论是摄影测量，还是遥感地面同步光谱测量、遥感影像的几何校正和定位等都是通过地面控制点进行大地测量才能确定，这不但费时费力，而且当无地面控制点时更无法实现。而 GNSS 的快速定位为摄影测量及无地面控制点的遥感影像定位提供了可能。在摄影测量中，可以利用机载 GNSS 接收机与地面基准点的 GNSS 接收机同时、快速、连续地记录相同的 GNSS 卫星信号，通过相对定位技术获取摄影机曝光时刻摄站的高精度三维坐标，将其作为区域网平差中的附加非摄影测量观测值，以空中控制取代（或减少）地面控制，最终实现 GNSS 支持下的全数字摄影测量。其次，利用 GNSS 形成的新技术如 GNSS 气象遥感技术，利用 GNSS 卫星和接收机之间无线电讯号在大气电离层和对流层中的延迟时间，了解电离层中电子浓度和对流层中温度、湿度，获得大气参数及其变化情况。GNSS 观测网为大气参数反演提供了一个重要的新数据源，与遥感数据相结合，可以在大气遥感、气象预报中发挥巨大作用(蒋光伟等，2010；李智临、隋立春，2010；张瑞等，2010)。

思考题

1. 简述遥感的概念及特点。
2. 地表物体与电磁波的相互作用有哪些?
3. 简述植被、水体及裸露的土地的反射波谱特征。
4. 为何热红外遥感影像可以识别不同的岩性?
5. 什么是遥感影像的空间分辨率、辐射分辨率及波谱分辨率?
6. 简述 GNSS 定位原理及误差来源。
7. 简述 GNSS 定位的主要方法及特点。
8. 什么叫 3S 集成?
9. 简述遥感与 GNSS 在油气行业的可能应用。

参考文献

[1] LINTZ J. Remote sensing for petroleum [J]. AAPG Bulletin, 1972(56)：542 – 553.

[2] FLOYD F. Remote sensing for petroleum exploration, Part 2：Case histories [J]. The leading edge, 1998(5)：623 – 626.

[3] BAILEY G, PATRICK D. Anderson applications of landsat imagery to problems of petroleum exploration in Qaidam basin, China [J]. AAPG Bulletin, 1982(66)：1348 – 1354.

[4] HALBOUTY M. Geologic significance of Landsat data for 15 giant oil and gas fields [J]. AAPG Bulletin, 1980(64)：8 – 36.

[5] DONALD F S, BURSON K R, THOMPSON C. K. Model for hydrocarbon microseepage and related near – surface alterations [J]. AAPG Bulletin, 1999 (1)：170 – 185.

[6] SCHUMACHER D. Pre – drill prediction of hydrocarbon charge：microseepage – based prediction of charge and post – survey drilling results [EB/OL]. (2011). http://www.searchanddiscovery.com/documents/2011/40841schumacher/ ndx_ schumacher.pdf.

[7] MICHAEL A A. Significance of hydrocarbon seepage relative to petroleum generation and entrap-

ment［J］. Marine and Petroleum Geology，2005（22）：457 – 477.

［8］JAMES E. Searching for oil seeps and oil – impacted soil with hyperspectral imagery［J］. Earth Observation Magazine，2001（1）：25 – 28.

［9］JAMES E，DAVIS H，ZAMUDIO J. Exploring for onshore oil seeps with hyperspectral imaging［J］. Oil and Gas Journal，2001（37）：49 – 558.

［10］KRUSE F A. Identification and mapping of minerals in drill core using hyperspectral image analysis of infrared reflectance spectra［J］. International Journal of Remote Sensing，1996（9）：1623 – 1632.

［11］HUNTINGTON J，WHITBOURN L，MASON P. et al. HyLogging – Voluminous industrial – scale reflectance spectroscopy of the earth's subsurface［EB/OL］.（2011）. http：//www. asdi. com/getmedia/364fb0a4 – ad5f – 4e3d – b6e7 – 76ccb7d4038f /HyLogging. pdf. aspx，

［12］LITTLEFIELD E，CALVIN W，STELLING P，et al. Reflectance spectroscopy as a drill core logging technique：an example using core from the Akutan［J］. Journal Geothermal Resources Council Transactions，2012（36）：1281 – 1283.

［13］ITOPF. Oil tanker spill statistics 2015，［EB/OL］（2016 – 2）. http：//www. itopf. com/fileadmin/data/Documents/Company_Lit/Oil_Spill_Stats_2015. pdf.

［14］MERV F，CARL B. Review of oil spill remote sensing［J］，Marine Pollution Bulletin，2014（83）：9 – 23.

［15］高姣姣，颜宇森，盛新蒲，等. 无人机遥感在西气东输管道地质灾害调查中的应用［J］. 水文地质工程地质，2010（6）：126 – 129.

［16］张刚，雷晓云. 无人机遥感技术在长输管道工程水土保持监测中的应用探讨——以西气东输项目典型渣场为例［J］. 珠江水运，2017（1）：90 – 91.

［17］马凤山，李国庆，张亚民，等. 西气东输管道靖边—延川段地质灾害遥感识别及危险性评价［C］. 第八届全国工程地质大会论文集，2008.

［18］朱小鸽，张友焱，张一民，等. 遥感与西气东输天然气管道选线［C］. 遥感科技论坛暨中国遥感应用协会 2003 年年会论文集，2003.

［19］李器宇，张拯宁，柳建斌，等. 无人机遥感在油气管道巡检中的应用［J］. 红外，2014（3）：37 – 42.

［20］王世洪，翟光明，张友焱，等. 基于遥感检测的输油管道泥石流灾害危险性评价［J］. 中国地质灾害与防治学报，2009（2）：36 – 40.

［21］支焕，蒋华义，高志亮，等. 卫星监测技术在输油管道泄漏中的应用［J］. 油气储运，2011（12）：957 – 959.

［22］申晋利，钱凯俊，张强，等. 遥感技术在复杂地区管道线路遴选中的应用［J］. 遥感信息，2014（3）：105 – 107.

［23］朱小鸽. 卫星遥感在石油工业中的应用及对我国资源卫星的应用计划［J］. 卫星应用，

1999(1)：28 – 31.

[24]刘丽，万仕平．卫星遥感技术在油气长输管道勘察设计中的应用[J]．天然气与石油，2010(1)：29 – 32.

[25]王冰怀，王卫民，程仲元，等．遥感技术在西气东输管道工程中的应用评价[C]．2004 年中国国际油气管道技术会议论文集，2004.

[26]肖德仁．遥感技术在长输管道勘察设计中的应用[J]．天然气与石油，2003(4)：56 – 57.

[27]赵琳，丁继成，马雪飞．卫星导航原理及应用[M]．西安：西北工业大学出版社，2011：350.

[28]范文义，等．"3S"理论与技术[M]．哈尔滨：东北林业大学出版社，2016：353.

[29]王国良．3S 技术及其集成与现代自然地理学发展[J]．陕西师大学报(自然科学版)，1995(S1)：180 – 181.

[30]李德仁．论 RS、GPS 与 GIS 集成的定义、理论与关键技术[J]．遥感学报，1997(1)：64 – 68.

[31]李德仁，关泽群．空间信息系统的集成与实现[M]．武汉：武汉大学出版社，2002：244.

[32]毕京佳，黄海军，刘艳霞．采用遥感和 GIS 技术的洪水痕迹提取与范围估测[J]．遥感信息，2016(6)：147 – 152.

[33]薛惠敏，胡春梅．基于遥感与 GIS 的区域生态环境评价方法的研究[J]．地理信息世界，2016(5)：80 – 85.

[34]杨艳青，柴旭荣．基于遥感和 GIS 的土地利用分类方法研究[J]．山西师范大学学报(自然科学版)，2015(4)：69 – 74.

[35]刘蕾，臧淑英，邵田田，等．基于遥感与 GIS 的中国湖泊形态分析[J]．国土资源遥感，2015(3)：92 – 98.

[36]李强，张景发，牛瑞卿．GIS 与面向对象结合的遥感影像震后损毁道路快速提取[J]．测绘通报，2015(4)：78 – 81.

[37]洪宇，周余义，沈少青，等．基于遥感与 GIS 技术的深圳市 1979 – 2014 年填海动态变化及其影响因素分析[J]，海洋开发与管理，2016(3)：89 – 93.

[38]蒋光伟，王利，张秀霞．基于地基 GPS 与 MODIS 遥感影像的映射函数与大气可降水汽分析 [J]．地球科学与环境学报，2010(4)：436 – 440.

[39]李智临，隋立春．基于 GPS 的海表温度遥感反演参数估计[J]．测绘科学技术学报，2010(5)：361 – 365.

[40]张瑞，宋伟伟，朱爽．地基 GPS 遥感天顶水汽含量方法研究[J]．武汉大学学报(信息科学版)，2010(6)：691 – 693.

第十章　GIS 在油气勘探中的应用

前面的章节系统地介绍了 GIS 的基本原理与功能。正如第一章所述，GIS 把制图、空间数据管理及空间分析有机地集成在一起，而油气勘探行业又是一个空间数据密集型行业，因此，GIS 在油气勘探行业中的应用就非常广泛。本章通过基于 GIS 的制图、基于 GIS 的油气资源数据管理以及基于 GIS 的油气数据综合分析 3 个例子说明 GIS 在油气勘探中的应用。

第一节　基于 GIS 的油气勘探成图

第八章已经详细介绍了 GIS 的制图功能。本节再通过一个实例说明 GIS 在油气勘探成图中的应用。

我国提出的"一带一路"倡议已经得到沿线各国的积极响应。21 世纪"海上丝绸之路"沿线国家和区域幅员辽阔，油气资源丰富，是全球油气勘探开发最活跃的地区之一，无论从地缘政治还是从油气供给的角度来看，对我国均具有十分重要的战略意义。目前勘探调查显示，该地区近 100 个沉积盆地发现有油气。但是，该地区构造环境复杂，盆地类型多样，不同类型盆地油气成藏的主控因素存在差异，油气藏形成和分布规律有待于深入研究，而基础图件则是研究的基础。这些图件主要包括研究区 1:500 万的沉积盆地分布图、沉积盆地类型图、油气田分布图、沉积盆地勘探程度图及沉积盆地资源潜力评价图等。

一、软件平台

目前石油行业绘图软件主要有 CorelDRAW、MapGIS、GeoMap 及 ArcGIS 等。CorelDRAW 不便于属性数据管理，GeoMap 主要偏向于制图，而 MapGIS 在石油公司特别是国际石油公司应用不普及。基于以上考虑，项目采用 ArcGIS 软件成图。ArcGIS 提供了一套灵活的制图表达机制，能灵活运用规则对空间数据进行符号化，实现各种地图制图的需求。同时，ArcGIS 具有强大的属性数据管理能力，可以实现空间数据与属性数据的无缝集成，提高制图效率。

二、制图流程

基于 ArcGIS 的制图流程如图 10-1 所示，主要包括数据准备、制图符号设置、图件要素设置及整饰出图 4 个步骤。

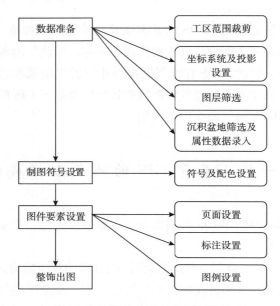

图 10-1　基于 ArcGIS 的制图流程

1. 数据准备

基础数据来源于世界含油气盆地数据库，其类型为矢量图，包括气田及油田分布、国界线、含油气盆地等十余种点、线、面数据集，从中挑选出国界线、海陆分界线、沉积盆地、陆地、海洋五个要素进行绘图。原始数据主要以几何特征数据为主，属性数据较少。首先按项目所需经纬度范围(41°~132°E，26°N~25°S)裁剪，然后对所需绘制的盆地进行筛选。由于工作区内包含众多面积过小的盆地，这些盆地中绝大部分不是项目的研究重点，而且在地图表达上给人一种堆砌感，因此把面积小于 20000km² 的盆地去掉，最终保留了工作区中的 141 个沉积盆地。根据项目要求及资料搜集情况，构建了沉积盆地属性表，如表 10-1 所示。

表 10-1　沉积盆地属性

序号	字段名称	字段名称解释	序号	字段名称	字段名称解释
1	Order_Num	序号：按中文名称字母顺序排列	17	Off_Oil_Re	海上油储量/MMBoe
2	CHINA_Name	中文名称	18	On_Gas_Re	陆上气储量/Bscf
3	Name	英文名称	19	Off_Gas_Re	海上气储量/Bscf
4	Basin_Type	盆地类型	20	On_Matur	陆上勘探成熟度
5	BASIN_SQKM	盆地面积/km²	21	Off_Matur	海上勘探成熟度
6	Basin_Age	盆地年代	22	On_Pro	陆上勘探前景
7	2D_Len	二维地震长度/km	23	Off_Pro	海上勘探前景
8	2D_Den	二维地震密度/(km/km²)	24	Remain_Oil	剩余油可采储量/MMBoe
9	Wells	探井数	25	Remain_Gas	剩余气可采储量/Bscf
10	Wells_Den	探井密度/(口/km²)	26	Total_Res	总储量/MMBoe
11	Oil_Abu	油丰度/(bbl/km²)	27	SUB_REGIME	盆地类型(英文)
12	Gas_Abu	气丰度/(bbl/km²)	28	ExplDegree	勘探程度
13	Found_Time	首次发现油气田时间/年	29	Recover_Re	剩余可采储量/MMBoe
14	On_Num	陆上发现的油气田数	30	Prospect_R	远景资源量/MMBoe
15	Off_Num	海上发现的油气田数	31	Re_Potenti	资源潜力/MMBoe
16	On_Oil_Re	陆上油储量/MMBoe			

注：1bbl=0.14t，1Bscf=2831.7×10⁴m³，MMBoe 表示百万桶油当量。

2. 制图符号设置

沉积盆地分布图是其他图件(沉积盆地类型图、油气田分布图、沉积盆地勘探程度图及沉积盆地资源潜力评价图等)的基础。该图件包括 6 个要素，即：海洋、陆地、海陆分界线、国界线、沉积盆地及经纬网。各要素符号及配色方案如表 10-2 所示。

表 10-2　基础图件图层要素符号设计及配色方案

图层	类型	符号	宽度/磅
国界线	线	▬ ▬ ▬	0.2
海陆分界线	线	——	0.2
经纬网	线	——	0.2
沉积盆地	面	▨	0.4
陆地	面	▢	0.4
海洋	面	▨	0.4

注：1 磅≈0.353mm。

需要标注的图层分别为沉积盆地、海洋、经纬网。其中的沉积盆地，由于盆地众多，大小不一，而有些盆地中英文名称较长，直接标注盆地中英文名称会显得图件很乱，因此，绘图时按盆地中文名称拼音排序，图中只标注盆地序号，其对应的中英文名称在图例中显示。

3. 图件要素及页面设置

除图层要素外，图面内容还应包括图名、图例、比例尺（包括绝对比例尺与线段比例尺）、坐标系等内容。根据出图比例尺，地图页面宽度设为238cm，高度为168cm。

4. 整饰出图

根据表10-2的符号设置要求，可以绘制出研究区沉积盆地分布图。然后以沉积盆地分布图为基础，根据表10-1提供的属性，可以绘制出其他所需的图件。如图10-2所示为研究区沉积盆地资源潜力评价图。图中各盆地的剩余可采储量、远景资源量及资源潜力以柱状图的形式表示。图件以名为 *.mxd 和 *.pdf 的两种格式输出保存。

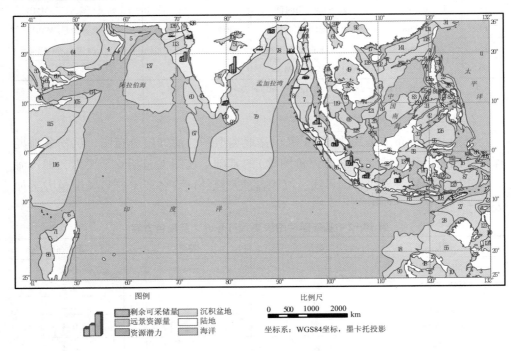

图10-2 南海—北印度洋地区沉积盆地资源潜力评价图

第二节　基于 GIS 的全球重点地区油气资源数据管理

石油与天然气在我国的能源结构中有着举足轻重的地位，同时也是我国一种重要的战略资源。中国原油进口量已经连续 15 年上升，从 2007 年开始，中国石油进口依存度超过了 50%，之后一路攀升，2016 再创新高，原油进口量上升至 3.810×10^8 t，进口依存度达 67.3%（田春荣，2017）。因此，系统地掌握全球重点地区油气资源的分布及变化，对于我国能源战略有非常重要的意义，对于各石油公司的决策也非常重要。全球重点地区油气资源数据既包括基础地理数据、基础地质及石油地质数据、油气勘探开发数据，还包括这些地区的人文、政策等方面的数据。数据类型多、结构复杂、数据量大，且包含大量的图形图像数据。如何把这些数据组织起来进行高效的管理，并快速方便地检索和展示，对于全面系统地掌握全球重点地区油气资源的分布及变化，及时调整我国能源战略都有重要的意义。而 GIS 则为解决这个问题提供了理想的解决方案。基于 GIS 的油气空间数据管理需要考虑几个问题：GIS 开发方式、系统架构设计、数据库设计、功能及界面设计等。下面以基于 GIS 的全球重点地区油气资源数据管理为例，说明 GIS 在油气数据管理中的应用。

尽管商用 GIS 软件众多，功能也越来丰富，但在实际应用过程中也暴露出来一些问题：首先，商用 GIS 软件的使用和维护费用高；其次，数据共享难，跨平台功能较弱；第三，尽管商用 GIS 软件功能很丰富，但许多功能在油气空间数据管理中用不到，而一些需要的功能又没有提供；第四，随着 WebGIS 的快速发展和开源思想的深入，传统的 GIS 开发方式已经难以适应实际需要。由于开源 GIS 在通用性、适用程度及可扩展性等方面比传统商业软件更具有优势，因此基于开源 GIS 的开发已经成为 GIS 应用的重要方式及发展方向。基于以上认识，本项目采用基于开源的 WebGIS 方式构建全球重点地区油气资源数据管理系统。

一、GIS 的开发方式

GIS 的开发方式可分为独立开发方式、GIS 脚本开发方式以及组件式 GIS 开发方式。

1. 独立开发方式

这种开发方式不依靠任何 GIS 工具和软件，由开发者利用底层代码独立实现所需 GIS 的所有功能。由于开发者不需要额外的商业软件作为支持，独立开发方式可以节约开发成本，更重要的是可以根据用户的需求设计开发独立模块，提高软件的可用性。缺点是耗时耗力，对开发者本身要求高，而且所开发的软件系统稳定性较低。

2. GIS 脚本开发方式

即开发人员通过 GIS 开发工具提供的特定语言（脚本）进行开发，实现需求功能的拓展。例如早期 Maplnfo 提供的 MapBasic、Arc/Info 提供的 Avenue 等，以及现在 ArcGIS 支持的 VBA 和 Python 脚本语言开发，都属于这一类。这种开发方式在保留了原有软件功能的同时，可以根据需要适当扩展部分功能，开发省时省力，缺点是脚本的局限性比较大，难以开发复杂的应用程序。因此，如果只是简单少量的功能扩展，可以采用这种方式。

3. 组件式 GIS 开发方式

组件（component）又称控件，是一个具有约定规范接口以及明确依赖环境的组装单元，是可以独立部署并组装的软件实体。COM（Component Object Model）是组件之间接口的规范，通过 COM 使得软件组件和应用环境之间的交互拥有统一的二进制标准。组件式 GIS 的基本思想是把 GIS 的各大功能模块划分为几个小的模块，每一个模块都有相应的组件与之对应，各个组件独立完成不同的功能。GIS 的每个组件之间以及与其他非 GIS 的组件之间，都可以通过可视化开发方法镶嵌到一起，形成最终的 GIS 应用程序。组件式 GIS 开发方式可以开发出功能强大的 GIS 产品，加上开发简捷、软件小巧灵活、开发成本低等优点，已经成为GIS 软件开发的首选方式。

二、WebGIS 模式

所有基于互联网的分布式空间信息管理系统都属于 WebGIS 的概念范畴。相对于传统的单机版 GIS，WebGIS 拓展了 GIS 的应用领域和服务范围，让更多的人可以使用 GIS，从而获得更优质的空间信息服务；WebGIS 用户不必关注服务器端的实现细节，也不必关注数据的组织方式，只需要通过通用的 Web 浏览器或专用的客户端程序实现所需的功能，从而大大降低了用户的使用门槛，同时也提高了 GIS 服务的时效性（周林等，2014）。

WebGIS 主要有两种模式：C/S（Client/Server）和 B/S（Browser/Server）模式。

C/S 模式中，地理数据存储在地理数据服务器（如 ArcSDE 等大型关系数据库）上，而数据的查看和编辑则在客户机上实现。C/S 模式的主要特点是"胖客户端"，"胖客户端"是指在客户机器上安装配置的一个功能丰富的交互式用户界面，用于海量数据的处理、地理计算、空间分析、专题制图和数据转换等，这些客户端程序功能丰富、界面良好，但很难实现快速部署和跨平台部署，同时，客户端程序对计算机硬件性能要求较高。因此 C/S 模式只适合在环境稳定的局域网中部署。

B/S 模式 GIS 是基于 Web 浏览器实现的一种分布式网络 GIS，它能够访问 Internet 异构环境下的多种 GIS 数据和服务，具有跨平台特性。B/S 模式中，主要事务均在服务器端完成，从而极大地降低了客户端软件、硬件的要求。但是，另一方面，在 B/S 模式的 GIS 中，由于基于 Web 浏览器页面的数据编辑很困难，因此，其功能不如 C/S 模式的 GIS 丰富。B/S 模式为三层框架，由内到外分别是数据层、Web 服务器和 GIS 服务器、展示层，如图 10-3 所示。展示层为客户端，利用浏览器对系统功能进行页面浏览。开发软件有 OpenLayers、OpenScales 等。Web 服务器主要提供 Web 信息浏览服务，GIS 服务器则用于提供 WMS(Web Map Server)、WFS(Web Feature Server)和 WCS(Web Coverage Server)等 Web 服务，同时接受来自客户端的请求。GIS 服务器有闭源和开源两类软件包。闭源的有 Arc-Server（ESRI）、MapXtreme（MapInfo）、GeoMedia Web Map(Intergraph)、GeoSurf（武汉吉奥）、MapWEB（武汉中地）、SuperMap IMS（超图）等，开源的主要有 GeoServer、MapServer（明尼苏达大学）、MapGuide（Autodesk）等。数据层主要指数据库管理系统，数据层存储了系统的所有数据，同时也接收上层请求来完成数据的更新、插入和删除工作。开源数据库系统主要有 PostgreSQL/PostGIS、MySQL，闭源数据库系统主要有 Oracle、SQL Server、MapInfo SpatialWare 等（图 10-3）。

三、开发环境

依据前面的分析，项目开发环境配置如下：

（1）操作系统：Win 10。

（2）展示层二次开发组件包：OpenLayers。

（3）数据库：Oracle 11g。

（4）编程语言：C#，ext. JS。

（5）GIS 服务器：ArcGIS Server。

（6）开发工具：Visual Studio 2013。

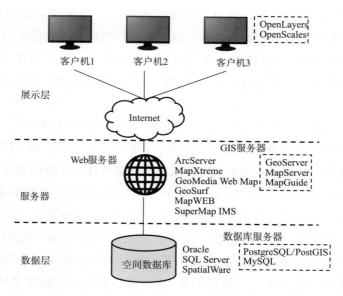

图 10-3　B/S 体系架构(图中虚框为开源软件包)

四、系统总体设计

1. 系统设计目标和设计原则

系统设计的目标是基于开源 GIS 思想,结合油气数据的业务要求,构建全球重点油气区油气资源数据管理、检索、可视化及空间分析一体化应用平台。系统总体设计遵循了以下原则。

(1)标准化原则。各项技术遵从国际、国家和行业标准,以利于系统的集成、扩展和推广。

(2)先进性原则。在系统设计时,保证使用先进且成熟的技术,既满足应用需求,又符合发展趋势,使系统具有较强的生命力。

(3)实用性原则。系统最大限度地满足应用需求,面向实际,注重实效。

(4)灵活性原则。对于数据库的维护,提供对属性数据表和记录的增删及修改功能,无需重写代码。

(5)安全性原则。系统设置单点登录,统一认证,同时对数据权限和功能权限进行分级限制。

(6)稳定性和可靠性原则。系统稳定性好,可靠性高。

2. 系统体系结构

系统采用 B/S 三层体系架构，包括数据层、业务层和表示层。数据层主要由数据库、数据服务、地图服务、文档服务组成，负责数据库的连接、数据共享、数据安全，提高高效的数据支持；业务层是表示层和数据层之间的中间层，主要由文档管理、地图配置、数据管理、查询配置等业务组成，业务层接收来自表示层的请求，并将执行结果输出到表示层；表示层由一系列应用功能组成，它们是用户直接操纵的客户端。整个体系架构如图 10-4 所示。

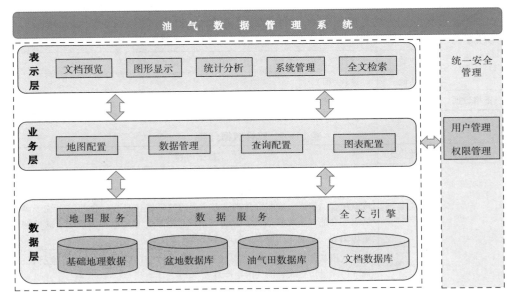

图 10-4 系统体系架构图

五、数据组织

油气资源数据库包括国家、盆地、油气田、钻井等多个层次数据，涵盖了基础地理、油气地质勘探开发、国家概况、政治经济基础、法律法规等内容。数据形式有矢量数据、栅格数据及相应的属性数据。矢量数据包括基础地理类、基础设施类、地质类等数据（表 10-3），按空间对象分为点、线和面三类要素。点要素主要包括油藏点、气藏点、炼厂、港口、机场等；线要素主要包括线状水系、境界线、铁路、公路、天然气管线、原油管线、成品油管线等；面要素主要包括含油气盆地、油田、气田、面状水系、居民地、沙漠等。栅格数据主要包括扫描图件、图片以及遥感影像数据等。属性数据以表的形式存储，共建立了 102 张表，包括 mxd 图件信息表、shape 图层信息表、空间对象信息表、纯属性信息表、数据格式表等。其中纯属性表包括盆地类、油气田类、油藏类、井类、国家基本情况类、国家资源信息类、国家基础设施类和 USGS 类等，信息关联表包括逻辑文件关联表、仓库文件关联表、目录文件中间表、主数据表、目录和文件属性中间表等（表 10-4）。

表 10-3　空间数据分类

一级分类	二级分类	数据内容
矢量数据	地理	图幅基本信息、线状水系、面状水系、境界线、居民地、沙漠
	基础设施	炼厂、港口、机场、铁路、公路、天然气管线、原油管线、成品油管线、拟建管线、海上航线等
	地质	含油气盆地、油田、气田、油藏点、气藏点、钻井等
	其他	区块（面）
栅格数据		扫描图件、图片

表 10-4　属性数据分类

一级分类	二级分类	数据内容
数据表	盆地	盆地基础信息表、构造单元表、构造演化表、地层基础信息表、盆地烃源岩表、盆地储层表、盆地盖层表、盆地圈闭信息表、盆地成藏组合表、成藏组合储层表、成藏组合盖层表、含油气系统信息表、含油气系统烃源岩表、含油气系统储层表、含油气系统盖层表、盆地勘探现状表、盆地储量历史表、盆地年产量表、盆地待发现资源量表等
	油气田	油气田基础属性表、油气田烃源岩表、油气田储层表、油气田盖层表、油气田储量历史表、油气田年产量表
	油气藏	油气藏基础属性表、油气藏烃源岩表、油气藏储层表、油气藏盖层表、油气藏水性质表、油气藏原油性质表、油气藏天然气性质表
	钻井	钻井基础信息表
	国家	国家概况表、国家政治表、国家经济表、能源管理体制表、国家税费政策表、国家法律法规表、勘探开发投资表、国家勘探开发历程表、常规油气待发现资源潜力表、非常规油气资源量表、其他能源资源潜力表、油气储产量表、国家油气进出口表、国家原油加工能力表、炼厂加工能力表、原油及天然气价格表、国家储备基地表、储备基地储备情况表、油气码头表、运输管道表、石油公司表
	USGS 评价	USGS 评价单元基本信息表、评价结果表（评价单元）、评价结果表（国家）、评价图件信息表、评价参数表等
文本数据		含油气盆地概况、含油气盆地油气地质特征、含油气系统特征、典型油气田特征、油气资源潜力分析、国家油气情况、国家油气勘探历程、国家油气相关政策法律法规、国家基础设施现状等

六、系统功能设计与实现

系统的功能包括以下几部分：GIS 导航功能、数据查询、统计分析、资料检索、数据管理、图文管理、日志管理、系统管理。

系统底图采用国家地理信息公共服务平台——天地图，系统主界面如图 10-5 所示。主菜单栏位于界面最上方，菜单栏包含数据查询、统计分析、资料检索、数据管理、图文管理、日志管理、密码修改和系统管理 8 个功能模块。界面最下方为状态栏，显示该图所放大的比例尺和鼠标处点的经纬度，界面中央主要部分为内容显示窗口。

图 10-5　系统主界面(据北京油源恒业科技有限公司)

第三节　基于 GIS 和模糊融合的油气有利目标区评价

油气有利目标区评价是对烃源岩、储层和盖层等多方面的数据进行综合分析，最终给出油气有利目标区，其实质是空间数据的融合问题。由于生、储、盖数据都是空间数据，多以图件的形式进行表达。传统方法是以专家知识为基础，通过图形的简单叠加，按优中选优的方法来确定有利区，这是一种基于非此即彼的二值逻辑方法。由于实际数据的不确定性，以及对地质现象描述的不确定性，模糊集（Fuzzy Set）理论更适合对非确定性现象的描述。GIS 具有强大的空间分析功能，为空间数据的模糊运算和空间数据融合提供了一个很好的平台。本例把模糊集理论以及 GIS 的空间分析方法用于哈萨克斯坦 Marsel 区块油气有利目标区评价，从一个侧面说明 GIS 空间分析方法在油气勘探中的可能应用。

一、数据融合方法概况

数据融合（Data Fusion）的概念最早由美国实验室理事联合会（JDL，Joint Directors of Laboratories）提出，指的是通过对单一或多个信息源的数据进行关联、相关和联合处理，以得到一个更精确的位置或状态估计（White，1991）。随后在不同的研究领域出现了不同的定义，据文献统计，目前关于数据融合的定义多达 30 多种（Bostrom 等，2007）。

一般认为，数据融合是指把来自多种传感器的数据或信息，运用一定方法进行分析与综合，以完成所需的决策和评估任务而进行的信息处理技术（Bahador 等，2013；盖伟麟等，2014）。数据融合的概念并不难理解，但其精确的含义对不同的研究者来说，却有不同的理解。在中文文献及外文文献中，关于融合的表达，也是多种多样的。如在英文文献中，除用"fusion"表示融合外，还有"combination" "integration" "assimilation" "merging"以及"synthesis"等；而在中文文献中，除"融合"外，也有"集成""合成""综合""联合"等表达方式。

基于 GIS 的数据融合技术既可以充分发挥 GIS 的空间信息处理优势，又可以利用数据融合技术对不同来源的数据进行综合分析，使数据无缝集成，因此利用数据融合技术对 GIS 的各种空间数据进行集成分析，便可以建立面向具体应用的数据融合系统，以解决多参数条件下复杂的决策问题（白亭颖，2015）。如从 2003 年起，每两年一次的信息融合与 GIS 国际研讨会（IF & GIS，The International Workshop of Information Fusion and GIS），其主要论题就是讨论如何把地理信息科学与信息融合的理论、方法结合起来，解决与空间决策相关的各种问题。

油气勘探中的决策问题存在多种不确定因素。这种不确定性主要包括三个方面：首先是原始数据的不确定性。如数据存在噪声、数据达不到精度要求等；其次是数据解释结果的不确定性，如根据有限的钻井数据进行沉积相的划分及有利目标区的确定，根据二维或三维地震数据反演解释的地层厚度、油气层厚度等；第三则是概念本身的不确定性，如把目标区分为有利、较有利、一般和较差，不同地区、不同油气地质人员的理解是不同的。

　　针对上述问题，很多文献提出了不同的解决办法，模糊逻辑方法就是其中一种重要方法。运用模糊融合方法综合不同来源数据进行矿产勘探研究，已经有相当多的文献（Ping 等，1991；Naghadehi 等，2014）进行说明。在矿产勘探中，既有主观数据，又有客观数据，通过模糊逻辑方法可以更好地把这两种数据综合起来（Warick 等，2003；Libor，2008）。而 GIS 又为模糊逻辑运算提供了一个很好的平台，使得基于模糊逻辑的空间数据融合方法更易于实现（Lisa 等，2012；Jaroslaw，2011）。

二、模糊集与模糊逻辑

1. 模糊集与隶属度

　　地质变量一般来说都是不确定的量，这种不确定性可以分为两类：一类是结果概念明确，但结果出现的可能性不确定。如油层、气层的概念是很明确的，但某一地区是否存在油田或气田则是不确定的，解决这一类问题的方法是概率统计方法。另一种不确定性则是概念本身就不确定，或者说是模糊的。如"优质储层"的概念，不同的学者、在不同的地区意义可能不一样，解决这一类问题的方法，则是以模糊集理论为基础。

　　数学上，关于模糊集有如下的定义（Zadeh，1965；杨纶标等，2011）。

　　设 $U = \{x_1, x_2, \cdots, x_n\}$ 是一个参考集，也称为论域，A 是集合 U 到 $[0, 1]$ 的一个映射，如果 U 中的任何一个数 x_i 在 A 中都一个数 $\mu_A(x_i)$ 与之对应，并形成一个有序对：$[x_i, \mu_A(x_i)]$，其中 $x_i \in U$，$\mu_A: U \rightarrow [0, 1]$，则称 U 为 A 上的模糊集，称 $\mu_A(x)$ 为模糊集 A 的隶属函数，称 μ_A 为 x 对模糊集 A 的隶属度。

　　例如，对于某储层的 4 个岩芯样本，孔隙度分别为 35%、20%、10% 及 5%，即 $U = \{35, 20, 10, 5\}$，A 表示与 U 对应的隶属为高孔隙度的集合，且 $A = \{1, 0.7, 0.5, 0.1\}$，即孔隙度为 35% 的值隶属于高孔隙度的程度为 1，或者说 35% 完全可以认为是高孔隙度；而孔隙度为 20% 的值隶属于高孔隙度的程度为 0.7；10% 的值隶属于高孔隙度的程度为 0.5；5% 的值隶属于高孔隙度的程度只有 0.1，说明肯定不是高孔隙度。

2. 隶属函数

　　隶属函数是模糊集理论中的一个重要概念。地质变量有定性和定量两种变量。对于定性变量，可以根据实际情况进行指定，而对于定量变量，则根据实际情况可以有多种定义方法。常用的有以下几种（Tsoukalas 和 Uhrig，1997）。

1) 高斯型

高斯型隶属函数为:

$$\mu(x) = \exp\left[\frac{-(x-c)^2}{2\sigma^2}\right] \quad\quad (10-1)$$

式中,c 为平均值;σ 为方差,也称为扩散系数。曲线形态如图10-6所示,σ 越大,$\mu(x)$ 函数曲线形态越窄、越陡。高斯型隶属函数是中间接近型,用于描述隶属度中间接近某一值的情况。

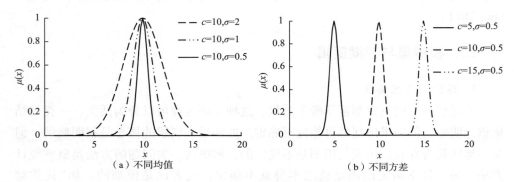

图10-6 不同均值和方差参数的高斯型隶属函数形状

2) 增大型函数

增大型隶属函数的表达式为:

$$\mu(x) = \frac{1}{1 + \left(\dfrac{x}{f_2}\right)^{-f_1}} \quad\quad (10-2)$$

式中,f_1 为扩散值;f_2 为中点值。f_1 越大,曲线越陡[图10-7(a)]。如果隶属度与输入值同比增大,则可采用这种类型的隶属函数。如烃源岩的排烃强度、有效烃源岩厚度、储层的裂缝密度、储层的厚度、地震解释的气层厚度等参数都可以采用增大型隶属函数来求得其隶属度。

3) 减小型函数

减小型隶属函数的表达式为:

$$\mu(x) = \frac{1}{1 + \left(\dfrac{x}{f_2}\right)^{f_1}} \quad\quad (10-3)$$

式中,f_1 为扩散值;f_2 为中点值。同样,f_1 越大,曲线越陡。如果隶属度与输入值反比增大,则可采用这种类型的隶属函数。如距离排烃中心越远,隶属于有利区的可能性越小,因而可采用减小型隶属函数进行描述。

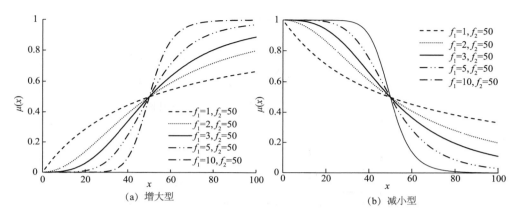

图 10-7　增大型和减小型隶属函数

4）线性型函数

前面三种类型的隶属函数，其隶属度随输入值呈非线性变化。如果隶属度随输入值呈线性增加或减小，则可以采用降半梯形、升半梯形及中间梯形函数。图 10-8 为不同线性型隶属函数的形态。

（1）降半梯形

$$\mu(x) = \begin{cases} 1 & x \leqslant a \\ \dfrac{b-x}{b-a} & a < x < b \\ 0 & x > b \end{cases} \tag{10-4}$$

（2）升半梯形

$$\mu(x) = \begin{cases} 0 & x \leqslant a \\ \dfrac{x-a}{b-a} & a < x < b \\ 1 & x \geqslant b \end{cases} \tag{10-5}$$

（3）中间梯形。

$$\mu(x) = \begin{cases} 0 & 0 \leqslant x \leqslant a \\ \dfrac{x-a}{b-a} & a < x < b \\ 1 & c \geqslant x \geqslant b \\ \dfrac{d-x}{d-c} & c < x < d \\ 0 & x \geqslant d \end{cases} \tag{10-6}$$

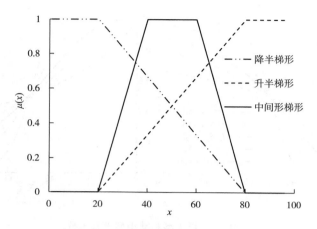

图 10-8　线性型隶属函数的形态

3. 模糊逻辑运算

油气有利目标区评价中，通常是根据获得的数据确定相关的规则，并通过这些规则的组合进行评价。其规则有如下形式：

$$IF\ A\ THEN\ B \tag{10-7}$$

式中，A 为一种或多种规则；B 是满足这些规则推理得到的结果。

如：IF 烃源岩很好 AND IF 储层有利 AND IF 盖层有利 AND IF 运聚条件好 AND IF 保存条件好 THEN 有利区。式中的"烃源岩很好""储层有利""盖层有利""运聚条件好""保存条件好"都是模糊概念，其结果"有利区"也是模糊概念。石油地质工作者并不需要对某一种规则给出非常精确的表达，便可以通过模糊推理的方法进行决策，与之相应的则是模糊逻辑算法。模糊逻辑通过特殊的算子来实现，常用的算子有模糊与、模糊或、模糊代数积、模糊代数和以及模糊 Gamma，下面对这 5 种算子作简单介绍。

假设有两个模糊集 A 和 B，其隶属度分别为 μ_A 和 μ_B，则有如下的模糊逻辑运算。

1）模糊与运算（AND）

模糊与运算取 μ_A 和 μ_B 的最小值，即：

$$\mu_A\ AND\ \mu_B = \min(\mu_A, \mu_B) \tag{10-8}$$

显然，"与"操作的结果是得到最小隶属度。如果目标需要同时满足多个条件，则采用"与"操作。如油气有利区应该同时满足有利的生、储、盖条件。

2）模糊或运算（OR）

模糊或运算取 μ_A 和 μ_B 的最大值，即：

$$\mu_A \text{ OR } \mu_B = \text{Max } (\mu_A, \mu_B) \qquad (10-9)$$

"或"运算的结果是得到最大隶属度。如果目标中只要满足 1 个条件即可，则采用"或"操作。如有利的含油区或有利的含气区都可以作为油气有利区。

3）模糊代数积运算（Product）

模糊代数积是指两个隶属度的乘积，即：

$$\mu_{A\times B} = \mu_A \times \mu_B \qquad (10-10)$$

显然，模糊代数积运算的结果比"与"运算的结果更小，当有多个准则进行代数积时，其结果会非常小。模糊代数积的结果与输入的准则值的相关关系不太容易建立，因此实际中用得不多。

4）模糊代数和运算（Sum）

模糊代数和与平常所说的代数和不一样，其表达式为：

$$\mu_{A+B} = 1 - (1 - \mu_A)(1 - \mu_B) \qquad (10-11)$$

模糊代数和的结果比"和"运算的结果更大。其意义是指有利因素越多，结果越有利。但并不是说所有的结果进行代数和后，其结果一定会更有利。

5）模糊 Gamma 运算

模糊 Gamma 计算公式如下：

$$\mu(x) = (\mu_{A+B})^{\gamma} \times (\mu_{A\times B})^{1-\gamma} \qquad (10-12)$$

式中，γ 称为 Gamma 参数，其值不一样，结果也不一样，其值介于 μ_{A+B} 和 $\mu_{A\times B}$ 之间。当 $\gamma = 0$ 时，其结果与 $\mu_{A\times B}$ 相同，当 $\gamma = 1$ 时，其结果与 μ_{A+B} 相同。

模糊 Gamma 运算是模糊代数积与模糊代数和的某种折中，每一个 γ 的取值代表一种折中方案。

图 10-9 为两个不同的模糊集（C_1v 储层有利区评价模糊集及排烃强度模糊集）不同模糊运算的结果。

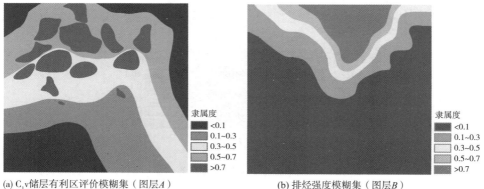

(a) C_1v储层有利区评价模糊集（图层A）　　　　(b) 排烃强度模糊集（图层B）

图 10-9　两个模糊集不同模糊运算结果

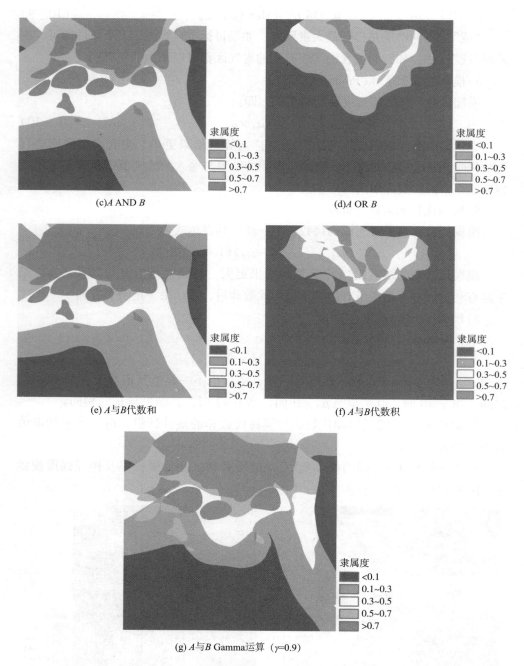

(c) *A* AND *B*

(d) *A* OR *B*

(e) *A* 与 *B* 代数和

(f) *A* 与 *B* 代数积

(g) *A* 与 *B* Gamma 运算 （γ=0.9）

图 10-9　两个模糊集不同模糊运算结果（续）

三、研究区石炭系油气地质特征概况

哈萨克斯坦 Marsel 区块位于楚－萨雷苏盆地中部，勘探面积约 $1.85 \times 10^4 km^2$（图 10-10）。1950—1985 年间，前苏联已经对该探区组织过勘探，并打井 73 口，发现天然气储量 $137.9 \times 10^8 m^3$，随后该区块的勘探工作处于停滞状态。2008—2012 年，加拿大 CONDOR 公司对这一探区继续进行勘探，并打井 4 口，但没有大的突破，发现的天然气储量也很小，只有 $60.7 \times 10^8 m^3$。随后，中科华康石油公司联合中国石油大学（北京）等研究队伍对收集到的所有资料，特别是地震资料和测井资料进行了重新处理解释，研究表明，探区内可能存在一个叠复连续大气田。同时对探区内的地质构造特征、地层展布特征和油气成藏条件进行综合分析，初步预测出南哈大气田的分布边界、范围和含气层厚度等。

Marsel 区块有两套主要目的层，分别为石炭系碳酸盐岩储层和泥盆系碎屑岩储层，均为气层。石炭系储层主要为下石炭统的维宪阶（C_1v）和谢尔普霍夫阶（C_1sr）。初步分析结果表明，下石炭统储层具有垂向上叠复分布、平面上连续分布特征，但储层孔渗条件较差，属于低孔低渗储层，因此，气体富集区（即甜点）的预测对于获得高产具有重要的意义。

1. 沉积地层

研究区石炭系发育两套地层：密西西比系（下石炭统）的碳酸盐岩和宾夕法尼亚系（上石炭统）的陆源碎屑岩。目前发现的目的层均位于下石炭统，自下而上依次为：杜内阶（C_1t）、维宪阶（C_1v）和谢尔普霍夫阶（C_1sr）。

杜内阶（C_1t）地层较薄，局部缺失，岩性以泥灰岩为主，是该区一套较好的烃源岩；维宪阶（C_1v）可分为 C_1v_1、C_1v_2、C_1v_3 三个岩性段。其中 C_1v_1 岩性主要为大套的较纯灰岩，平均厚度约 100m；C_1v_2 可分为两段：下部以泥灰岩为主，上部为大段的灰岩，地层平均厚度约 120m；C_1v_3 为大段泥晶灰岩、泥灰岩，地层平均厚度约 140m。谢尔普霍夫阶（C_1sr）可分为四个岩性段：从下往上分别为礁下段灰岩—泥灰岩、礁灰岩、盐下段灰岩及蒸发岩。

2. 主要沉积相类型及其分布

研究区下石炭统沉积相类型主要为开阔台地相和局限或蒸发台地相。从垂向上，下石炭统从下到上反映了开阔台地—局限台地—淹没台地—开阔台地—蒸发台地的总体演化过程（徐桂芬等，2014）。各种类型相的分布区域如表 10-5 所示。

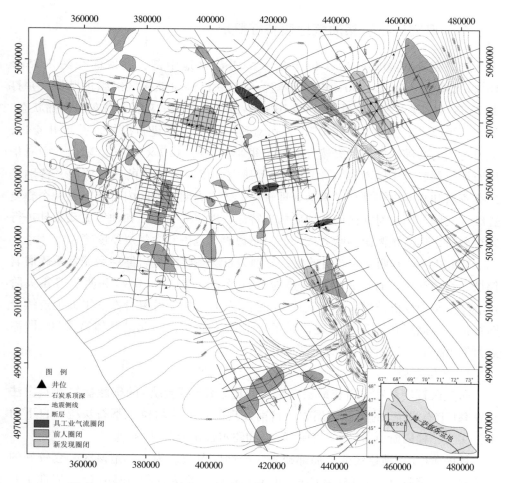

图 10-10　Marsel 区块位置及其主要圈闭分布(据南哈项目组内部报告)

表 10-5　研究区主要沉积相(亚相)类型及发育区块

相(亚相)	岩性	发育区块
生物礁、礁滩复合体	礁灰岩	Kendyrlik，Zholotken，Tamgalytar，Terek-hovskaya，Katynkamys
滩间海、潟湖	泥灰岩/泥晶灰岩	Irkuduk
深水台地或局部淹没台地	泥晶灰岩	Kendyrlik，Irkuduk
蒸发台地	硬石膏	Tamgalytar，Terekhovskaya，路边地区，北路边地区，南路边，Kendyrlik

3. 生、储、盖组合

目前研究初步认为，Marsel 区块 C_1v_3 的泥质沉积为研究区主力烃源岩段，全区分布，但北部地区比南部地区偏厚。另外在 C_1v_1、C_1v_2 时期内部小规模海侵形成的泥质沉积为另外两套厚度较小的烃源岩段。

研究区石炭系储、盖组合主要有三套：即 C_1sr、C_1v_1 和 C_1v_2 的高位域构成主要的储层段，而两个最大水进域的海侵泥岩和顶部的膏盐层构成主要盖层。C_1sr 储层主要发育在开阔台地到台地边缘的浅滩、生物礁；C_1v_1、C_1v_2 的有利储层主要集中在 Kendyrlik 地区和 Terekhovskaya 地区，为开阔台地到台地边缘的生物礁滩复合体相带。另一套较好的储盖组合是 C_1v_3 的最大水进期泥岩、泥灰岩与其下覆的浅滩、礁滩相灰岩储层（庞雄奇等，2014；徐桂芬等，2014）。

主要盖层为膏盐岩和泥岩。其中较纯的厚层膏岩为最好的盖层。这类盖层主要分布于 Tam、Terekhovskaya 区，平均厚度在 $60 \sim 80m$ 及以上，为局限台地 - 蒸发台地相。厚层膏岩夹薄层泥岩是较好的盖层。主要分布在 Tam 区，厚度在 $50 \sim 80m$ 之间，仍然发育在局限台地 - 蒸发台地相带；膏岩与泥岩/灰岩互层主要集中在局限台地 - 潮缘相带，这类盖层主要分布于 Bulak、Ortalyk、Zholotken、Oppak、路边、北路边及南路边等地区；发育在潮缘带以及局限台地临近浅海地带的薄层状膏岩、含泥质夹层则主要分布在 Irkuduk、Katynkamys 地区。对于 C_1v_3，东北部、北部的斜坡 - 半深海相带盖层较好，而在 Irkuduk、Ortalyk、路边、南路边等地区相对较差（庞雄奇等，2014；徐桂芬等，2014）。

4. 气藏成因机制

Marsel 探区已发现的天然气藏成因机制非常复杂，表现出以下几个特征，即低坳汇聚与高点和低点富集共存，储层普遍致密背景下低孔和高孔富气，构造稳定背景下低位倒置，负压与高压共存但以负压为主的特征明显，源-藏共生等。这些特征无法简单地用常规气藏的成因机制或基于深盆气藏或连续气藏的成因机制加以解释（庞雄奇等，2014），从而为这一地区的勘探带来了极大的困难。但是，从压力、物性、源藏配置以及无统一的气水界面等方面，又都证明 Marsel 探区在非常规资源方面有很大潜力。

四、基于 GIS 和模糊逻辑的生、储、盖数据融合流程与结果

1. 基本原理和流程

运用 GIS 和模糊逻辑方法进行数据融合的基本原理是，把与生、储、盖相关的空间数据按照模糊集理论方法转换成模糊隶属度，这样，每一幅图都可看成一

个模糊集合，然后运用模糊集的 AND、OR、Sum、Product 或 Gamma 运算方法对同一地区所有的模糊集合进行融合，得到有利区的模糊集，最后把模糊集进行硬划分，把目标区分成不同级别。处理流程如图 10-11 所示。

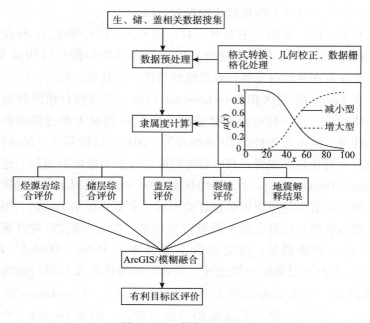

图 10-11　数据处理流程

2. 数据搜集、整理与预处理

通过前期对地震数据、测井数据及其他测试数据的分析，目前已经获得的数据主要有以下几方面。

(1)研究区烃源岩 TOC 分布、烃源岩厚度(TOC > 1 以及 TOC > 0.2)分布、R_o 分布、排烃强度及其空间分布。

(2)储层厚度、沉积相分布及其评价。

(3)盖层分布及其评价。

(4)裂缝分布。

(5)地震资料解释的气层厚度。

这些数据格式不同，可以分为 4 类：CorelDRAW 格式数据、双狐格式数据、栅格数据和文本格式(x, y, z)数据。为了后续处理，首先应该对这些数据进行预处理，全部转化为 ArcGIS 的 Shapefile 格式，同时，还需要对数据进行网格化处理。

3. 隶属度计算

隶属度是模糊逻辑决策的基础。经数据预处理后，可以对每一幅图的每一个栅格进行隶属度计算，从而将每一幅图都看成是一个模糊集。根据数据特征，本例采用了增大型和减小型两种隶属函数类型。如果原始值越大，越不利于有利目标，则采用减小型隶属函数；如目标区距离排烃中心的距离越远，越不利于成气，则应该采用减小型隶属函数。反之，则采用增大型隶属函数。如排烃强度越大，越有利于成气，故应该采用增大型隶属函数。由式(10-2)、式(10-3)可知，决定减小型或增大型隶属函数的参数有两个，f_1 和 f_2。其中 f_1 决定曲线的梯度变化，f_1 越小，曲线越缓，反之，则曲线越陡。本例取 $f_1=5$，f_2 取为数据的中心位置，对应的隶属度为 0.5，其值由原始数据可以确定。表 10-6 列出了原始数据计算隶属度所用的参数。

表10-6　原始数据计算隶属度所采用的参数

数　据		隶属函数类型	C_1v		C_1sr	
			f_1	f_2	f_1	f_2
烃源岩	烃源岩厚度	增大型	5	100	5	100
	排烃强度	增大型	5	150	5	75
	距离排中心距离	减小型	5	30	5	30
储层	厚度	增大型	5	80	5	65
裂缝密度		增大型	5	3.5	5	3.5
气层厚度		增大型	5	28	5	28

4. 影响因素的评价及综合评价方法

由表10-6可知，有利目标区评价涉及烃源岩、储层、盖层、裂缝密度和气层厚度5个要素。而烃源岩的评价又涉及烃源岩厚度、排烃强度和排烃中心距离；储层要素涉及储层厚度及储层级别。因此，模糊逻辑评价方法应该分为两步，对于某一因素如果存在多个变量，则应该充分运用这些变量得到一个综合结果。如对烃源岩的评价，应该先考虑烃源岩厚度、排烃强度和排烃中心距离三个参数，第二步才是把所有因素进行综合评价。

如前所述，对于两个不同的模糊集，可以采用 AND、OR、Sum、Product 和 Gamma 5 种操作算子进行操作。采用 AND 是一种最严格的评价方法，即诸要素同时最好，才能达到结果最好；采用 OR 则是一种最宽松的评价方法，即诸要素有一个最好就行。在含气目标区优选中，烃源岩、储层、盖层、裂缝密度和气层厚度都对结果有重要的影响。因此采用 OR 操作肯定不行，但是如果采用 AND

算子，由于过于严格，考虑到原始数据的不确定性，有可能会漏掉一些感兴趣区域。而 Sum 运算的结果比 OR 结果大，Product 运算结果比 AND 运算结果小，Gamma 则综合了 Sum 和 Product 情况，而且不同的 γ 值结果不一样。基于这种考虑，本例采用了 Gamma 操作方法。下面以 C_1v 为例说明其处理流程。

由表 10-6 可知，C_1v 有利区评价由烃源岩、储层、盖层、裂缝密度和气层厚度 5 个要素综合决定，烃源岩、储层又分别由 3 个或 2 个因素决定。

对于烃源岩，考虑烃源岩厚度、排烃强度、距离排烃中心距离 3 个因素。而烃源岩的厚度原始数据中则分别给出了 C_1v_{1-2}、C_1v_3。对于排烃强度、距离排烃中心距离两个要素，由于两者隶属度分布趋势是一致的，因此在最终的计算中只选择了排烃强度。对于储层，则考虑了储层的厚度和沉积相类型。最终有利区评价流程如图 10-12 所示。

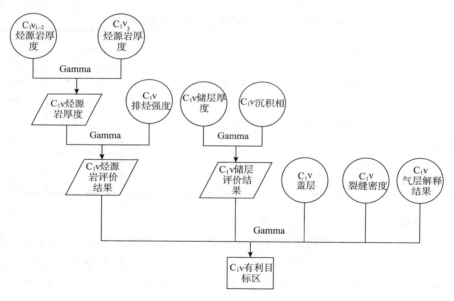

图 10-12 C_1v 有利区综合评价流程示意图

对于 C_1sr 也有同样的处理流程。Gamma 运算中，γ 值均取值为 0.9。

5. 评价结果

根据每一个要素的隶属函数及图 10-12 的评价方法，可以分别得到 C_1v 和 C_1sr 的有利目标区，把 C_1v 和 C_1sr 综合评价的结果再进行综合，便可得出 C_1 有利区的空间分布状态。为此采用 AND 和 OR 进行模糊融合。采用 AND 运算，则表明平面上 C_1sr 和 C_1v 同时都是有利区，而采用 OR 运算，则表明至少存在一个有利目的层。结果如图 10-13 和图 10-14 所示。

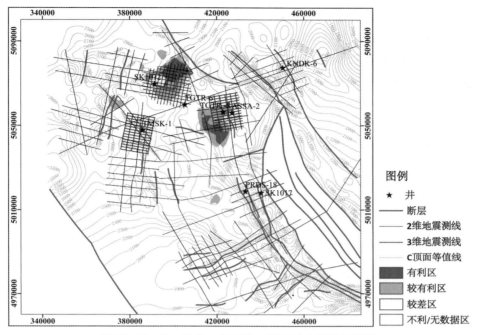

图 10-13　C_1v 和 C_1sr 同时为有利区的空间分布范围

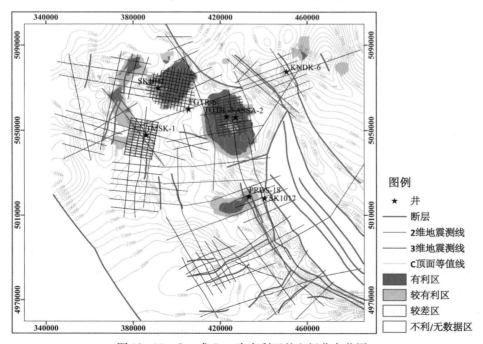

图 10-14　C_1v 或 C_1sr 为有利区的空间分布范围

本节通过一个简单的例子说明了 GIS 空间分析方法在油气有利目标区评价中的应用。GIS 具有强大的空间分析功能，而运用 GIS 的叠加分析功能和数据融合理论则可以实现油气勘探数据的综合分析，特别是结合 GIS 的二次开发技术，可以大大扩展 GIS 的空间分析功能。

思考题

1. 通过本章的 3 个例子，进一步从制图、空间数据库及空间分析 3 个角度理解 GIS。

2. 查阅文献，进一步了解 GIS 在油气勘探中的应用。

参考文献

[1] BAHADOR K, ALAA K, FAKHREDDINE O K, et al. Multisensor data fusion：a review of the state – of – the – art[J]. Information fusion, 2013(14)：28 – 44.

[2] JAROSLAW J. A new GRASS GIS fuzzy inference system for massive data analysis[J]. Computers and geosciences, 2011(9)：1525 – 1531.

[3] LIBOR B. On the difference between traditional and deductive fuzzy logic[J]. Fuzzy sets and systems, 2008(10)：1153 – 1164.

[4] LISA B, RAUL Z, ALEJANDRO E. Geographic information system – based fuzzy – logic analysis for petroleum exploration with a case study of northern South America[J]. AAPG Bulletin, 2012 (11)：2121 – 2142.

[5] NAGHADEHI K M, HEZARKHANI A, HONARPAZHOUH J. Integration multisource data for mineral exploration by using fuzzy logic, case study：Taknar deposit of Iran[J]. Arabian journal of geosciences, 2014(8)：3227 – 3241.

[6] PING A, MOON W M, RENCZ A. Application of fuzzy set theory to integrated mineral exploration, Canadian journal of exploration geophysics[J]. 1991(1)：1 – 11.

[7] TSOUKALAS L H, Uhrig R E. Fuzzy and neural approaches in engineering[M]. New York：John Wiley and Sons, 1997：600.

[8] WARICK B, DAVID G, TAMAS G. Use of fuzzy membership input layers to combine dubjective geological knowledge and empirical data in a neural network method for mineral – potential mapping [J]. Natural resources research, 2003 (3)：183 – 200.

[9] WHITE F E. JDL, Data fusion lexicon[R]. Technical panel for C3, 1991.

[10] ZADEH L A. Fuzzy sets[J]. Information and control, 1965(65)：338 – 353.

[11] 白亭颖. 陆海地理信息数据融合关键技术研究[J]. 测绘通报, 2015(7)：99 – 102.

［12］盖伟麟，辛丹，王璐，等．态势感知中的数据融合和决策方法综述［J］．计算机工程，2014（5）：21－25.

［13］庞雄奇，黄捍东，林畅松，等．哈萨克斯坦 Marsel 探区叠复连续气田形成、分布与探测及资源储量评价［J］．石油学报，2014（6）：1012－1056.

［14］田春荣．2016 年中国石油进出口状况分析［J］．国际石油经济，2017（3）：15－25.

［15］徐桂芬，林畅松，李振涛．南哈萨克区块下石炭统层序岩相古地理及其对有利储层的控制［J］．东北石油大学学报，2014（6）：1－12.

［16］杨纶标，高英仪，凌卫新．模糊数学原理及应用［M］．广州：华南理工大学出版社，2011：273.

［17］周林，陈占龙，罗显刚．网络 GIS 开发实践入门［M］．武汉：中国地质大学出版社，2014：206.